103개국 홈스테이 여행기

103개국 홈스테이 여행기

발행일	2019년 11월 4일		
지은이	김종수		
펴낸이	손형국		
펴낸곳	(주)북랩		
편집인	선일영	편집	오경진, 강대건, 최예은, 최승헌, 김경무
디자인	이현수, 김민하, 한수희, 김윤주, 허지혜	제작	박기성, 황동현, 구성우, 장홍석
마케팅	김회란, 박진관, 조하라, 장은별		
출판등록	2004. 12. 1(제2012-000051호)		
주소	서울특별시 금천구 가산디지털 1로 168, 우림라이온스밸리 B동 B113~114호, C동 B101호		
홈페이지	www.book.co.kr		
전화번호	(02)2026-5777	팩스	(02)2026-5747

ISBN   979-11-6299-956-1 03980 (종이책)   979-11-6299-957-8 05980 (전자책)

이 도서의 국립중앙도서관 출판예정도서목록(CIP)은 서지정보유통지원시스템 홈페이지(http://seoji.nl.go.kr)와
국가자료공동목록시스템(http://www.nl.go.kr/kolisnet)에서 이용하실 수 있습니다.
(CIP제어번호: CIP2019044200)

(주)북랩 성공출판의 파트너

북랩 홈페이지와 패밀리 사이트에서 다양한 출판 솔루션을 만나 보세요!

홈페이지 book.co.kr   •   **블로그** blog.naver.com/essaybook   •   **출판문의** book@book.co.kr

103개국
홈스테이 여행기

김종수 여행 에세이

가이드의 깃발만 따라다니는 패키지여행보다는
현지인의 집에서 머물며 그곳의 문화를 만끽하는
홈스테이가 여행의 최고 경지다!

북랩 book Lab

프롤로그

　살아가면서 여행을 떠나려면 반쪽을 비울 수 있는 열정과 용단이 필요하다. 우리 부부는 여행의 열정에 휩싸이면 주위를 돌아볼 겨를도 없이 용단을 내려 또 여행을 떠났다. 이렇게 100여 나라를 여행하고 돌아올 때마다 누군가에게 들려주고 싶은 이야기를 이 한 권의 책에 엮었다.

　나와 아내는 홈스테이 여행을 가장 즐겼다. 홈스테이는 보통 2박 3일 동안 숙식을 무료로 제공해 주고 그 지역의 여행안내까지 해 준다. 그러나 남의 집에서 공짜로 먹고 자려면 낯이 좀 두꺼워야 하고 호기심도 많아야 하며 낯선 만남과 대화를 즐겨야 한다. 우리는 매운 한식을 직접 요리해서 주인을 대접했고 또 한 끼는 레스토랑으로 초대했다. 그러면 관광객이 가지 않는 그 지역의 전통 식당으로 데려가 주며 자기 집에서 묵는 공짜 손님에게 오히려 고맙다고 한다. 영어를 좀 구사할 줄 알면 여행 만들기에 편리하고 그 나라의 언어 몇 가지를 익혀가면 여행에 풍미(風味)를 더할 수 있다. 이렇듯 여행은 스스로 만들어서 떠나야 한다.

　부산의 우리 집에서 홈스테이하고 간 30여 나라의 60여 여행자들은 우리 집에서 숙식을 함께한 것을 계기로 가족이 되었다. 해외에서 우리에게 홈스테이를 제공해 준 그 많은 해외의 호스트들을 우리는 가족으로 여긴다. 이렇게 지구촌 곳곳에서 문을 열어놓고 여행자를 기다리는 가족은 너무 많다. 지금도 여러분을 기다리고 있다.

페루까지 찾아갔으나 밥 한 끼 대접받지 못하는 냉대를 받기도 했고 아마존 밀림의 호스트와는 손짓, 발짓으로 소통하여 거북이 스테이크를 얻어먹을 수 있었다. 에이즈가 두려워 낯선 이를 꺼리는 남아프리카에서 받은 홈스테이는 감명이었다. 유럽 32개국을 84가정에서 홈스테이하면서 단숨에 둘러본 것은 내 여행의 백미였다. 유대인 14가정에 묵으면서 이스라엘 전역을 돌며 성지 순례를 했고 부에노스아이레스 라 보카에서 탱고를 추고 지방을 함께 다니며 안내해 준 그 여의사와 사자(死者)의 도시에서 함께해 주었던 눈이 큰 그 이집트 여성의 미소는 왜 지금도 나를 따라다니는 것일까? 나의 여행은 언제나 낯선 만남이었고 낯익은 해후(邂逅)였다.

우리 집에 놀러 왔던 캐나다의 화가 앤서니 페리(A. Perri) 씨가 거실에 놓인 여행기념품 진열장을 자세히 보더니, 삽화를 그려 주겠다고 제안했다. 2년여에 걸쳐 150여 점을 그려 주어서 책을 내는 용기를 낼 수 있었다.

　나와 아내는 배낭을 메고 벌레처럼 여행했다. 지구촌 곳곳으로 남의 집을 찾아다녔다. 혹은 캠핑카 여행으로 꿈을 꾸는 것처럼 가고 싶은 곳, 잠자고 싶은 곳, 모닥불을 피우고 싶은 곳, 달구경을 하고 싶은 곳 등 어디서나 머물 수가 있었고, 크루즈를 타면서 인생에 가치를 부여할 수 있었다. 도보여행, 자전거여행, 무전여행, 기차여행, 선박 여행, 여행, 여행, 여행…. 내 인생에서 여행을 빼고 나면 나는 무엇인가? 할아버지, 아빠, 남편, 교사, 친구. 그래도 보통 사람 축에는 낄 수 있으려나?

　국제 여행자 동호회 Servas, Couch Surfing, Ibbutz Volunteer, United Nations Volunteers, Peace Corps, Conservation Volunteers, WWOOF, The Hospitality Club 등에서 많은 도움을 받았다. 우리 부부에게 방과 마음을 내준 세계의 친구들에게 감사드리고 또 우리 집에서 홈스테이를 즐기고 간 외국 여행자들에게도 고맙다는 말을 전한다. 모든 여행은 다 아름답다.

차례

페루에서 한국식 감자탕으로
주인을 땀나게 하다

여행기념품: 나스카 시장에서 산 페루의 동전 지갑과 동전. 원주민 여인들이 전통복을 입고 있다.
– 일러스트: 앤서니 페리[Anthony Perri(Canada)]

감자탕에 얽힌 이야기부터 시작하자. 우리나라와는 지구의 반대편에 있는 페루에서 한국인 부부가 한국식 감자탕을 요리해서 페루인을 감동하게 한 이야기이다. 페루인들은 돼지 뼈를 먹지 않고 내다 버린다.

페루 레스토랑에서는 돼지 뼈의 살을 발라내면 처리업자가 정기적으로 와서 처리 비용을 받고 남은 돼지 뼈를 수거해 간다. 돼지 뼈를 식재료로 사용한다는 것은 이들에게는 상상을 초월하는 일이다.

부산 김해 공항에서 출발하여 페루의 리마에 도착하는 비행기 여정은 이틀이 걸렸다. 인천에서 미국행 비행기로 갈아타고 밤새 17시간을 날아가 텍사스의 오스틴 공항에서 다시 갈아탔다. 페루의 리마에 도착하니 만 이틀째로 24시간이나 걸렸다.

긴 항공 여행과 시차 변화로 지친 우리 부부였지만, 홈스테이를 제공해 주기로 한 로메로(Romero) 부부를 만나자 피로가 싹 가셨다. 공항까지 마중 나와 주니 얼마나 고마운가? 로메로 씨의 운전으로 집에 도착해 보니 우아한 석조 건물이었다. 우리를 위해서 특별히 준비한 저녁 식사를 즐기며 포도주까지 한잔하고 보니 나도 모르게 꾸벅꾸벅 졸았나 보다. 부인이 웃으며 침실로 안내해 준다. 잠자리에 들자마자 곯아떨어졌다. 나이가 들수록 시차 적응에 시간이 더 걸린다.

이튿날 아침에 깨어 보니 해는 이미 중천에 떠 있고 로메로 부부는 출근해 버린 후였다. 집에는 우리 부부만 있다. 이런 실례가 있나? 테이블 위의 쪽지에는 시차 극복을 위해서는 시간이 좀 필요하다는 것과 오늘은 특별한 계획을 잡지 않았으니 자유롭게 쉬라는 내용이 적혀 있었다. 역시 여행을 자주 하는 분들이라 여행자의 심정을 잘 이해하는 것 같았다. 냉장고에서 뭐든 꺼내 드시고 오늘 하루 즐겁게 지낸 후에 저녁에 보자는 내용도 있었다. 쪽지를 읽고 나니 시장기가 몰려왔다. 우리는 마치 외국에 있는 가까운 친척 집에 여행 온 것 같은 기분으로 냉장고에서 달걀을 꺼내어 치즈와 파를 썰어 넣어서 오믈렛을 만들고 빵을 데우고 사과를 깎고 커피를 만들어 마셨다. 브런치다. 우리 부부만 있으니 오히려 단출하고 자유로워서 좋았다. 시간은 이미 정오를 넘었다.

택시를 타고 리마 시내로 나갔다. 남미의 독특한 건축 양식과 페루 사람들을 살펴보고 버스를 타고 집으로 돌아왔다. 다섯 시, 로메로 씨 부부는 이미 귀가해서 저녁 준비에 한창이다. 우리도 손을 씻고 함께 거들었다. 감자를 깎고 소스에 담가 둔 돼지고기를 잘라서 오븐에 넣는다. 근데 이해 못 할 것은 살이 많이 붙은 돼지 뼈를 그냥 버리는 것이었다. 아내가 말했다. 돼지 뼈는 아직도 고기가 많이 붙어있을 뿐만 아니라 뼈를 고면 아주 영양가 있고 맛있는 요리가 되질 않느냐고. 로메로 씨는 페루에서는 돼지의 고기만 취하고 나머지는 다 버린다고 했다.

로메로 씨가 이야기를 꺼냈다. 자기가 볼 때 한국인은 유대인보다 더 생활력이 강하고 뭐든지 돈으로 만들어 낼 줄 안다고. 자기가 아는 페루에 와 있는 한국인들은 대부분 현지 페루인들보다 더 잘살고 가족 간의 유대도 두터우며 아이들 교육도 잘한다는 것이다. 그 예로 돼지 뼈 이야기를 해 주었다.

페루인들이 돼지 뼈를 모두 버리는 것을 본 한 한국인이 대형 레스토랑에서 버리는 돼지 뼈를 수거해서 진공 포장으로 냉동시켜서 한국으로 보내기 시작했다. 레스토랑 측은 버리는 데도 돈이 드는데 손수 와서 가져가겠다니 얼씨구나 하면서 돼지 뼈를 모아 주었다. 이분은 그렇게 뼈를 모아서 한국으로 보냈는데, 그 수입이 짭짤했다. 혼자서는 손이 달리니까 아예 회사를 차려서 현지인들을 고용해서 그 작업을 해나갔다.

"한국에서는 그 돼지 뼈로 뭘 하지요?"

"주로 감자탕을 만들어 먹어요. 아주 맛있고 영양가가 높은 인기 음식이에요."

"감자탕이라고요?"

"내일 저녁에는 우리가 한국식 감자탕을 한번 만들어 볼까요?"

"한번 해 보세요. 식재료를 말씀해 주시면 오늘 쇼핑해 올게요. 퇴근 길에 아시안 푸드 마켓에 들리면 돼요."

"돼지 뼈, 감자, 고추, 양파, 마늘, 고추장이면 돼요."

"집에 다 있는 거네요. 고추장만 사 오면 되겠어요. 내일 저녁에는 한국식 요리를 맛볼 수 있겠군요. 한국 음식은 처음이라 기대가 큽니 다. 어떤 요리가 나올지?"

"좋아하실지 모르겠지만, 한국식으로 만들어 볼게요."

우리는 해외여행을 가서 홈스테이로 가정에서 묵을 때, 보통 2박 3 일 정도를 보내므로 둘째 날에는 우리가 주인에게 저녁을 대접한다. 이렇게 음식을 대접하는 경우 대부분 주인이 그 지방의 전통 음식점 으로 우리를 데려간다. 외국인 여행자가 쉽사리 찾을 수 없는, 자기들 이 자주 가고 즐기는 구석진 곳에 있는 오래된 지역 식당이다. 그러나 이번에는 레스토랑 대신 집에서 우리가 감자탕을 요리하기로 했다. 그 렇게 해서 페루에서 그들이 버리는 돼지 뼈를 이용한 한국식 감자탕 이 탄생하게 되었다.

"슈뻬르, 슈뻬르(super, super)."

우리가 끓인 감자탕을 페루인 부부는 땀을 흘리면서 맛있게 먹었 다. 특히 아시아 마켓에서 산 고춧가루는 청양고추였는지 아니면 매운 멕시코 고추였는지는 확인하지 못했지만, 이 매운맛은 이 부부를 줄 곧 땀 흘리게 했다. 매운 감자탕을 먹고 정신이 확 들었나 보다. 부부 가 서로를 쳐다보며 확인한다.

"최고예요, 최고!"

연신 엄지를 치켜들어 칭찬하랴, 땀을 닦으랴 바쁘지만, 행복한 표정이다. 이 감자탕으로 인하여 한국인들은 유대인보다 더 생활력이 강하고 머리가 좋다고 평가해 준 로메로 부부에게 실제로 이를 증명해 보인 것 같아서 뿌듯했다.

동유럽 십자군 성채의 벌레 한 마리가
왕을 만들다

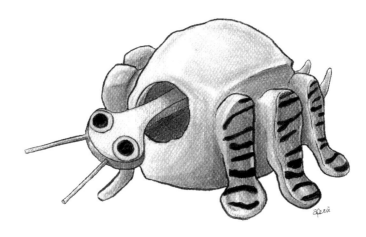

여행기념품: 라트비아의 십자군 축제에서 산 나뭇조각 벌레.
– 일러스트: 앤서니 페리[Anthony Perri(Canada)]

　동유럽을 방황하던 어느 날, 낡은 성채(城砦)에 올라가게 되었다. 지난밤에는 리투아니아의 수도인 빌니우스의 오래된 술집에서 주민들과 얘기를 나눌 수 있어서 좋았다. 그중 한 분이 추천해서 첫 버스를 타고 도착한 곳이다.

'십자군'

역사나 소설 속에 자주 등장하는 십자군의 실체를 오늘날까지 나는 제대로 파악하지 못하고 있었다. 그러나 이곳이 바로 십자군 성채이다. 이번 동유럽 여행을 통해서 십자군이 이뤄놓은 문물을 직접 보니 어렴풋이 그 실체를 가늠할 수 있을 것 같다.

나는 성의 맨 위로 올라가 보기로 하고 계단을 따라 오르기 시작했다. 두 사람이 마주치면 한 사람이 비켜서야만 올라갈 수 있는 방어 위주의 건축물 계단을 굽이굽이 돌아 올라가서 망루에 이른다. 망루는 사위를 관장할 수 있는 천혜의 위치이다. 개미 한 마리도 놓칠 수 없다.

동유럽에 파견된 동방 십자군은 리보니아 지역에 견고한 성채를 건립하고 동유럽의 평정을 노렸다. 12세기의 리보니아는 오늘날의 라트비아, 에스토니아, 리투아니아에 해당하는 지역이었다. 이 성채도 리보니아의 일부였던 셈이다.

나는 사방을 둘러보았다. 이 성채는 사방을 관장할 수 있는 전략적 요충지라 남쪽 숲길을 따라 한 무리의 기사가 말을 타고 달려오는 모습이 보였다. 가는 날이 장날이라고, 내가 도착한 날은 바로 이 성채의 축조 기념 축제일이어서 옛 십자군의 모습을 재현하는 축제를 벌이는 중이었다.

적군을 평정하기 위해 달려오는 십자군 기마병들과 밑단이 나팔꽃 모양으로 펼쳐지는 플레어스커트를 입고 하얀 모자를 쓴 여성들과 괭이와 쇠스랑을 매고 나오는 농부들이 이 십자군 축제를 흥겹게 이끌고 있었다. 이런 축제에 처음 참여하는 나는 마치 중세 시대로 되돌아간 것 같았다.

먼 아시아의 이방인인 나에게는 십자군 자체가 흘러간 역사, 현실과는 동떨어진 단지 이야기일 뿐인데 이렇게 십자군이 내가 올라서 있는 이 성채를 향하여 돌진해 오는 모습을 보게 되다니….

그리스도의 복음을 전파하고 성지를 회복하고자 출정한 십자군은 초창기에는 출발 전에 계획했던 대로 복음 전파의 숭고한 임무를 수행했으나 점차 정치와 정쟁, 급기야는 전쟁에 휘몰리면서 평범한 삶을 사는 민간인을 대량 살육하는 십자군 전쟁까지 일으키면서 십자가에 피를 묻히게 되었다. 이는 왕권 팽창과 교황의 권력이 충돌하는 과정이었다.

이 성채는 말 그대로 벌레 한 마리 기어들 수 없는 견고한 요새이다. 처음에는 통나무 도막으로 길을 막아 진군해 오는 적병을 일시적으로 저지하는 수준의 방책에 불과했지만, 전투가 잦아지고 이곳을 통치하는 세력이 커지면서 성채도 점점 더 견고해져 갔다. 돌 벽돌과 황토 벽돌을 2m 두께로 쌓아 올린 성벽은 철옹성이란 말이 적절한 표현이다. 깊은 벽을 파서 낸 창문 저쪽에서 들어오는 눈부신 햇살로 인해서 길목을 파수하는 병사들은 갑옷에 투구를 쓰고 창을 든 채로 번을 서고 있다.

계단을 따라 내려가니 감옥과 고문실이 있다. 고문실에는 각종 고문용 기구를 진열해 놓았는데 인간이 이렇게 잔인할 수가 있을까 싶을 정도였다. 이 큰 도끼로 사람의 머리를 자르고 저 톱니로 사람의 손발을 잘랐다니, 영국 런던의 런던탑 지하 고문실에서 느꼈던 오싹했던 전율이 온몸에 다시 솟구친다.

전해 오는 이야기에 의하면 이 고문실에 갇혔던 한 적장이 이 견고한 성벽의 어디에선가 기어든 벌레 한 마리를 보고 희망을 얻어서 이곳을 탈출하여 나중에는 이 지역을 통치하는 왕이 되었다고 한다. 그 적장은 무료한 감옥 속에서 우연히 들어온 벌레 한 마리와 놀다 친구가 되었을 것이다.

라트비아로 가는 버스에 오르기 전에 하얀 모자, 하얀 블라우스에 폭넓은 검은 플레어스커트를 입은 중세의 부인에게서 샌드위치와 주스 한 병을 샀다. 그러다 왕이 된 그 적장 생각이 나서 나무로 깎은 벌레 모양의 장난감을 샀다. 이 700원짜리 벌레는 흔든 후에 내려놓으면 목을 내밀어서 흔드는 미니어처 벌레이다. 그 왕이 이곳 지하 감옥에 갇혔을 때 이런 벌레를 보고 용기와 희망을 얻어서 왕이 되었다는 이야기라면 어떠할까. 우리나라에도 벌레는 많고 벌레보다 더 큰 생물들도 많으니 스토리텔링의 자원으로 말하자면 우리나라도 관광자원이 엄청나다. 그러나 이런 견고한 성채는 어디에 있을까?

"왕이 이곳에 갇혔을 때, 감옥에 찾아든 이 벌레를 보고 희망을 얻어서 탈출했고 후에 이곳을 통치하는 왕이 되었답니다."

관광객에게 기념품을 파는 그 여성은 영어로 열심히 설명해 주었다. 이야기와 관련 있는 제품 그리고 영어로 판매할 수 있는 인력만 있다면 우리에게도 관광자원은 아주 많다는 생각이 버스를 타고 가는 내내 내 머릿속에 계속 떠올랐다.

캐나다 공룡이 살던 곳에 퍼지는
한국의 아줌마 파워

여행기념품: 머리 부분이 날아가 버린 모형 공룡의 몸체.
– 일러스트: 앤서니 페리[Anthony Perri(Canada)]

캐나디안 로키산맥의 중심지인 캘거리에서 남동쪽으로 광활한 대초원을 약 3시간 정도 달려간다. "아, 황무지도 이렇게 아름다울 수가 있구나!" 하고 감탄사가 절로 나오는 메마른 황무지(荒蕪地)를 만났다. 이곳은 배드랜드(Bad Lands)라고 불리는 이 황막한 대지에서 드럼헬러를 중심으로 공룡들이 무리 지어 뛰놀았던 곳이다. '앨버타 공룡 주립공원'은 세계 최대의 공룡 화석 발굴 지역으로 유네스코에서도 세계문화유산으로 지정해서 보존하고 있고 사람들은 이곳에 '로열티렐 공룡박물관'까지 만들었다.

한국의 고성에서 공룡 축제를 벌이듯이, 이곳에서도 공룡 축제가 벌어지고 전 세계에서 관광객이 모여든다. 도로변 곳곳에 휘날리는 깃발이 방문객을 맞이해 주더니 곧이어 거대한 공룡의 생생한 실물 모형이 마치 살아있는 것처럼 우리를 환영해 주었다. 주차장에 차를 대고 공룡의 체취나 한번 맡아볼까 하고 천천히 걸어 나섰다.

"이런!"

회색의 모래 바위를 따라가던 중에 보니 사암(砂巖)으로 조성된 거대한 모래 기둥이 흩어져서 서 있다. 이 모래 기둥은 1억 년 전의 공룡이 뛰놀던 시대보다 더 오랜 세월 동안 토양이 바람에 풍화, 침식되고 파이고 깎여서 만들어진 자연의 조각 작품인데 하필이면 하나같이 남성의 상징을 연상시키는 모양으로 만들어졌다. 창조주나 대자연의 유머 감각도 짓궂은 데가 있으시지. 이런 작품을 만들어 이곳에 던져두시다니!

깔깔대며 큰 소리로 떠들고 웃어대는 한 무리의 여성들을 보게 되었다. 그중 한 여성은 모래 기둥을 쓰다듬으며 야릇한 미소를 짓고 있고 다른 여성들은 그 모습을 보며 숨넘어가듯이 웃어댄다. 모습을 보니 동양인인데 하는 행동은 한국의 (아)줌마들이다. 자세히 보니 차림이나 얼굴 모습으로 봐서도 한국인이 분명하다. 나는 못 본 체하고 얼른 그곳을 벗어났다.

대부분의 여성 관광객들은 모른 체하고 얼굴에 미소를 머금고 그곳을 지나쳐 가는데 유독 키득키득 소리 내어 웃고 고함으로 화답하며 손으로 그 거대한 물건을 쓰다듬어 만져 보면서 무언가를 느끼는 표정을 짓는 것은 한국의 아줌마들이다. 이들에게도 부끄럼을 타던 소녀 시절이 있었을 텐데, 이미 부끄러움은 사라졌고 거침없이 전진하는 '줌마 파워'만 남아서 이곳 캐나다까지 장악하려 하고 있다. 만약에 한국에 이런 곳이 있다면 불임 여성이나 자녀가 귀한 집의 며느리, 혹은 자녀를 갖고자 하는 부부들이 몰려와 소원을 비는 기도 도량이 되었을 것이다.

방문자 센터에서 공룡 모형을 하나 샀다. 가격은 2천 원이었다. 그러나 우리 집에서는 이 기념품도 다른 기념품과 같은 신세가 되어 집 안 여기저기를 굴러다니다 캐나다 출신 화가 앤서니(Anthony)의 제안으로 삽화를 그릴 때쯤에서야 중요한 기념품으로 여겨지게 되었다. 그러나 이 공룡을 그릴 때는 아무리 찾아도 머리 부분을 찾을 수가 없었다. 할 수 없이 머리를 제외하고 그리기로 했다. 사라진 공룡의 머리는 어디선가 언젠가는 나타나겠지만, 과연 언제 정리를 시작할 것인지.

아, 한국의 줌마들이여. 고국 한국에서 그대들의 파워는 이미 아이들을 교육하며 가정과 남편을 지배하고 사회를 변화시켰나니, 이제는 세계로 눈을 돌려 국외에서 파워를 과시하는 중이시군요.

공룡이 놀던 이곳까지 휩쓸며 다니는 모습을 보니 몇 년 전 터키 이스탄불에서 세계 최대의 시장이라는 그랜드 바자를 장악하고 다니던 몇 그룹의 줌마들이 연상되는군요.

한국의 아줌마들이여. 외국에 나가시면 조용히 다니셔도 그 파워는 어디로 가는 게 아닙니다. 아무리 좋은 게 눈앞에 나타나더라도 조금만 더 인내심을 가지시고 조금만 더 참으시고 조금만 더 작게 목소리를 내시지요.

바이킹이 뺏어온 영국 처녀,
아내가 되다

여행기념품: 스톡홀름 항구 시장에서 산 요트 대회 기념 은컵.
- 일러스트: 앤서니 페리[Anthony Perri(Canada)]

'스웨덴' 하면 바이킹이 먼저 떠오른다. 복지 국가, 추운 북국(北國), 볼보 자동차 등 스웨덴에 관한 내 생각은 극히 제한적이다. 아, 노벨상도 추가할 수 있겠다. 9월에 스톡홀름에 도착하니 기울어진 햇빛에 비치는 사물은 반짝이고 바람은 삽상(颯爽)하여 벌써 겨울을 느낀다. 한국이라면 각 학교가 개학하는 시기라 아직은 더운 여름인데 스톡홀름의 9월은 내가 사는 부산의 한겨울 날씨이다.

나는 어둑어둑한 감라스탄의 바이킹 골목길을 따라서 혹시라도 바이킹을 만날까 하며 걸어간다. 이 동네는 바이킹의 본거지라 좁은 골목의 주택 담장은 높고 두꺼우며 창문은 작고 깊다. 대문은 대부분 튼튼한 철재로 만들었다. 개인 주택이지만, 아주 튼튼하게 지었다. 햇빛한 줄기 들어갈 틈도 없다. 바이킹은 해마다 남쪽 바다로 내려가 훔치고, 빼앗고, 살육한 뒤 물건뿐만 아니라 사람까지도 빼앗아 돌아와 한해를 살아가는 삶을 살았으니 방어용까지 생각해서 튼튼하게 지은 게틀림없다.

그러나 또 달리 보면 이러한 양식은 만약의 경우에 적의 공격에 대비한 것이기도 하지만 무엇보다도 이곳의 겨울이 유난히도 춥다는 것을 말해 주기도 한다. 이곳에 정착해서 살려면 추운 겨울을 나기 위해서 바다가 얼기 전에 겨울을 날 준비를 해야 했을 것이다. 선단을 조직하고 인원을 훈련하는 등 준비를 마친 후 따뜻한 남부 유럽으로 내려가 해적질로 한탕 해서 올라와 비축해 둔 물자로 겨울을 난 것이다.

실제로 스웨덴 중북부 웁살라대학의 할리 교수는 나의 오랜 친구이다. 부산의 우리 집에도 몇 번 다녀간 적이 있고 나와 아내도 그 집에서 몇 번 묵은 적이 있다. 그의 부인은 집 안에서 카이로프랙틱(chiropractic) 시술을 하고 침을 놓는 등 특이한 직업을 가지고 있다. 전직간호사다. 한국의 수지침이 이곳에도 잘 알려져 있는지 침술에 관한질문이 많았기에 내가 침술 관련 책을 몇 권 부쳐 준 적이 있다. 부인은 영국 잉글랜드 출신이다. 갑자기 바이킹의 잉글랜드 침략사 생각이

나서 농담으로 한마디를 던져보았다.

"할리 교수. 사실 당신은 바이킹으로서 잉글랜드로 쳐들어가서 아름다운 잉글랜드 처녀를 빼앗아 와서 결혼한 그것이 아니요?"

"아이고, 들키고 말았네. 그것을 어떻게 아시오. 사실 결혼 후 잉글랜드 처가에 갔더니 모인 사람들 모두가 부인을 바이킹에게 빼앗겼다고 하더군요."

스톡홀름 항구에는 토요일이면 장이 선다. 한국의 어떤 시골장도 이보다는 나은 물건을 파는데 우리 같으면 대부분 내버릴 것들이다. 다 닳아빠진 운동화, 구멍 뚫린 구두, 낡아서 해진 옷가지, 책, LP 레코드판, 구소련제 훈장, 오래된 동전 등 물건만 본다면 수도 스톡홀름에서 열리는 시장이 아니라 남미 안데스 산골 마을의 시장 같다. 이 시장만 놓고 보자면 지상 최대의 복지 국가 스웨덴의 위상을 찾기는 어렵다. 도저히 실감이 나지 않는다. 국민 개개인이 이 스웨덴처럼 충분한 복지를 누리고 생계에 걱정 없는 상황이 되면 물질에는 크게 개의치 않는 풍조가 생기나 보다.

한 중년의 아저씨가 전을 벌리고 앉아서 손님을 기다리며 독서하고 있다. 팔려고 벌여놓은 구두는 닳아서 구멍이 났고 숟가락 몇 개는 색이 새까맣게 변했다. 책 열댓 권과 LP판 사이에 새카맣게 색이 변한 은컵이 놓여있다. 손님에게는 관심이 없다는 듯이 책을 읽고 있는 아저씨에게 값을 물었다.

"20불. 그 컵은 순 은제에요. 은을 녹이면 그 자체만으로도 20불어치는 넘어갈 거요."

나도 같은 생각이어서 선뜻 샀다. 옆에는 컵 받침용으로 작은 은쟁반이 많이 쌓여있다. 쟁반 하나하나에 날짜와 뭔가가 각인되어 새겨져 있다.

나는 이 스웨덴인과 대화를 해 보기로 하고 난전 앞에 털썩 주저앉아서 이것저것 묻기 시작했다. 손님이라야 가뭄에 콩 나듯이 들리니 전혀 신경 쓰지 않아도 된다. 먼저 그의 직업을 물어보았다. 혹시나 이걸로 연명하는 것이나 아닐지 의구심이 들어서였다. 만약 이 장사가 그의 본업이라면 이 물건을 모두 다 팔아도 오늘 저녁 레스토랑에서 한 끼의 식사비도 될 것 같지 않았기 때문이다.

그는 턱수염을 쓰다듬으며 자기는 스톡홀름대학교의 경제학과 교수로, 휴일이면 이렇게 장사를 하러 나온다고 했다. 이야기가 이어졌다. 스웨덴인들은 요트를 갖는 것이 로망이라고 했다. 해양을 개척하여 국부를 이룬 바이킹의 후예답다는 생각이 들었지만, 우리나라로 생각이 돌아왔다. 우리도 이제는 국민 소득 3만 불을 넘어 자동차를 가지는 것이 로망일 때는 이미 지났고 내 주위 사람들도 요트를 갖는 것이 벌써 꿈이 되었음을 아는 까닭에 교수의 설명에 수긍이 갔다.

이 은컵은 스웨덴인들의 로망인 요트 대회 우승 상품으로서 'HELS-INGFORS SEGELSALISKAPS GO-ARSJUBILEUM 1953'이라는 문자가 각인되어 있다. 은제 컵 받침은 요트 대회 기념품이라고 한다.

스웨덴인의 로망은 요트와 호숫가의 사우나 하우스를 갖는 것이다. 우리도 자가용 자동차와 아파트를 갖는 게 로망이던 때도 있었다. 시간이 흐르면 은제 우승컵은 새카만 색으로 변하지만, 치약으로 닦으면 반짝반짝 은 본래의 자태가 되살아난다. 나는 가끔 그 은컵을 닦아 광을 내면서 바이킹 제국의 여행을 반추해 본다.

눈 내린 안데스산맥에서
팬플루트를 불며 하산하다

여행기념품: 치바이 마을 원주민으로부터 10불에 산 팬플루트.
– 일러스트: 앤서니 페리[Anthony Perri(Canada)]

안데스산맥은 구름 위에 있었다. 우리 안데스 탐사대가 탄 사륜구
동 지프는 안데스의 험한 산길을 기어 올라 해발 3,660m의 고산 마을
인 치바이에 도착했다. 이곳은 자동차로 오를 수 있는 지상에서 가장

높은 마을이다. 이 어려운 여정에도 모두가 멀쩡한 것 같은데 나 혼자만 고산증으로 고생하고 있다. 여기까지 오는 도중에 속이 울렁거려서 차를 몇 번이나 세운 후에 토했고 그래도 메스꺼움과 두통으로 거의 녹초가 됐다. 리더인 내가 오히려 동료 팀원들의 눈치를 보게 되었다.

고산증을 예방하기 위해서 씹는 코카잎도 상태가 심해지니 듣지 않았다. 나는 곧 숙소를 안내받았다. 고산병이 심해지니 추위가 엄습하여 몸이 덜덜 떨린다. 주인에게 뜨거운 물을 요청했더니 코카 차를 내왔다. 찻물과 함께 타이레놀 두 알을 먹은 후에 이불을 덮어쓰고 잠들었다. 다른 이들은 모두 콜카(Canyon De Colca) 협곡으로 독수리의 비상(飛上)을 보러 갔다. 아내까지 함께 따라가 버렸다. 왁자지껄한 소리에 잠을 깨 보니 계곡에 갔던 사람들이 돌아와서 나누는 독수리 이야기로 작은 여관이 시끌벅적하다.

"날개 길이가 3m나 되는 콘도르를 네 마리나 봤어요. 그것도 비상해서 오르던 터라 거의 수평면으로 바로 앞에서 봤어요. 현재 콘도르는 40여 마리만 남아있대요."

날은 어두웠다. 종일 잠을 잔 모양이다. 그래도 이제 머리는 맑다. 고산증을 앓고 있는 사람은 안중에도 없이 콘도르를 본 자랑이 여기저기서 넘쳐났다. 무심한 사람들. 독수리가 날아오르는 게 뭐 그렇게 대단한 일인가! 날개 달린 건 다 날아다녀.

이 산간 마을에는 독수리의 비상을 보러 오는 관광객이 끊이지 않는다. 관광객을 위한 식당도 있고 식사뿐만 아니라 잉카의 전통 공연도 열린다. 갑자기 시장기가 몰려왔다. 아내와 함께 식당으로 갔다. 테이블 두 개에 긴 의자 몇 개가 놓여있는 앞에서 잉카의 전통복장을 입은 남자 3명이 간이 무대에 올라 팬플루트, 북과 드럼을 연주했다. 여자 한 명이 앞에 나와 춤을 추었다. 팬플루트는 안데스의 산맥 바람을 연상케 했고, 흥거운 리듬을 연주할 때는 비상하는 독수리를 연상케 했다. 나는 연주를 들을 때도 코카잎을 계속해서 씹었다. 소시지와 달걀, 삶은 감자가 나의 저녁 식단이었다.

연주가 끝나자 CD와 팬플루트를 손님들에게 돌렸다. 나는 팬플루트 1개에 10불, CD 1장을 10불에 샀다. 세계를 여행하는 여행자로서 나는 한 가지 원칙을 지킨다. 기념품을 살 때는 상점이나 공항 등에서 상업화된 제품을 사기보다는 원주민들이 직접 만든 물건을 원주민으로부터 구매하자는 것이 그것이다. 그러니 나의 기념품 컬렉션은 대부분은 작고 값이 싸며 조악한 것들이지만, 그 속에서는 원주민의 손길을 느낄 수 있다.

지프를 타고 하산할 때 밖을 내다보니 아찔했다. 지프는 저 천 길 낭떠러지 길을 따라서 내려간다. 때때로 모두가 차에서 내려 사륜구동 지프를 함께 밀었다. 이 와중에 갑자기 눈이 내리기 시작한다. 금세 앞이 보이지 않아 차를 세우고 눈이 그치기를 기다렸다. 그렇게 차 속에서 서너 시간 동안 눈이 그치길 기다렸다. 그러나 눈은 그칠 기미가 보이지 않고 시간만 간다. 이러다 이곳에서 밤을 맞이하게 되면 어쩌나! 긴장감과 두려움이 몰려오기 시작한다. 이곳에 고립되지나 않을까, 제대로 숙소를 찾아갈 수가 있을까. 안데스산맥에 내리는 그 아름답고 낭만적인 눈이 두려움으로 다가온다. 시동을 끈 차 안이 추워진다.

일행 중에서 누군가가 삶은 감자를 하나씩 돌렸다. 차갑게 식은 감자지만, 조금씩 씹는 맛이 추위를 잊게 해 주었다. 언제 눈이 그칠지. 나는 감자 하나를 일부러 조금씩 베어 먹었다. 작은 불평의 목소리가 들리자 안데스 날씨는 종잡을 수 없다고 가이드가 말해 주었다. 가이드인들 대자연의 변화 앞에서 어쩌랴.

드디어 눈이 멎었다. "아!" 하는 함성. 우리가 앞으로 나아가지 못하고 마주했던 산정(山頂) 호수 위에는 하얀 침대 시트가 덮였고 저 위로는 장엄한 모습을 드러낸 안데스산맥이 그새 반짝이는 백색의 망토로 온몸을 휘감고 있었다. 명정(明淨) 장엄(莊嚴)한 영산(靈山)의 기(氣)가 우리를 감싸고 흘러서 누구 한 사람도 숨 쉬는 소리조차 내지 못했다. 모두가 대자연이 주는 경외(敬畏)감에 휩싸였다.

시간이 너무 지체되어 내려가는 길이 어두웠다. 이 길로 자주 다닌다는 운전사조차 감을 잡을 수가 없는지, 마침 불빛이 보이는 외딴집으로 차를 몰고 가더니 돌담 곁에 차를 세우고 문을 두들겼다. 집 안에서도 두꺼운 털모자를 쓰고 사는 듯 털모자를 쓰고 바지 위에 짧은 치마를 입고 망토를 두른 원주민 아주머니가 나와서 길을 상세히 가르쳐 주었다.

설명이 긴 것으로 보아 우리의 숙소가 있는 마을까지는 갈 길이 먼 모양이었다. 잠시만 기다리라고 몸짓을 한 후 집으로 들어간 아주머니는 감자를 한 그릇 가지고 나왔다. 모두 배가 고파 보였던가 보다. 눈 속에 갇힌 채로 서너 시간이 지나갔고 식사 시간도 지났으니 당연했다. 집 옆으로 연결된 돌담 안에서는 라마(안데스의 고원 지대에 사는 낙타과의 동물) 몇 마리가 머리를 내밀고 우리를 쳐다보고 있었다.

가이드는 주인아주머니 손에 뭔가를 쥐어 주고 그 자리를 떴다. 차가 출발하자 우리는 감자를 나누었다. 감자는 아직도 따뜻했다. 자동차는 헤드라이트 불빛으로 어둠을 밝히면서 조심스럽게 내려갔다. 눈이 내려 덜컹거림은 없었으나 미끄러지며 내려갔다. 몹시 미끄러질 때는 가슴이 철렁했다. 공포가 엄습해 왔다. 일행 모두가 자기만의 상념에 빠져서 말없이 잠든 체했다.

"반짝반짝 작은 별 아름답게 비치네."

나는 팬플루트를 꺼내 작은 소리로 불어 보았다. 모두가 아는 단순한 곡을 낮은 소리로 불기 시작했는데 누군가가 손뼉을 치며 박자를 맞춰 주었다. 박수 소리가 더 커졌다. 팬플루트 소리에 다들 긴장이 풀리면서 분위기를 바꿔 놓았고 운전사도 기분이 나아진 것 같았다. 사람들은 다시 떠들고 얘기하기 시작했다. 우리는 목적지 마을에 무사히 도착했다. 나의 팬플루트 연주는 안데스 탐사대를 목적지까지 인도한 인류를 위한 위대한 연주였다.

비엔나에서 얻은
미국 필라델피아 자유의 종

여행기념품: 비엔나의 벼룩시장에서 산 미국의 '자유의 종'.
– 일러스트: 앤서니 페리[Anthony Perri(Canada)]

오스트리아 빈(비엔나)의 번화가인 그라벤 거리에 벼룩시장이 열렸다. 벼룩시장으로서는 규모가 쾌 큰 편이다. 거리 양쪽은 물론이고 중앙로까지 상인들이 점포를 폈는데 북유럽 벼룩시장에서는 보지 못하는 물건들이 즐비할 뿐만 아니라 물건을 테이블 위에 진열하여 더 고급스럽게 보인다. 하지만 자세히 보면 여기도 싸구려 골동품이 대부분임을 금방 알 수 있다. 어디까지나 벼룩시장은 벼룩시장이니까.

음악의 수도답게 길거리 여기저기서 악단이 곡을 연주하고 있고 조금 더 가다 보면 개인 거리 공연자들도 열심이다. 다른 연주자의 소리가 들리지 않을 정도의 거리가 되면 어김없이 발아래에 모자를 벗어두고 연주하는 버스커(거리의 악사)가 자리를 잡고 있다. 거리의 악사나 지나치는 사람들은 서로를 의식하지 않고 있다. 어디를 가나 음악 소리가 끊이지 않는 음악의 수도 빈이다.

점심시간이 되니 더 많은 사람이 몰려나온다. 온 거리가 음악이 주는 생기와 물건을 사고파는 상인들과 손님들로 흥겨움이 넘쳐난다. 사람들은 유쾌하다. 흥겨움 속에서 물건들을 유심히 살펴보며 발걸음을 옮긴다. 나에게 음악이라면 듣고 즐기는 게 전부다. 원래 음치에 박자치라 노래방에 가더라도 가만히 앉아있는 스타일이니 사실 음악보다는 물건을 사는 게 더 좋다. 그 가운데서 자유의 종(Liberty Bell)이 내 눈에 띄었다.

"웬일이야?"

미국의 필라델피아에 있는 자유의 종 모형이 이곳 빈의 벼룩시장에 나오다니 신기했다! 높이 15㎝ 정도의 주석 제품인데 연륜이 묻어서 검은색으로 변했다. 나는 3불을 내고 종을 집어 들었다. 오스트리아의 자유를 갈망하는 누군가가 미국 여행 시 필라델피아에서 이 자유의 종을 기념으로 사서 유럽으로 가져왔고 세월이 흐른 뒤에 이 벼룩시장으로 흘러나오게 된 물건이었다.

지난여름에 나는 미국에서 손자들에게 자유의 종을 보여 주러 일부

러 필라델피아까지 간 적이 있다. 자유를 갈구했던 미국의 초기 지도
자들의 자취는 내게는 그렇게 미국인들만큼 간절하게 다가오지는 않
았지만, 자유의 종이 갖는 의미에 나름대로 감회가 깊었다. 방문자 센
터나 건너편 기념품점에서 모형을 하나 사야겠다고 생각했지만, 돌아
오는 기차를 급히 타고나서야 기념품을 사지 못했다는 사실을 깨달았
다. 그때 놓친 그 기념품을 이곳 빈에서 발견하게 된 것이다.

이 기념품 상부의 독수리 모형은 원래의 종에는 없는 것인데 이 기
념품을 만들 때 덧붙인 것 같다. 종에는 '1776-1976 PASS AND
STOW. PHILA.'라고 각인되어 있어서 독립 200주년 기념품으로 제작
된 것임을 알 수 있었다. 초대 대통령인 조지 워싱턴의 생일을 맞아 시
행한 타종식 때 종에 금이 간 이후로 지금은 종을 치지는 않고 보존하
고 있다. 종에 금이 간 이후에도 오랫동안 독립 기념관 종루에 매달려
있다가 독립 200주년이 되던 1976년에 지금의 위치인 독립 기념관으
로 옮겨서 북쪽 유리관 안에 보관했다. 전체 높이 1.6m에 무게가 약
45kg에 달한다.

미국이 영국을 상대로 독립을 선포한 장소가 바로 필라델피아 체스
넛 거리에 있는 독립 기념관인데 붉은 벽돌로 지어진 이 건물은 당시
에는 펜실베이니아 식민지 정부 청사 건물이었다. 영국의 식민지에서
벗어난 뒤 독립 기념관으로 이름이 바뀌었다. 오늘날에는 독립 기념관
과 자유의 종이 보관된 지역을 모두 합해서 '독립 국립 역사 공원
(Independence National Historical Park)'이라고 부른다. 이곳은 오늘날
의 자유 민주주의를 상징하는 유서 깊은 장소이다.

자유의 종은 미국의 독립을 알렸으며 인류의 자유를 표방하는 상징
적인 지위를 얻은 전 세계적으로 유명한 종이다. 또한, 자유의 종은

1775년에서 1783년까지 계속된 미국 독립 전쟁의 상징이기도 하다.

중학생 큰 손자와 작은 손자를 데리고 필라델피아 자유의 종을 다시 볼 수 있었던 것은 비엔나의 벼룩시장에서 산 미국의 자유의 종 모형이 나를 이끌었던 게 틀림없다.

짐바브웨 음마무 아줌마는
오늘도 물 길으러 간다

여행기념품: 짐바브웨 여성 목각인형. 남녀 한 쌍에 1불이다.
– 일러스트: 앤서니 페리[Anthony Perri(Canada)]

아프리카인들의 삶은 척박하고 어려워 보이지만, 그들 나름의 행복
과 삶의 흥겨움이 있다. 그래서 그들은 시간만 나면 몸을 흔들고 춤을
춘다. 동물을 사냥하는 엄숙한 순간이 아니라면 유쾌하게 떠들고 웃

고 또 춤춘다.

　그 가운데서 짐바브웨 아주머니인 음마무의 삶은 너무나 팍팍하다. 옆에서 지켜보니 삶이 인간의 삶이 아니다. 신은 어떻게 이 황무지에 인간을 버려두시는지 그 뜻을 나는 모르겠다. 눈 뜨면 물을 길으러 약 5㎞를 왕복해야 한다. 그곳에 강이 있기 때문이다. 한국으로 본다면 시골 10리 길이지만, 아프리카의 쨍쨍 내리쬐는 햇볕을 받으며 가는 10리 길은 인간이 먹을 식수를 길으러 다니기엔 너무 멀다. 손으로 수도꼭지를 돌리면 물이 나온다는 사실은 상상조차 할 수 없다.

　아들 넷, 딸 둘을 둔 음마무 아주머니는 새벽에 눈을 뜨자마자 곧바로 물동이를 이고 물을 길으러 간다. 몹시 시장하면 엊저녁에 먹다 남겨둔 옥수수죽을 좀 먹고 가기도 한다. 염소 여덟 마리가 이들의 생존 수단이다. 염소의 젖을 짜서 먹여 애들을 키워냈다. 지금은 모두 출가해서 나가고 딸 하나, 아들 둘이 남았다.

　이 집 아이들은 학교를 모른다. 남자아이 두 명은 학교에 가는 대신에 아침 식사 시간이 되면 건넛마을 아저씨네 집으로 소를 먹이러 간다. 학교에 가는 대신에 소를 데리고 들판으로 나가서 소를 먹이다가 끼니때가 되면 돌아온다. 그러면 주인아주머니가 음식을 제공해 준다. 소를 치는 대가로 돈을 받는 것도 아니고 단지 입에 풀칠하는 것이 급료이다.

　딸아이들은 들판으로 나가서 돌멩이를 줍는다. 모양이 좋은 보석 형태의 돌멩이는 관광객들에게 인기여서 아프리카 남북 횡단 도로변의 차가 정차할 만한 곳에서 관광객을 상대로 이 보석 돌을 판다. 최근에 정부의 역할 교육 시책이 강화되면서 막내 딸아이는 학교에 다니게 됐다. 이 가정에서 유일하게 제도권에 속한 정규 학교 공부를 하는 셈이다. 그러나 이 아이도 언제 무슨 이유로 학교를 관둘지는 시간문제다. 학교는 귀찮은 존재이다. 정부에서는 초등학교를 의무 교육으로 정하긴 했으나 제재 수단은 미미하여 이렇게 아동들은 자연 속에 버려지고 있다. 이웃 마을의 한 여자아이가 미국인 선교사의 도움으로 영어를 공부한 후에 미국으로 유학을 하러 간 것은 국가적인 뉴스였다.

열세 살이 되면 따로 집을 지어서 내보낸다. 부모의 집과 그리 멀지 않은 곳에 나무를 몇 개 원뿔꼴로 세우고 갈대나 짚으로 그 위를 덮으면 집 공사는 끝이다. 그러니 한나절이면 집 한 채가 뚝딱 지어진다.

집 가운데 땅바닥에 돌을 몇 개 받쳐 놓고 냄비를 올려놓으면 주방이 완성된다. 옥수수죽을 끓이면 냄비째 들고 나무 그늘로 나간다. 이웃 사람도 냄비를 들고나온다. 서로 웃으며 함께 식사한다. 나누는 것은 없지만, 이들에게는 웃음과 허기를 충족시키는 것만으로도 만족이다.

열세 살의 어린아이가 자기의 집을 가지게 되니 밤이 되면 친구들과 시간을 보내기가 십상이다. 때로는 이성 친구를 이렇게 어린 나이에 자연스럽게 대하게 되기 때문에 에이즈가 창궐하는 원인으로 지적되기도 한다. 그러나 에이즈가 있다는 것을 그리 크게 염두에 두지 않는 사람들도 많다고 한다. 그저 그러려니 하고 살아가는 것이다.

이곳은 가뭄이 오래 계속되면 이주를 해야 하기 때문이기도 하나 기후가 온화하기도 해서 벽을 두껍게 할 필요가 없다. 간단하게 집을 짓고 살다가 근처의 풀밭에 풀이 다 떨어지거나 가뭄이 지속되면 또 다른 정착지를 찾아서 떠나는 것이다. 그렇게 돌아다니다 보면 언젠가는 또다시 이곳으로 돌아오기도 한다.

음마무 아주머니는 옥수수 농사에 매달린다. 그나마 이런 옥수수 농사를 지을 땅이 있다는 것이 행운이다. 맑고 건조한 땅에서도 정부에서 제공해 준 새 품종 옥수수는 비교적 잘 자라서 열매가 열린다. 이들에게는 이만한 축복이 없다. 이 옥수수 품종은 한국인 학자가 품종을 개발하여 아프리카의 식량 문제를 해결하기 위해 보급한 것이라고 후에 들었다.

아프리카의 이십 리 뜨거운 길을 음마무는 오늘도 물 길으러 간다.

파라과이 댐의 굉음이
울려 퍼지는 가죽 컵 받침

여행기념품: 파라과이 텔레스타의 전통시장에서 산 가죽 컵 받침.
– 일러스트: 맨서니 페리[Anthony Perri(Canada)]

브라질에서 파라과이로 국경을 넘어간다. 남미는 넓다. 여기까지 오
는데 버스를 16시간 정도 타고 밤새 달려왔다. 아내는 다시는 이런 곳
에 데려오지 말라고 눈물을 글썽인다. 브라질의 포스 도 이구아수에

서 국경을 이루는 파라나강을 건너면 파라과이이다. 아내와 나는 버스정류장에서 좀 쉬면서 정신을 차렸다. 우리가 묵을 집에 전화 연락부터 해야 한다. 어디를 가건 잘 곳을 먼저 마련하는 것이 여행의 제1원칙이다.

파라과이의 제2의 수도인 시우다드 델 에스테(Ciudad del Este)로 국제 전화를 했다. 앞으로 우리가 묵을 홈스테이 가정이다.

"베아트리체 씨 댁인가요? 저는 한국인 여행자 킴입니다."

"아, 킴. 기다리고 있었어요. 어디세요?"

"지금 포스 도 이구아수 버스정류장입니다."

"그대로 거기 계세요. 제가 차를 가지고 마중 나갈게요. 하얀 승용차예요."

"감사합니다. 기다릴게요."

버스를 타고 가는 방법을 묻고자 전화했는데 국경을 넘어서 버스 터미널로 우리를 맞으러 오겠다고 했다. 이 낯설고 먼 나라에서 여행자를 맞이하러 국경을 넘어온다니, 여행을 좋아하는 사람들은 좀 특별한 데가 있다. 나도 다른 여행자에게 저분처럼 친절했던가를 다시 한번 생각하며 기다리고 있으려니 한 여성이 우리에게 다가왔다. 파라과이 호스트인 베아트리체 여사였다. 50대 초반의 아름다운 백인 여성이었다. 인사를 나눈 후 우리의 여행 가방을 트렁크에 싣고 파라과이로 출발했다.

파라나강을 건너면 파라과이 쪽의 도시인 시우다드 델 에스테(Ciudad del Este)로 갈 수 있다. 인구가 약 32만 명으로 파라과이 제2의 도시이다. 파라나강에 놓인 '우정의 다리'는 브라질과 파라과이가 공동으로 건립한 국제 공조의 모범 사례라고 한다. 이 다리를 건너면 바로 시우다드 델 에스테인 것이다.

저 앞에 국경을 가로지르는 다리가 보일 때 나는 베아트리체 여사에게 입국 절차를 밟아야 하지 않느냐고 물었다. 여사는 현지인의 차를 타고 있으면 입국 절차를 밟지 않아도 별문제 없다고 말해 주었다. 입국 절차를 밟지 않고 어떻게 외국에 입국을 하나. 나는 약간 의아한 생각이 들었다. 다리를 건널 때는 경비병이 삼엄하게 경비를 하고 있어서 약간 불안했다. 한국인에게 국경이란 얼마나 지엄한 것인가.

다리 위 국경 초소에서는 경비병들이 줄지어 입국하는 사람들의 몸 수색을 하는 모습이 보였다. 경비병들은 눈을 매섭게 굴리고 있다. 우리 쪽을 바라볼 때는 나도 모르게 차창 아래로 고개를 숙였다. 잠시 후 파라과이 쪽의 도시인 델레스타(시우다드 델 에스테를 현지 사람들은 델레스타라고 부른다)에 도착했다. 국경을 넘어 입국하니 맘이 좀 가라앉았다.

그동안 이메일로 베아트리체 여사는 남편이 '이타이푸(Itaipu) 발전소'의 수석 엔지니어이고 딸은 '랜 칠레 항공사'의 스튜어디스라고 소개해 주어서 가족 관계를 이미 파악하고 있었다. 본인도 훌륭한 교육을 받아서 영어를 유창하게 구사하는 분이므로 입출국 문제는 그쪽에게 맡겼다.

우리가 파라과이에서 처음으로 묵는 이 가정은 베아트리체 부인의 친정아버지(87세)를 모시고 살고 있었다. 아마도 이 노인이 가꾸는 듯한 정원에는 크고 노란 장미가 만개했고 베란다에는 해먹이 걸쳐져 있어서 더운 기후의 사물이 더 나른하게 보였다. 나도 수시로 목을 끄덕이며 잠에 빠졌다. 낮잠을 한숨 푹 잤으면 여한이 없겠다. 누적된 피로 때문이다. 우리 부부가 낮잠(Siesta) 이야기를 꺼내자 여사는 우리를 방으로 안내해 준 후 커튼을 쳐 주며 저녁 식사까지 푹 자라고 말해 줬다. 아내와 나는 즉시 잠에 곯아떨어졌다.

방문을 노크해서 일어나 나가보니 식탁 위에는 이미 저녁 식사가 차려져 있다. 저녁은 전통 파라과이 음식으로 차려져 있었고 마침 스튜어디스인 따님이 비번이어서 집에 와 있었다. 주인아저씨도 발전소에서 시간 맞춰 퇴근해 왔다. 한국인을 처음 만난다는 가족들을 위해 우리는 한국에 관한 얘기를 많이 나눴다. 그쪽에서는 브라질과 파라과이 국경을 이루고 있는 파라나강에 건설된 이타이푸 댐과 발전소에 관한 자세한 이야기를 해 주었다.

이타이푸 댐(Itaipu Dam) 발전소는 브라질과 파라과이 국경 사이에 있는 세계에서 가장 큰 댐으로서 브라질과 파라과이가 공동으로 합작하여 개발한 후 공동으로 운영하고 전력도 양국에서 공동으로 사용하는 사업으로서 국제 협력 사업으로는 가장 대표적으로 성공한 프로젝트라고 설명해 줬다. 두 나라가 16년간 공동으로 공사하여 완공한 댐으로, 길이는 8㎞, 높이는 195m이고 터빈 20대가 설치되어 완전 가동 시 약 1,400만 ㎾의 전기를 생산할 수 있다고 한다.

이튿날에는 여사를 따라서 이타이푸 댐 구경을 하러 갔다. 조회를 마친 남편이 우리를 맞으러 나와 주었다. 방문자 센터에서 비디오를 본 후 본격적인 댐 관광에 나섰다. 세계에서 가장 큰 댐이라는 위용답게 댐에 갇힌 방대한 물, 댐 아래로 떨어지는 물소리와 20개의 터빈이 돌아가는 소리로 인해서 귀가 먹먹했다. 기술부장 덕분에 댐의 구석구석, 엘리베이터를 타고 터빈 조정실 안에까지 들어가 전기 생산 현장을 살펴볼 수 있었다.

오후에는 미술관을 본 후에 전통시장으로 갔다. 이곳 생활은 브라질만큼 빈부의 격차가 크지는 않은 것 같았다. 재래시장의 상인과 시장 모습을 보면 어느 정도 짐작할 수 있다. 시장의 물건은 깨끗했고 가죽 제품이 많이 눈에 띄었다. 튼튼하고 질겨 보이는 가죽 제품들은 값도 저렴했다. 나는 여행용 가방과 서류 가방이 맘에 들었고 아내는 핸드백을 여러 번 들었다 놨다 했다. 결국, 파라과이 기념품으로 배낭에 넣기 좋은 컵 받침을 한 세트 샀다. 가죽 제품 6개에 8불이다.

오늘 아침에도 글을 쓰면서 이 컵 받침에 커피잔을 올려놓으니 그 이타이푸 댐의 웅장한 굉음이 울려 오는 듯하다. 남미에서 우리가 묵은 이 집의 여주인은 북미 캐나다의 캘거리에서 한 집에 묵었다. 여행 애호가들은 남북 대륙을 가리지 않고 쏘다닌다.

지상 낙원은 어디에?
-샹그릴라의 복돼지

여행기념품: 샹그릴라 백족(白族)에게서 산 목제 복돼지.
– 일러스트: 앤서니 페리[Anthony Perri(Canada)]

1933년, 영국의 소설가 제임스 힐턴(James Hilton)은 『잃어버린 지평선을 찾아서(Lost Horizon)』에서 '샹그릴라'라는 이상 세계를 세상에 처음으로 소개했다. 그리고 프랭크 카프라(Frank Capra) 감독은 브래드 피트를 주연으로 하는 영화를 만들었다. 전쟁을 피해 비행기에 오른 네 명이 히말라야 티베트 산속에 불시착했는데 그곳은 실은 지상 낙원이었고 떠난 후에도 그곳을 잊지 못한다는 내용이다. 이 소설과 영화로 인해서 '샹그릴라'는 세상 모든 사람이 꿈꾸는 최후의 '낙원', '이상향'을 상징하는 상상의 유토피아로 급부상했다.

중국 운남성(雲南省) 디칭티베트족자치주(迪庆藏族自治州) 샹그릴라현(香格里拉)은 관광지로 변했다. 디칭은 중국 윈난성의 서북부에 있는 유일한 티베트 자치주이다. 티베트어로 '행운이 깃드는 곳'이란 뜻이 있고 평균 해발 3,300m의 칭장고원(青藏高原) 지대에 있다. 가장 높은 지역은 해발 6,740m의 만년 설산인 매리설산(梅里雪山)인데 이곳은 티베트 불교의 4대 신산(神山)중 하나로 티베트인들에게 성스러운 산으로 추앙받고 있다. 또, 진사강(金沙江), 난찬강(澜沧江), 누강(怒江) 등 세 개의 큰 강이 주변을 흐르는 독특한 생태 환경을 가지고 있다. 많은 여행 책자에서는 이 지역을 '윈난의 티베트'로 소개하기도 한다.

디칭은 1990년대 중국 정부의 주도로 1998년에 중뎬현(中甸县)을 샹그릴라현(香格里拉县)으로 이름을 바꾸고 이방인들이 자유롭게 여행할 수 있도록 개방했다. 그리고 이 지역의 관광업 부흥을 위한 인프라 구축 사업도 착수했다. 1999년에는 '샹그릴라' 공항을 완공했고, 이 지역의 대표적 여행지인 리장(麗江)과 연결하는 도로를 만들었다. 중국이 중뎬을 샹그릴라로 개명한 것은 '샹그릴라'라는 소설 속 허구의 세계가 현실 세계에서 구체성을 가진 새로운 도시로 탄생한 획기적인 사건이라고 볼 수 있다.[1]

---

1) 인용: 심혁주 한림대 연구교수(tibet007@hanmail.net), 출처: 『법보신문』(http://www.beopbo.com).

유토피아, 파라다이스, 이상향, 극락정토, 에덴동산, 천국…. 나는 이런 단어들을 어릴 때부터 익히며 그 실존 여부를 궁금해했다. 지상 낙원(樂園)은 어디에 있을까? 근심, 걱정 없이 행복을 누리며 영원히 사는 곳, 긍정적이며 조화롭고 시간이 흐르지 않는 곳은 어디에 있을까? 나는 심 교수의 글을 접하고 난 뒤에 힐턴의 소설을 읽었고 영화 CD를 사서 몇 번이고 감상했다. 드디어 샹그릴라에 매료되어 여행을 좋아하는 친구를 꼬드겨 그 낙원을 실제로 한번 찾아가 보기로 했다. 나에게는 샹그릴라가 유토피아였다.

유토피아는 '모두가 행복한 완벽한 사회'라고 케임브리지 사전에서 정의하고 있고 작가 토머스 모어는 '인생을 즐기는 일, 인간이 노력하는 모든 일은 쾌락이며 도덕적으로 선하고 자연스러운 것'으로 정의했다.

상하이에서 비행기를 갈아타고 몇 시간을 날아가 곤명(쿤밍) 공항에 내렸다. 겨울옷이 무색해졌다. 사방 어디에나 온갖 꽃이 피어 있어서 우리는 두꺼운 겉옷을 벗으며 비로소 이곳이 사시사철 꽃이 피는 상춘(常春)의 땅이라는 것을 알게 되었다.

윈난성에는 22개의 소수 민족이 살고 있고 남으로 내려가면 베트남, 라오스, 미얀마와 국경을 접하고 더 내려가면 태국의 치앙마이까지 가게 된다. 윈난은 남국(南國)의 북쪽, 북국(北國)의 남쪽인 이상적인 기후에 자리 잡은 셈이다.

나와 친구는 쿤밍이 좋았다. 음식도, 기후도, 사람도 좋았지만, 밤이 되면 도시가 신라의 고도(古都) 같이 변하는 분위기도 좋았다. 만나는 여행자들은 차마고도(茶馬古道)와 티베트를 얘기했다. 우리에게 다녀왔느냐고 물어보곤 했는데, 그 속에는 본인들은 다녀왔다는 은근한 자랑이 깔려 있었다.

친구와 나는 샹그릴라 낙원을 답사한 후에 내친김에 차마고도를 따라 티베트까지 올라가 보기로 했다. 쿤밍, 따리, 리장, 더친의 샹그릴라, 호도협을 거쳐서 중국의 차(茶)와 티베트의 말(馬)을 교역하던 높고 험준한 길, 인류 역사상 가장 오래된 교역로를 따라서 올라가 보기로 했다.

차마고도는 길이가 약 5,000㎞, 평균 해발고도가 약 4,000m 이상인 높고 험준한 길이지만, 눈 덮인 5,000m 이상의 설산(雪山)들과 진사강(金沙江), 란창강(瀾滄江), 누강(怒江)이 수천 ㎞의 아찔한 협곡을 이루어서 세계에서 가장 아름다운 길로 꼽힌다. 이 세 강이 이루는 삼강병류(三江并流) 협곡은 유네스코 세계자연문화유산으로 등재되어 있다.

여행에 운이 따랐다. 나도, 친구도 중국어를 못 해서 애를 먹던 중이었는데 쿤밍 시외버스 터미널에서 북경 출신 교사 2명을 만났다. 영어로 의사소통이 잘되어 티베트까지 함께 가기로 했다. 차를 하나 렌트했다. 빵차(다마스 스타일로 중국인들은 그렇게 불렀다)와 운전사와 연료를 포함하여 무제한으로 달리고 하루에 30불을 지불하기로 했다. 운전사의 식사와 숙소는 우리가 부담하기로 했다.

내가 또 하나 특별한 제안을 했다. 한 번 먹어 본 음식은 다시는 먹지 않도록 식도락(食道樂) 여행을 해 보자는 제안이었다. 운전사는 이곳은 소수 민족이 많이 살고 음식도 모두 다르므로 충분히 가능하다고 했다. 끼니마다 다른 음식을 먹으면서 더 많은 소수 민족의 삶을 직접 볼 수 있었다.

리장은 옛 풍광을 그대로 간직한 고도(古都)로서 시내에 고층 건물은 없고 모두가 기와지붕 일색이었다. 황혼이 도시를 물들일 때 우리는 골목길을 따라서 걸었다. 어느 집 2층 누각에서는 사람들이 아래쪽을 향하여 노래를 합창하니 아래쪽에서 지나가던 사람들이 무리를 이뤄 일제히 합창으로 화답한다. 그 노래가 끝나면 위층에서 또 화답한다. 이렇게 노래가 오가는 것이 끝날 줄을 모른다. 이 합창 겨루기는 오늘 저녁에는 끝날 것 같지 않아 우리는 자리를 떴다. 마침 떠오른 보름달이 고도(古都)의 기와지붕 위를 고즈넉하게 비추니 옛 시인이 묘사한 장안의 풍광으로 우리에게 다가온다.

우리의 빵차가 샹그릴라에 들어서자 들판은 더욱더 파랗고 산세는 아름다워져 샹그릴라에 다가간다는 확실한 느낌이 들었다. 들판에는 뾰족한 로켓 발사대가 7~8개씩 묶여서 곳곳에 널려있다. 하늘을 향한 다연장 대공 포대와 같은 시설물이 곳곳에 서 있다. 대전 때는 연합군이 대공포 발사대로 오해했다고 한다. 실은 농산물을 말리는 시설이다. 잠시 후에 우리는 중국인의 낙원인 샹그릴라에 입성했다.

돌담길을 따라서 여기저기 집 안을 기웃거리며 동네를 둘러보았다. 진흙과 돌, 나무를 사용하여 지은 이층집이 대부분인데 1층은 가축 사육장과 농기구, 농산물을 보관하는 창고로 주로 쓰이는 것 같았고 2층에 사람이 거주하는 것 같았다. 개인 주택으로서는 비교적 큰 규모였다.

나는 그중에서 가장 큰 집으로 들어가 보았다. 60대로 보이는 집주인이 집의 내력에 관해서 설명해 주었다. 일행인 중국인 교사는 다른 곳에서 관광하고 있겠지. 통역이 아쉬운 대목인데. 깊은 역사를 말해 주는 주인의 얼굴에 자긍심이 보였다.

이곳은 관광지로 알려져 전 세계에서 관광객이 몰려오는 덕분에 곳곳에서 관광 시설을 운영하고 있었다. 이런 속도로 옛 정취가 사라져 가면 샹그릴라도 곧 사라져 갈 것이다. 아쉬웠다. 기념품점에서 백족(白族) 아가씨가 파는 복돼지 한 쌍을 샀다. 어느 집 1층에서 2층에 사는 주인이 움직일 때마다 "꿀꿀." 하고 따라다니던 녀석들과 똑 닮았다.

이곳 샹그릴라는 근심과 걱정이 없는 낙원일까? 아니지, 절대로. 육체를 가지고 태어난 인간이 물리적인 한계를 벗어난다는 것은 불가능하다. 우리는 중국 당국의 대대적인 '낙원' 홍보에 휘말려서 이곳까지 오게 된 것 같다. 한국도 낙원을 만들고 홍보해서 세계 각국으로부터 관광객을 끌어모아야 한다. 강원도 춘천의 낙원동, 경기도 안성과 서울의 종로구의 낙원동…. 그러고 보니 한국에도 낙원이 꽤 있네.

우리는 차마고도를 향하여 차를 돌렸다. 어쩌면 저 차마고도를 따라가다가 옥룡설산의 어느 곳에서 길을 벗어나면 〈티베트에서의 7년〉이라는 영화 속에서 브래드 피트가 낙원으로 여겼던 그 마을을 만날지도 모른다.

나른한 파라다이스,
하와이 컵 받침

여행기념품: '정원(庭園)의 섬'으로 불리는 하와이의 컵 받침.
- 일러스트: 앤서니 페리[Anthony Perri(Canada)]

　공항으로 나가는 것이 여행의 첫걸음이 되었다. 비행기를 타지 않는
여행은 상상할 수도 없는 세상이니까. 김해 공항에서 인천 공항으로
날아가 인천에서 더 큰 비행기에 올라탄 후에 호놀룰루까지 약 9시간

의 비행 끝에 호놀룰루 공항에 안착했다. 트랩에서 내려오니 배꼽을 드러낸 원주민 훌라 아가씨가 꽃목걸이를 걸어 준다. 흥겨운 곡이 연주되고 훌라 아가씨들의 하와이안 환영 댄스가 이어졌다. 내가 어릴 적부터 얼마나 오랫동안 그리던 하와이 여행이던가? 이제 현실이 된 거다. 위키위키 셔틀버스를 타고 메인 터미널로 이동하여 입국 심사를 받았고, 1층으로 내려가 짐을 찾아서 세관 검사까지 마쳤다.

먼저 배고픔을 해결하기 위해서 가까운 레스토랑으로 갔다. 여행 첫날에는 좀 비싸더라도 큰 호텔과 큰 레스토랑을 이용하는 것이 좋다. 여행 정보도 얻기 수월하고 어쩌면 호텔이나 지역 여행 예약까지 가능하므로 여행의 큰 그림으로 볼 때 돈의 값어치를 다 되찾게 된다. 마침 길가에 큰 해산물 레스토랑이 있어서 그곳으로 들어갔다. 해물 모둠 구이로 점심을 먹고 진한 커피를 마셨다. 관광객을 위주로 하는 레스토랑이어서 역시나 호텔 예약까지 다 해 준다. 1시에 해안 관광을 할 수 있는 데이 트립 미니버스까지 연결해 주어서 곧 버스가 왔다.

동부 해안 일주 관광인 데이 투어의 일정은 괜찮았다. 와이키키와 호놀룰루를 내려다볼 수 있는 팔리 바람산 전망대, 오아후섬에서 가장 긴 백사장을 자랑하는 와이마날루 비치에서 걷기, 오아후 최동단에 있는 등대 마카푸 포인트 관람, 파도가 바위 구멍에서 분수처럼 솟구치는 블로 홀을 보고 펀치 볼 국립공원을 둘러본 뒤에 호놀룰루 시내로 돌아왔다. '아, 하와이란 이런 곳이구나.' 앞으로 열흘 동안의 대체적인 여행 구상이 떠올랐다. 하와이의 각 섬을 모두 둘러보고 원주민의 삶을 보는 것이 좋을 것 같다.

호놀룰루 시내에서는 하와이의 상징인 주 정부 청사, 주지사의 관저와 법률적으로 미국 영토에 있는 하나뿐인 궁전인 이올라니 궁전, 하와이 통일의 주역인 카메하메하 대왕의 동상, 도심, 알로하 타워를 관광한 후에 호텔로 돌아왔다. 지쳐서 관광 회사에서 제공하는 하와이안 해넘이와 저녁 관광은 생략했지만, 방 안에서 해넘이를 보며 잠들었다.

하와이의 푸르고 깨끗한 바다를 바라보니 낚시를 하고 싶은 생각이 간절해진다. 나는 물만 보면 낚시를 생각한다. 이 태평양의 한가운데인 하와이에 와서 낚시를 빼 버린다면 완전히 김빠진 맥주 격이다. 이곳의 낚싯배는 항상 출발할 정도로 많고 그 종류도 다양하다. 미니버스를 타고 선창으로 나가서 바다낚싯배를 탔다. 70불에 점심은 배 위에서 먹고 호텔까지 태워다 주는 낚시 투어다. 15명이 승선했다. 일본인 6명에게는 따로 일본어로 설명을 해 준다. 마실 물과 간식 등의 준비물은 다 비치되어 있다.

모두가 낚시 초보자로 보였다. '하와이에 왔으니까 낚시를 해 보자.' 이런 생각으로 온 사람들 같다. 선장은 오징어와 생선 조각을 미끼로 내놓았다. 내가 먼저 낚싯대를 던졌다. '퍼드덕!' 처음으로 올라오는 녀석은 복어다. 복어는 이빨이 강해서 줄이 끊어지지 않게 조심스레 들어 올렸다.

선상에는 바비큐 버너와 조리 기구가 준비되어 있어 잡은 고기를 즉석에서 구워준다. 하지만 복어에는 독이 있는데 요리할 자신이 없다고 해서 바다에 다시 놓아 줬다. 도미 두 마리, 전갱이 두 마리를 올렸다. 선장이 구워 줬다. 모두가 시식하며 행복해했다.

트롤리나 더 버스를 타고 저기를 돌아다니다 저녁에는 카타마란 세일링 요트(50인승)를 타고 드디어 하와이의 해넘이를 감상했다. 내가 사는 다대포의 해넘이도 유명한데 이곳 하와이 쪽은 빛이 더 선명하고 진한 것이 특색이었다. 호텔 침대에 등을 대자마자 바로 곯아떨어졌다.

진주만의 애리조나호 박물관과 폴리네시안 민속 관람도 좋았다. 하와이에선 할 것과 볼 것이 너무나 많다. 그러나 유의해야 할 점도 한가지 있다. 하와이에서는 바쁘게 움직이면 즉시 피곤해진다. 나른하게, 느긋하게 움직여야 한다. 그러면 낙원이 보인다. '나른한 낙원, 하와이'

티베트의 하늘 호수,
나무취에 갈매기는 날고

여행기념품: 나무취호수에서 산 카드.
이면에 쓰인 문자를 해독할 수가 없어서 어딘지 기억나지 않는다.
– 일러스트: 앤서니 페리[Anthony Perri(Canada)]

티베트의 나무취(納木錯)호수를 티베트인들은 '하늘 호수' 혹은 '신의
호수'라고 부른다. 해발 4,718m에 자리 잡고 있어서 말 그대로 세상에
서 가장 높은 곳에 있는 호수이다. 백두산의 높이가 2,744m이니 백두

산 하나를 더 올라가야 할 높이에 있다.

남미 대륙에서 가장 높은 호수는 안데스산맥의 티티카카호수인데 3,810m이니 나무춰호수보다 근 1,000m 더 낮은 곳에 있다는 걸 이곳에 와 보고서야 알게 되었다. 아내와 나는 그동안 여행 이야기를 하면서 거짓말을 늘어놓은 게 됐다. 원래 여행 얘기는 거짓말이 좀 섞여야 재미있는 게 사실이긴 하다.

우리 부부는 페루의 티티카카호수에서 배를 타고 건너편에 있는 볼리비아로 갔다. 우로스 갈대 위에서 사는 마을에 들러보았던 기억도 새롭다. '토토야'라는 갈대를 엮어 만든 거대한 인공섬 위에 우로족들이 마을을 이루고 살고 있었다. 땅을 밟지 않고 물에 뜬 갈대 위의 생활이라 성인이 되면 모두 무릎이 아픈 증상으로 고생한다고 했다. 이들이 안타까워 보여서 갈대로 엮은 배(발사스 데 토토)를 하나 사서 비행기를 몇 번이고 갈아타야 하는 여정에도 모시고 다니다가 집까지 가져와 지금도 우리 집 거실에 놓고 감상하고 있다.

티티카카호는 배를 타고 항해할 수 있는 가장 높은 곳의 호수라고 현지인들이 자랑하고 있었기에 우리도 그런 줄 알고 종종 이 세상에서 가장 높은 호수에서 배를 타 보았다고 자랑하곤 했는데 나무춰호수를 보니 이제는 이를 수정해야 할 듯했다. 티티카카보다 1,000m나 높은 이곳 나무춰호수 저쪽에 배가 떠서 가고 있지 않은가.

나와 나의 오랜 친구는 나무춰호수로 가기 위해 칭장공로(青藏公路) 초입에 들어섰다. 칭장공로는 라싸에서 칭하이성(青海省)의 거얼무까지의 1,200㎞를 잇는 유일한 도로다. 가끔 지나가는 버스는 숨 가쁘게 검은 연기를 토해내며 달린다. 라싸에서 약 140㎞를 달려서 닿은 곳은 담슝(當雄)이었다. 지도에는 도시로 표시되어 있었지만, 정작 도착해 보니 자그마한 시골 마을이다. 이곳 대로변에는 야크나 양, 돼지가 심심찮게 나타나지마는 오체투지로 라싸를 향해 가는 순례자들도 심심찮게 볼 수 있다.

드디어 우리가 탄 미니 관광버스는 나무춰호수의 주차장에 도착했다. 문을 열자 애들과 상인들이 몰려든다. 손에는 기념품이 들려 있다. 소리를 지르며 사 달라고 한다. 조랑말을 태워 주는 장사꾼도 합세한다. 호수를 보기도 전에 그들의 큰 소리에 먼저 놀란다. 아마존 사람들의 목소리는 모깃소리만 했는데 높은 곳에 살아서 기개가 센지, 이곳 사람들의 목소리는 크고 웅장하다.

바람이 부는 곳이면 어디나 룽다(경전을 깨알같이 적어 넣은 오색 깃발이 달린 솟대)와 타르초(수평으로 매단 깃발)가 휘날린다. 타르초가 바람에 휘날리는 소리를 티베트인들은 바람이 경전을 읽고 가는 소리라고 말한다. 룽다와 타르초가 바람에 휘날리는 소리를 들으며 호숫가에 닿은 뒤 물에 손을 담근다.

차갑다. 손에 묻은 물을 털면서 호수를 따라서 저 멀리 바라본다. 말이 호수이지, 이는 호수가 아니다. 갈매기가 날고 파도가 치는 광대한 바다이다. 내가 사는 다대포에서 바라보는 태평양보다 더 광대무변하다. 눈을 내려 물속을 자세히 들여다보니 물속 깊은 곳까지 다 보인다. 맑디맑은 물속에 손을 담근다. 차가운 얼음물이다. 물맛을 보니 짭조름한 염호(鹽湖)이다. 눈을 돌리니 배 한 척이 떠 있다. 나중에 안 사실이지만, 어부가 고기를 잡고 있다고 한다. 이 호수에서 저 가족에게만 어로 작업이 허가되어 있다고 한다.

호수면 저 멀리 눈을 이고 있는 녠첸 탕구라산맥 가운데로 저 멀리 보이는 설산 영봉이 바로 탕구라산(해발 약 7,000m)이라고 한다. 이 장엄한 호수의 바다와 설산이 이루는 대자연의 대비는 진정으로 티베트 신들의 작품이란 말인가?

티베트인들은 이 성스러운 호수에 평생에 한 번은 순례를 와 봐야 한다. 그러니 호숫가에서 오체투지로 호수에 닿는 사람들을 쉽게 볼 수 있다. 특히 양띠 해에 나무춰호수를 순례하면 윤회에서 빨리 벗어날 수 있다는 믿음 때문에 12년마다 나무춰호수는 그야말로 북새통을 이룬다고 한다.

우리는 룽다와 타르초 깃발 옆으로 다시 돌아와 라싸로 가는 차에 올랐다. 이 호수에 오는 사람마다 묶어 놓은 룽다와 타르초가 끊임없이 바람 소리를 내고 있다. 아, 티베트는 신이 존경받는 곳이다.

마을 입구마다 돌무더기를 쌓아 올려 서낭 탑(라체)을 만들고 사방으로 줄을 늘어뜨려 타르초를 감고 룽다 숫대를 세워 경전의 깃발이 휘날리게 한다. 티베트의 바람은 그냥 지나치는 법 없이 항상 이 경전을 소리 내어 읽고 소리 내어 경배한다. 바람은 진리가 퍼져 해탈하라는 염원과 기도를 담아 중생에게 전해주는 전령사이다. 휘날리는 신성한 물건은 다 닳아서 소멸할 때까지 그대로 둔다.

티베트인들은 이 높은 산악 지대에 나무춰 바다 호수를 만드신 신에게 룽다와 타르초가 흩날리게 하여 경배하고 순례한다. 먹고 자는 것을 살펴볼 때, 그들의 일생은 이 세상보다는 내세의 복행(福幸)을 염원하는 순례자의 삶을 살고 있다.

티베트의 수도 라싸 역에
'베이징 광장'이라니

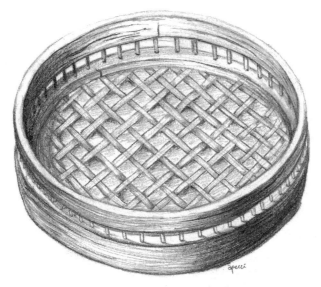

여행기념품: 죠캉 사원의 바코르 광장 시장에서 산 죽 제품 컵 받침.
– 일러스트: 앤서니 페리[Anthony Perri(Canada)]

"칭장(靑臟)철도는 티베트 인민 여러분을 존경합니다."

칭장철도를 따라가다 보면 다릿발 곳곳에 이런 글귀를 새겨 놓았다.

중국은 티베트를 강제로 합병하고 베이징에서 라싸까지 바로 달릴 수 있는 이 칭장철도를 완성했다. 이 문구로 봐서는 중국 정부는 티베트인들의 마음을 돌리려고 노력하는 것처럼 보인다. 하지만 저 문구처럼 정말 티베트인을 존경이나 하는 것일까?

라싸에 도착 후 내 친구는 고산증으로 호텔에서 쉬고 나 혼자서 포탈라궁으로 올라갔다. 이곳 라싸에 도착한 첫날에는 나도 고산증으로 먹은 저녁을 다 토해냈다. 끄떡없이 버티던 친구도 급기야는 드러눕고 말았다. 둘이서 티베트까지 와서 한 명은 누워 있고 나 혼자서 포탈라궁으로 향한다.

포탈라궁전은 높은 언덕 위에 자리 잡고 있기에 정문까지도 한참 올라가야 한다. 언덕길을 올라가는 가파른 길은 허리를 굽히고 기어가다시피 해서야 겨우 다다를 수 있었다. 정문은 문지방을 넘어서면서부터 역시 경사가 급하게 축조되어 있어서 기어 올라가야 했다. 포탈라 높이 있으므로 이곳에 드는 사람은 누구나 자기가 낮은 주체임을 깨닫고 땅에 닿으면서 경배해야 한다.

티베트의 정치와 종교의 중심지인 포탈라궁은 높이가 약 110m에 방이 1,000개 이상이나 되는 큰 건물이다. 백궁(白宮)은 정부 청사로 사용되며 홍궁(紅宮)은 역대 달라이 라마의 영묘 탑이 모셔져 있다. 지하에는 우물, 식량창고, 무기고 등이 있다.

세계문화유산인 궁을 보호하기 위해 하루 입장 허가자는 300명으로 제한되어 있다. 한정된 입장권을 사느라 어제는 줄을 서서 한나절을 보냈고 정작 오늘 궁에 입장할 때는 계속 기어만 올라갔다. 화강암 위에 건립한 목조 건축물인 계단도 너무 가팔라서 난간을 잡고 기어오르지 않고서는 오를 수가 없다. 마치 내가 달라이 라마를 경배하러 올라가는 것과 같다. 그러니 여기 포탈라궁에 오는 사람은 누구나 경배를 해야만 하는 티베트 승려같이 몸가짐을 조심하게 움직여야 하는 구조다.

궁전 내부를 둘러보기 위해 안내인을 따라갔다. 모든 방의 입구는 천으로 가려 놓았다. 시설과 전시된 물품은 대부분 낡았는데, 이 낡고 오래된 것들에 오히려 정감이 갔다. 세계문화유산으로 지정된 후 박물관으로 일반에게 공개됐는데 나는 백궁의 일부와 홍궁의 달라이 라마의 옥좌와 영탑을 보았다.

이렇게 층마다 수십 개의 방을 둘러보고 미로를 따라 과거로 되돌아갔다가 빠져나오니 옥상이 나왔다. 옥상에는 접시형 태양열 반사경이 그릇의 물을 데우고 있었고 붉은 승복을 걸친 스님이 주전자를 들고나와 물을 따라서 받아 갔다. 차를 끓이는 시간이라고 했다. 정작 이 차를 대접받을 궁전의 주인인 달라이 라마는 외국을 전전하고 있다.

궁에서 내려오는 길에는 오체투지로 순례하는 두 명의 티베트인을 보았다. 두 팔과 양 무릎에는 자동차 타이어 고무를 오려서 붙였다. 땅에 닿을 때 느끼는 아픔을 최소화하기 위해서다. 이 고향으로부터 포탈라까지의 오체투지 성지순례는 티베트인에게는 누구나 한 번은 해야 하는 통과의례다. 집에서 출발하여 라싸의 포탈라까지 두 무릎, 두 팔과 이마의 다섯 군데 몸의 부위를 땅에 닿게 하여 일 배를 한 후 일어서서 한 발 나가며 오체투지 또 일 배…. 아, 인간이 어찌 이렇게까지 땅에 다가갈 수 있단 말인가. 3년에 걸쳐서 순례를 완성한 분도 있다고 한다. 이들의 신앙심은 달라이 라마가 어디에 있든, 이 세상에 살아 있건, 없건 영원히 지속되지 않을까.

오후에는 기분이 나아진 친구와 함께 버스를 타고 죠캉 사원으로 갔다. 라싸 구시가지 중심에 위치하며 티베트인들에게는 가장 신성한 사원으로 여겨지는 곳이다. 이 사원은 1350년의 역사를 자랑하는 티베트 최초의 목조 건축물이다. '죠캉'이란 티베트어로 '석가모니상이 모셔진 불당'이란 뜻이다.

마침 승려들이 사원의 정원에서 토론 수행을 하고 있었다. 모두가 붉은 천으로 한쪽 어깨를 휘감은 승려복을 입고 있다. 누군가가 화두(話頭)를 던지면 손바닥을 밖으로 내쳐 장단을 맞춘 후 자기의 의견을 토론한다. 내용을 알아들을 수는 없었지만, 이렇게 공동으로 사물을 하나씩 정의를 해 가며 깨쳐 나가나 보다. 서로가 웃고 또 부끄러운 표정을 짓기도 하는 등, 마치 축제의 모임 같았다. 이러한 공동 사고(思考), 공동 깨침은 외계와 단절되어 내적 세계를 독자적으로 탐구하는 한국 불교의 참선과는 너무나 달랐다. 사원 외곽을 따라 만들어져 있는 바코르 광장은 전통시장이다. 티베트 전통 민속품이 다양하게 진열된 채로 손님을 기다린다. 대나무로 만든 수제 컵 받침을 하나 샀다.

나와 친구는 티베트 여행을 마치고 윈난성의 쿤밍으로 돌아오는 길에 비행기보다는 최근에 개통한 칭장철도를 타고 가기로 했다. 베이징에서 라싸까지 평균 고도 4,000m, 총연장 1,142㎞의 길이의 이 기찻길은 세계에서 가장 높은 고원 지대를 달린다고 하여 '하늘길(天路)'이라 불린다. 칭장공로(靑臟公路)와 나란히 달려서 더 의미가 깊은 것 같다. 왜냐하면, 우리가 티베트로 갈 때는 이 공로를 달려갔으니까.

칭장철도의 시발역인 골무드(格爾木)까지 표를 사기 위해 라싸 역으로 나갔다. 라싸의 철도 역사 건물은 포탈라궁을 그대로 본떠서 신축

한 미니 포탈라궁전이다. 창구에서는 우리가 가려고 했던 날짜에 좌석이 없었다. 아쉬움을 뒤로하고 역 광장으로 나왔다.

라싸 역에는 광장 이름이 '베이징 광장'이라고 표기된 표지판이 서있다. 당연히 '라싸 역 광장'이라고 예상했는데(서울의 서울역 광장, 부산의 부산역 광장같이) 라싸 시내의 중요 건물의 이름은 이렇게 중국식, 즉 베이징을 기반으로 하는 한족(漢族) 중심으로 바뀌어 가고 있다고 한다. 광장에는 중국의 오성기도 펄럭이고 있었다. 칭장철도의 개설은 티베트에 풍부하게 매장되어 있는 천연자원의 개발과 관광 자원을 노린 것도 있지만, 중국 정부의 영향력 증대와 함께 이루어지는 것이었다. 정작 티베트인들이 두려워하는 것은 한족(漢族) 인구의 대량 유입이라고 한다.

티베트인의 이러한 갈등을 가슴에 안고 나와 친구는 '꽃의 도시 쿤밍'으로 돌아간다. 우리는 티베트의 갈등을 뒤로 내려놓고 떠나면 그만이지만….

빅토리아 폭포
래프팅에 목숨을 걸고

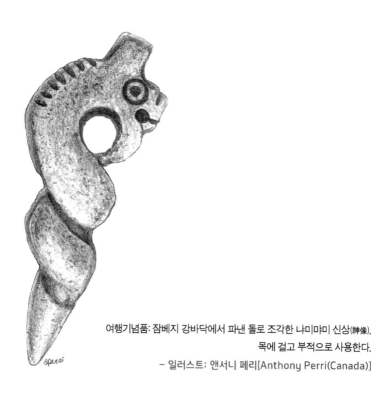

여행기념품: 잠베지 강바닥에서 파낸 돌로 조각한 냐미먀미 신상(神像).
목에 걸고 부적으로 사용한다.
– 일러스트: 앤서니 페리[Anthony Perri(Canada)]

아프리카의 빅토리아 폭포(빅 폴)의 잠베지강에서 래프팅을 해 보기로 했다. 강원도의 동강(東江)이나 경남 산청의 경호강에서 래프팅하며 강을 따라 내려가 봤으면 했으나 계기가 만들어지질 않아 생각뿐이던

참이었다. 정작 평생을 살아온 고국에서도 해 보지 못한 래프팅인데 이곳 아프리카에서 해 보다니. 뭐랄까, 여행이 가져다주는 행운이다.

빅 폴은 108m의 높이에서 굉음과 함께 쏟아져 내리는 물로서 수량도 엄청나거니와 이 많은 물이 잠베지강의 3~40m 길이의 좁은 협곡을 따라 흐르는 터라 강의 유속 또한 초고속이다. 여기서 래프팅 보트를 타고 흘러간다는 것은 용기가 필요했다. 나는 어쩌다 아프리카 오지 여행팀에 합류해서 이제는 잠베지강 래프팅도 하게 된 것이다.

한국에서도 해 보지 않은 래프팅을 이 아프리카에 와서 해 보리라고는 상상도 하지 못했다. 그러나 어제저녁에 늦게 숙소에 도착해 보니 한 방에 2층 침대가 8개 놓여 있고 남녀가 섞여서 16명이 함께 자게 되어 있었다. 그들이 주로 나누는 대화는 잠베지강에서 하는 번지점프와 래프팅에 관한 것이었다.

호텔에서 아침을 맞이하니 다른 이들은 이미 래프팅에 빠져있다. 이처럼 저렴한 숙소에 묵으면서 여행하는 전 세계 배낭여행자들은 관광보다는 래프팅과 번지점프 같은 긴장감 있는 모험을 선택한다. 나도 아직은 젊다. 60대 중반을 넘은 나도 래프팅한다.

래프팅은 아침 일찍부터 시작되었다. 래프팅 회사의 트럭이 아침 7시 30분경에 숙소로 와서 사람들을 태우고 래프팅 회사 사무실로 데려가 간단한 아침 식사를 제공한 뒤 교육을 시작했다. 구명조끼와 헬멧 착용법, 배가 뒤집히거나 물에 빠졌을 때의 대처법, 다른 사람이 빠졌을 때의 구조법 등 안전 수칙을 익혔다. 이곳 래프팅은 위험 요소가 곳곳에 도사리고 있어서 래프팅 보트 4~5대가 하나의 편대를 지어서 움직이다가 만일의 사태가 발생하면 서로가 도움을 주도록 하고 있다.

오전 10시, 구명조끼와 헬멧을 착용한 후 나에게 지급된 노를 들고 래프팅 출발 지점까지 따라 내려갔다. 골짜기를 내려가는 데만 30여 분이 걸렸다. 경사가 급하여 풀뿌리나 나뭇가지를 잡고 조심조심 내려 갔다. 물살이 회오리를 일으키는 '끓는 웅덩이(Boiling Pot)'가 래프팅의 출발 지점이다. 여기서 출발하여 계곡을 따라 24㎞ 정도의 거리를 4 시간 정도 급류를 타고 가는 것이다. 빅 폴 아래에서 시작해서 바토카 계곡(Batoka Gorge) 등 각 지형의 특징에 따라 지형마다 이름이 붙여 져 있다.

다음은 타고 갈 래프팅 보트를 선택할 차례다. 가이드가 함께 타는 보트를 탈 것이냐, 가이드 없이 스스로 저어 가는 보트를 탈 것이냐. 검푸른 물이 세차게 흐르는 급류를 보니 겁이 덜컹 났다. 나는 가이드 와 함께 타기로 했다. 설명과 시범을 본 후 가이드가 선두에 앉고 양 쪽에 3명씩 모두 7명이 우리 보트에 배정되었는데 미국인 여성 2명, 스웨덴인, 캐나다인, 한국인은 나와 서울서 온 아주머니였다. '끓는 웅 덩이'의 출발 지점에는 우리가 속한 회사의 보트 5대뿐만 아니라 다른 회사의 보트 등 여러 편대가 뒤엉켜서 준비에 열을 올리고 있었다.

우리의 노란 보트가 가이드를 선두에 싣고 나타나자 모두가 우리 보트를 보고 손가락질을 하며, "치킨, 치킨. 치킨."이라고 말했다. 즉, 겁쟁이들이라고 놀려댄다. 아마도 이 중에서 내가 가장 연장자일 것 같다.

"이놈들아, 나는 지금 큰 도전을 하는 거야. 너희들이 내 나이를 알 면 놀랄 거야. 이 올드 보이가 잠베지강에서 래프팅을 즐기고 있는 거 야."

나도 모르게 욕설이 튀어나왔다. 그러나 우리 보트는 곧이어 빅 폴에서 쏟아지는 거대한 산더미 같은 물과 파도 속으로 들어갔고 급물살에 떠밀려 계곡을 이리저리 돌면서 바람 소리를 내며 달렸다. 깎아지른 듯한 높은 절벽 위로 간간이 구름이 스쳐 지나갔고 가이드가 노를 들어 가리키는 곳에서는 악어가 바위에 앉아서 우리를 쳐다보고 있었다. 손을 내밀면 닿을 듯한 가까운 거리였지만 순식간에 지나쳤다. 운이 좋아서 래프팅 사파리까지 경험한 것이었다. 모두가 탄성을 내질렀다.

앞에 가던 보트가 갑자기 뒤집혔다. 보트 밑으로 들어갔던 사람들이 잠시 후에 빠져나왔고 보트를 잡으려고 허우적거렸지만, 제각각 물결을 따라서 떠내려가고 있었다. 우리 보트 옆으로 한 명이 떠밀려 왔다. 나도 모르게 그 사람에게 손을 내밀었지만, 미끄러져 놓쳤고 마침 뒤에 앉았던 미국인 여자가 구조했다. 구해준 사람은 백인 남자였는데 잔뜩 겁을 먹고 있었고 물을 많이 마셨는지 구역질까지 하고 있었다. 나도 바짝 신경이 쓰였다. 뒤따라 내려오던 가이드가 뒤집힌 보트로 다가가더니 배를 뒤집어 정상적인 상태로 해놓았다. 물에 빠진 사람들이 하나둘씩 그 배에 올랐다.

가이드가 노를 들어 가리키는 쪽으로 노를 저어갔다. 소용돌이가 치는 한쪽에는 물결이 약하고 물이 흐르지 않는 곳이 있었다. 보트를 바위에 대고 모두가 내렸다. 조금 전 앞 배의 전복 사고를 목격한 뒤라 우리를 좀 쉬게 할 목적인 것 같았다. 가이드는 바위 벼랑을 가리키며 바위 위에서 점핑이나 다이빙할 사람은 하라고 했다. 나는 벼랑 끝까지 올라가 뛰어내리기에는 좀 무섭다는 생각이 들었고 전복된 보트에서 느꼈던 전율이 아직도 남아 있었다. 젊은이들은 무슨 일이 있었느냐는 듯이 줄지어 모두 다 100여 미터 높이의 벼랑 위 바위로 올라갔다. 마침 바위의 낮은 부위가 돌출되어 있어서 나는 그 낮은 바위에서 코를 쥐고 뛰어 내렸다.

잠베지강은 중간에서 잠비아와 짐바브웨의 국경이 나뉜다. 국경은 우리에게는 쉽게 넘을 수 없는 곳이다. 그러나 보트에 가만히 앉아서 국경을 넘나들며 내려가는 재미 또한 특별하다. 잠비아 쪽 강 건너편에는 모시 오아 투니아 국립공원이 있고, 짐바브웨 쪽은 빅토리아 폭포 국립공원이 있다. 언덕 위에는 수력 발전소도 보인다. 이 발전소는 잠비아의 리빙스턴과 짐바브웨의 빅토리아 폭포 지역에 전력을 공급한다. 잠베지강에는 이 수력 발전소뿐만 아니라 카리바 댐과 모잠비크의 카보라 바싸 댐 등이 있어서 주변 지역에 풍부한 전력을 제공하고 있다.

계곡 부근의 바위에는 뱀이 몸을 흔들며 하늘로 올라가는 암벽화가 그려져 있다. 이 잠베지강 강바닥에 사는 전설의 뱀인 냐미냐미(Nyaminyami)이다. 이 뱀은 강 유역에 사는 통가인들을 보호해 주고 어려움을 견디게 해 주는 강의 신이며 정령(精靈)이다. 이 뱀은 신선하고 독이 없는 비단뱀으로 순환하는 생명과 영원불멸의 상징으로 묘사되기도 한다고 한다. 잠베지강은 아프리카에서 네 번째로 큰 강으로서 이 정령(精靈) 냐미냐미(Nyaminyami)를 품고 약 2,700㎞를 흘러서 짐바브웨와 잠비아를 지나 인도양으로 들어간다.

래프팅을 마치고 회사 사무실로 돌아오니 오늘 우리의 래프팅 장면을 비디오로 보여 주고 있다. 또한, 사진도 진열해 벽에 붙여 놓았다. 모니터에 나타나 나의 모습은 용감하고 대단해 보였고 사진에서도 헬멧과 구명조끼와 노란 레프트, 파도 속에서 까만 절벽과 조화를 이룬 걸작이었다. 나는 DVD와 사진 몇 장, 그리고 강의 절벽에 암벽화로 그려져 있던 냐미냐미 뱀 목걸이를 50개 샀다. 잠베지강 바닥의 돌을 채취해서 만든 것이라고 했다. 낱개로는 2불이지만, 50개를 한꺼번에 사니 개당 1불에 해 준다. 귀국하면 주위의 사람들에게 기념품으로 나눠줄 예정이다. 물건을 잘 사지 않는 내가 50개씩이나 산 걸 보면 잠베지강 래프팅이 얼마나 스릴이 있었나를 보여 주는 증거이기도 하다. 아프리카 여행이 아직은 우리에게는 멀기 때문일 것이다.

귀국하면 동강이나 경호강으로 가서 아름다운 우리 국토에서 래프팅부터 해 봐야겠다.

우루과이는 키스와
축구의 나라라네

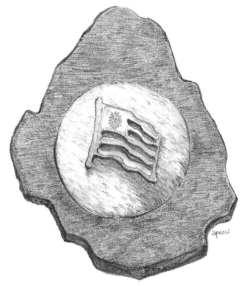

여행기념품: 우루과이 국기 배지.
공항에서 쓰고 남은 동전이 있으면 사라고 호스티스가 권유해서 샀다.
– 일러스트: 앤서니 페리[Anthony Perri(Canada)]

내가 북한 국적이라고? 큰일 날 소리. 부에노스아이레스에서 우루과
이로 가는 페리 터미널에서 배에 올라 티켓을 보니 내 국적이 북한 국
적으로 되어 있었다. 이런 황당한 일이 있나. 표를 다시 한번 더 확인해

봐도 'North Kore'라고 찍혀 있었다. 지금까지 전 세계를 돌아다녀 봤어도 이렇게 나의 국적이 바뀐 티켓을 받은 것은 난생처음이었다.

나는 가슴이 철렁 내려앉았다. 승객을 밀치면서 다시 매표소로 내려가자 승무원이 제지한다. 일단 승선하면 출국한 것으로 간주해서 다시 입국이 안 된단다. 나는 표를 보여 주며 상황을 설명했다. 그 승무원은 웃으면서 배를 탔으니 아무 문제 없고 자리에 가서 앉으면 된다고 했다. 나는 강하게 항의했다.

애들이 뭘 몰라. 남북한의 관계를 설명하기엔 상황이 너무 긴박하다. 빨리 연락해서 고쳐달라고 매달렸다. 무전기로 본사와 연락을 하더니 역시나 아무 문제 없다고 한다. 매표원의 단순 착오로 배를 타고 가는 데는 아무 문제가 없으니 자리에 가서 앉으라고 한다. 승객들이 계속 승선하여 밀고 올라와서 하는 수 없이 나도 내 좌석에 가서 앉았다. 찜찜했지만, 어찌할 수 없는 상황이었다.

여기서 우루과이의 수도인 몬테비데오까지는 한 시간 만에 주파하는 쾌속선도 있지만, 3시간 정도 걸리는 완행 페리도 있다. 나는 처음 가 보는 우루과이의 인상도 익힐 겸 해서 느리게 여행하면서 많은 사람을 사귈 수도 있는 완행을 택했다. 아르헨티나와 우루과이의 국경을 이루는 플라타(Rio del la plata)강의 흙탕물을 헤치며 크루즈는 출항했다. 나는 우루과이 안내서에서 이제 곧 배가 도착할 콜로니아 델 새크라멘토(Colonia del Sacramento)가 양국 관계에서 아주 주요한 곳이라는 것을 알았다. 이 도시는 도시 전체가 유네스코 문화유산으로 지정된 우루과이의 대표적인 관광 도시로서 유럽의 정취가 그대로 살아 있는 고도(古都)이다.

옛날 스페인이 아르헨티나의 부에노스아이레스를 지배할 때 포르투갈이 이곳을 지배하면서 부에노스아이레스로 가는 밀무역의 중심지였다. 한때는 스페인령이 되기도 했다.

돌바닥 길, 오래된 골목, 무너진 성터와 포신들, 유럽풍의 건물들…. 한때는 밀무역으로 번성했고 강대국이 서로가 노리던 노른자위 영토이었으므로 서로가 이곳을 지배하려고 눈독을 들여서 치열했던 전투의 흔적을 곳곳에서 발견할 수 있다. 문화유산이라고는 하지만 전장(戰場)이었다. 박물관을 보고 투우 광장을 지나서 해변을 따라 걸었다. 사진작가들이 보면 연신 셔터를 누를 만한 눈이 즐거운 풍경의 연속이다. 오래된 가로수가 이처럼 아름다울 수 있을까.

바다가 보이는 레스토랑에서 해물 밥을 맛있게 먹고 275 우루과이 페소를 냈다. 등대로 나가는 골목길, 돌길 등 여기도 유럽풍의 건물이 대부분이다.

몬테비데오행 시외버스에 올라서 남미의 초원 지대를 달린다. 챙이 넓은 모자를 쓴 남미의 카우보이인 가우초들이 소들을 돌보고 있다. 마냥 평화로운 풍경이 펼쳐진다. 2시간 반을 달리니 몬테비데오 버스 터미널이다.

터미널 매표소 옆에는 긴 줄이 끝 간 데 없이 늘어서 있다. 무슨 일인가 하고 물어보니 축구 경기 표를 사기 위해서란다. 현재 남미 축구 클럽 대항전인 '코파 리베르타도레스(Libertadores)'가 몬테비데오 경기장에서 열리고 있다고 한다. 그런데 경기를 시작한 지가 30분이 넘었다고 한다. 그런데도 표를 사기 위해 이렇게 줄을 서서 기다리고 있다. 누군가가 말해 주었다. 자기들은 몬테비데오 나시오날 서포터들이므로 혹시나 나올 수 있는 표를 기다리는 것이라고 했다. 경기가 언제 끝날지는 염두에 없는 듯했다.

나도 어릴 때는 축구를 했기에 지금도 축구라면 밥도 먹지 않고 구경하는 열렬한 팬이다. 표를 구할 수 있다면 얼마나 좋을까. 남미 축구 경기의 진수를 직접 볼 수 있을 텐데. 이런 내 맘을 아는 듯이 표를 구할 확률은 거의 없으니 오늘 경기는 포기하는 것이 좋을 거라고 누군가가 말해 준다.

우루과이는 나라는 작지만, 축구는 강국이다. 주위의 강대국에 둘러싸인 작은 나라지만, 축구는 우루과이인들의 자존심이자 젊은이들의 꿈이다. 이 글을 쓰는 이 시간에도 TV에서는 유럽 프리미어 경기에서 뛰고 있는 수아레스 선수가 또 한 골을 넣었다. 수아레스는 우루과이 출신이다.

우루과이는 제1회 월드컵을 개최했고 1930년의 피파(FIFA) 월드컵과 1950년 피파 월드컵의 우승팀이기도 하다. 수도 몬테비데오에는 100년에 가까운 원형 경기장이 있고 그 역사적인 공간에서 나시오날과 페냐롤의 더비 매치가 열릴 때면 가히 전쟁을 방불케 하는 혼전이 경기장 안팎에서 벌어진다고 한다.

우루과이에는 크게 두 개의 대회가 있다. 우리에게 잘 알려진 국가대항 코파 아메리카(Copa America) 대회와 최강 클럽 코파 리르타도레스(Libertadores) 대회다. 우루과이는 코파 아메리카에서 15번의 우승을 기록했으며 이는 코파 아메리카 최다 우승 기록이다. 누군가가 우루과이는 키스와 축구의 나라라고 하더니, 이미 경기 시각이 반쯤 남았는데도 표를 사겠다고 저렇게 긴 줄을 서다니. 줄이 길고 기다리는 시간도 길다 보니 곳곳에서 진한 키스 장면도 눈에 띈다. 이곳의 키스는 심심풀이 정도로 보인다.

한국 음식점이 있다고 해서 찾아갔다. 플라자 인디펜덴시아(Plaza

Indenpendencia) 광장의 기마상 오른쪽으로 돌아서 플로리다(Florida) 가로 들어가니 코리안 레스토랑 '명가'의 간판이 정겹다. 자리를 잡고 앉자 불고기 불판, 수저통, 숟가락과 젓가락, 그릇과 주전자까지 낯익은 국산 제품이 등장한다. 손님들은 대부분 벽안의 우루과이인들이다. 소고기 전골을 시키자 나물, 다시마, 부각, 미역무침, 김, 호박 나물, 가지나물 등이 나왔는데, 기본 식재료도 모두가 한국에서 가져온 것 일색이었다. 이렇게 뜻하지 아니한 곳에서 먹는 한식은 역시 화려한 음식이다.

이곳 몬테비데오에서 태어나 환갑을 넘긴 나의 몬테비데오 호스트인 로즈(Rose) 씨는 한국과 관련된 세 가지 이야기를 해 주었다. 한국 선원들, 김 씨 그리고 한국 노래방에 관해 얘기해 주었다. 파라과이는 한국 어업의 전진 기지로 많은 선원이 이곳에서 기거하며 다음 승선을 기다린다고 했다. 그러니 선원들에 관한 이야기도 많단다.

또, 오후 세 시가 되면 어김없이 손수레를 끌고 폐지나 고물을 줍는 한국인 김 씨에 관한 이야기도 있었다. 이분은 어쩌다 이 먼 곳에 와서 고물을 줍게 되었는지, 가족도 없어 보이는 그분만 보면 연민의 정이 우러나온다는 것이다.

노래방은 한국인만 출입할 수 있다고 한다. 노래방 앞을 지나칠 때마다 안에서는 뭘 하는지 알 수가 없어서 시민들 모두가 궁금해한다고 했다.

이렇듯 먼 나라 우루과이에서도 한국인들은 열심히 살아가고 있었고, 우루과이 애들은 어디에서나 공을 차고 있었으며, 어른들은 축구 경기를 관람하기 위해서 입장 시간이 30분이 훨씬 지나도 불평 없이 줄을 서서 기다리고 연인들은 키스에 몰두하고 있었다.

집에서 불어보는
아마존의 나무 호루라기

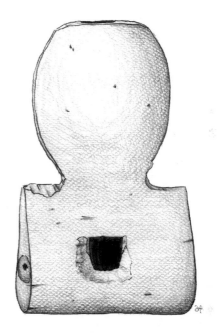

여행기념품: 아마존의 인디오 원주민에게서 얻은 나무 호루라기.
– 일러스트: 앤서니 페리[Anthony Perri(Canada)]

남미 아마존강의 상류 거점 도시인 이키토스에서 멀지 않은 밀림 속에 사는 인디오 원주민으로부터 얻은 나무 호루라기. 우리 돈 300원 정도의 페루 동전을 주니 아주 좋아했다.

아마존에서 가져온 이 호루라기를 불면 나뭇가지가 흔들리는 소리가 난다. 고즈넉한 밤에는 여인의 비단 옷깃 스치는 소리가 날 때도 있고 아이들이 모여서 동요를 부르는 소리도 들린다. 우리가 들을 수만 있다면 아마도 별들의 노랫소리도 이런 소리가 아닐까 싶다. 이 신묘한 소리를 따라서 나는 아마존강 유역 원주민의 마을로 다시 가 본다.

우리 부부는 남미 여행과 아마존의 탐험을 위해 만반의 준비를 했다. 방수용 배낭을 새로 샀고 어렵사리 말라리아 예방약을 처방받아서 시간에 맞춰서 먹었고, 영어가 전혀 통하지 않는 지역으로의 여행이라 스페인어 공부도 했다. 집으로 선생님을 모셔서 3개월간 시험을 앞둔 수험생처럼 진짜 벼락치기 공부를 했다.

페루의 아마존강 강변 깊숙한 곳에 있는 이키토스의 원주민 집에서 머무는 동안 아내는 마을에 남고 주인집 아들인 브라보와 나는 강으로 탐사를 나갔다. 둘이서 겨우 앉을 만한 통나무 목선을 탄 뒤에 나는 뒤에 자리를 잡고 앉았고 브라보는 앞에서 밥주걱과 같이 생긴 짧은 노를 저어 갔다. 물속에 잠긴 맹그로브나무 사이를 헤치며 지류를 따라 나갔다. 흐름이 없는 물은 탁해 보였으나 오염된 느낌은 주지 않았다. 이키토스 시내 발렘 지역의 그 썩은 환경을 한 발짝 벗어난 이 원시의 자연 속에서는 탁한 물 자체가 하나의 정화된 혼탁함이었다. 사위가 하도 고요해서 가끔 들리는 새소리와 노를 밀치는 소리가 서걱서걱 들려왔다.

"빠라르, 빠라르."

브라보는 깜짝 놀라 뒤를 돌아보았다. "정지, 정지." 하는 내 목소리에 적잖이 놀란 것 같았다. 아, 내 목소리가 이렇게 큰가? 나도 내 목소리에 놀랄 지경이었다. 소음이라곤 없는 이곳에서 나의 문명화된 목소리는 너무나 커져 있었다.

"미안해. 브라보. 물속에 고기가 있었어. 여기서 낚시할 수 있니?"

브라보는 말없이 낚시 준비를 했다. 우산대 길이 정도의 나뭇가지 끝에 바느질용 실을 묶더니 낚싯대에 준비해 온 애벌레를 미끼로 달았다. 낚싯바늘은 철사 끝부분을 둥글게 구부려서 만든 것으로 미늘은 물론 없었다. '치릭!' 금방 고기가 물었다. 내가 노렸던 식인 물고기인 피라냐는 아니었다. 한 뼘 정도의 피라미와 비슷한 물고기다. 잠깐 동안 우리는 열댓 마리를 잡아 소쿠리에 담아서 그곳을 떠났다. 브라보는 서둘지 않았고 목소리는 점점 더 작아져 갔다.

마을로 돌아와서 사람들이 모여 있는 2층 원두막 건물로 사다리를 타고 올라갔다. 습한 환경이어서 대부분 이런 건물에 살고 있다. 그동안 원주민들과 놀고 있던 아내가 몹시도 반가워했다. 잠시였지만, 아마존 정글 탐사를 하겠다며 떠난 나를 기다린 것 같았다. 아내는 손바닥을 펴서 빵나무 열매(bread fruit)를 나에게 권했다. 밤톨만 한 열매는 삶은 밤과 팥을 섞은 맛이었다. 한쪽에서는 숯불을 피워서 냄비에 빵 열매를 삶고 있었다.

마을 구경을 하러 나갔다. 가이드라고 웃으며 소개해 준 아이를 따라갔다. 문이 열려있는 초가집 안에는 소박한 그들의 삶의 모습이 고스란히 들어 있었다. 우리 뒤로는 조무래기들 예닐곱 명이 계속해서 우리를 졸졸 따라다녔다. 이 아이들에게는 얼굴색이 노란 우리 아시아인 부부는 큰 구경거리였다. 강가의 뱃머리로 나가니 아기를 업은 아주머니가 도넛을 팔고 있었다. 이마에는 땀이 송송 맺혀 있었다. 나는 애들에게 도넛을 하나씩 사 주겠다고 했다.

"또도스(Todos, 우리 모두 다요)?"

가이드를 자처한 녀석이 스페인어로 반문했다. 자기가 가이드를 했는데 다른 애들은 왜 주느냐는 투다. 제법 똑똑하다.

"그래. 모두 다 하나씩 먹어."

줄을 서서 도넛을 하나씩 받아든 녀석들은 마냥 행복해했다. 그런데 가이드 녀석은 아까 먹는 것 같았는데 또 하나를 집어 든다.

"너 아까 먹지 않았니?"

"아니요."

녀석의 입술에는 설탕 가루가 몇 개 반짝거리고 있었다.

"그럼 네 입에 묻은 설탕은 뭐야?"

그제야 자기 얼굴에 조금 전에 먹은 도넛의 설탕 가루가 묻었다는 것을 알아차리고는 겸연쩍게 웃는다.

"그래, 괜찮다. 너는 가이드니까 하나 더 먹어라."

다음날은 핑크 돌고래를 보러 갔다. 아마존강의 핑크 돌고래는 해양 돌고래류보다 유영 속도가 느리고 한 번에 2분 이상 물속에 있지 않으며 수면 위로 튀어 오르기도 하고 종종 몸을 뒤집어서 헤엄치기도 한다. 모터보트는 굉음을 울리며 흐름이 빠른 황토색의 아마존 본류를 역주행하여 두 시간쯤 달려갔다. 그 후 모터를 끄고 한참을 기다렸다. 그때 우리 쪽으로 유영해 오는 돌고래 몇 마리가 보였다. 아마존에 황혼이 짙어지고 그 사이로 보이는 핑크 돌고래들의 비상은 마치 나신의 여성을 보는 것과 같았다. 황혼을 배경으로 가운을 벗어 던지고 수면 위로 비상하는 아마조나스, 아마존강의 여인들이 우리 주위를 유영하다가 물 위로 솟구치기를 반복하며 장엄한 대자연의 쇼를 보여 주었다. 부산에서 여기까지 온 우리의 먼 여정을 보상해 주는 아마존의 배려였다.

아마존강은 길이가 약 7,062㎞나 되는 세계에서 가장 큰 강으로서 페루 안데스산맥에서 발원하여 브라질 북부를 관류한 다음에 대서양으로 흘러든다. 브라질, 베네수엘라, 콜롬비아, 페루, 볼리비아 등 6개국의 수로의 수로이기도 하다. 강이라기보다는 오히려 내해(內海)라고 볼 수 있으며, 외국 선박의 항행이 자유로운 국제 하천이다.

너무나 넓고 광활한 아마존은 현대에도 신화(神話)와 함께 사는 여자 무사족(武士族)인 아마조네스의 나라이다. 초기 아마존 탐사에 참여한 사람들은 머리를 길게 기른 아마존 원주민의 습격을 받았기 때문에 이곳을 그리스 신화에 나오는 여자 무사족이 사는 아마존의 나라로 생각했다. 이때부터 이 지방을 아마조니아라고 부르게 되었고 그 여전사들을 아마조네스라고 불렀다. 이 여자만의 부족에서는 남자가 태어나면 모두 이웃 나라로 보내거나 죽여 버렸고, 씨를 얻기 위해서 일정한 계절에 다른 나라의 남자와 만났다고 한다. 여자는 활을 쏘기에 편하려고 어렸을 때 오른쪽 유방을 도려내 버리고 키웠다고 전해진다.

아마조네스의 땅, 소년 브라보, 빵나무 열매, 입가에 설탕 가루를 묻힌 아이, 핑크 돌고래, 저녁 식사로 먹었던 거북이 스테이크와 악어 튀김…. 아마존의 나무 호루라기 소리는 나를 또다시 아마존으로 데려간다.

자작나무 숲속 여성의 하얀 다리와
에스토니아의 보드카

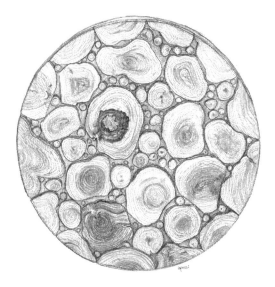

여행기념품: 에스토니아의 자작나무 조각품.
– 일러스트: 앤서니 페리[Anthony Perri(Canada)]

　나의 동유럽 여정은 점점 구소련의 국경과 가까워져 간다. 중부 유럽에서는 문명과 기술의 발달을 따라 건물을 비롯한 도시의 모습이 변하고 있다면 동유럽은 옛 유럽의 향수를 아직도 간직하고 있다. 유럽 32

개국 여행 중 28개국을 여행했고 이제 막바지 여정에 접어들었다.

북유럽 스칸디나비아의 핀란드로 넘어가기 전에 유라시아 대륙의 마지막 나라가 에스토니아이다. 이쯤에서 여정에 관해서 잠시 생각해야 한다. 저 앞에 보이는 발트해를 건너서 핀란드의 헬싱키로 바로 갈 것인가, 아니면 소련을 먼저 둘러보고 소련에서 바로 핀란드로 넘어갈 것인가를 결정해야 한다. 러시아는 세 시간이면 갈 수 있지만, 비자 발급에 2주나 걸릴 수도 있다고 한다. 우리의 여정에 비해서 비자를 얻기 위해 이곳에 체류해야 하는 시간이 너무 많다. 아쉬움 속에 바로 핀란드로 가기로 하고 에스토니아 수도 탈린의 구도심에 있는 자그마한 호텔에 짐을 풀었다.

발트(발틱) 3국은 리투아니아, 에스토니아, 라트비아의 세 나라인데 그중에서 에스토니아는 인구 약 140만 명, 국토는 한반도의 1/3 정도 되는 작은 나라로 러시아 제국, 독일, 소련 등 주변 강대국의 통치로부터 1991년에야 완전 독립을 한 신생 국가이지만, 역사가 깊고 교통의 요충지에 있다. 육로로는 러시아와 라트비아에 국경을 접하고, 배를 타면 약 1시간 40분 만에 핀란드의 헬싱키에 닿을 수 있다. 바이킹 라인이나 실자(실야) 라인 혹은 탈링크 페리를 타면 밤을 도와 발트해를 건너 스웨덴의 스톡홀름에 도달할 수 있다.

수도 탈린의 구시가지는 현대라는 시대의 흐름을 거역한다. 도시 전체가 유네스코 세계문화유산으로 등재되어 있다. 시내를 조금만 걸어 보아도 중세의 유럽으로 되돌아간 듯 살아 있는 동화의 나라여서 눈을 뗄 수 없다. 성벽과 탑, 자갈길, 담장이 튼튼한 주택들은 주위의 강대국으로부터 자신을 보호하고자 했던 약소국 에스토니아인들의 투쟁을 엿볼 수 있게 해 주고 집마다, 골목마다 쏟아져 나오는 이야기는 느낌으로 만족할 수밖에 없다. 도시 전체가 빨강 지붕 일색인 한 장의 그림엽서이다.

원형 첨탑의 러시아 정교회 알렉산더 넵스키에서는 구소련 통치 50년의 잔상(殘像)을 엿볼 수 있다. 소련은 일본이 한국을 지배했던 36년보다 훨씬 더 오랫동안 이 나라를 지배했으므로 곳곳에 소련의 잔재가 그대로 남아 있고 이들의 생활 속에 깃들어 있다. 어느 기념품점에 가더라도 둥근 인형 속에 또 작은 인형이 여러 개 들어 있는 러시아의 민속 나무 인형 마트료시카와 퀼트는 빠지지 않는다. 인구의 30%에 달하는 러시아인들과 뒤섞여 살면서 러시아와의 관계는 과거의 원수지간에서 현재는 우호적인 외교 관계를 유지하고 있다고 한다.

나와 같이 외국에서 온 여행자에게 있어서 에스토니아가 또 하나 매력적인 점은 물가가 싸다는 것이다. 북유럽으로 가려는 여행자들은 핀란드나 노르웨이, 스웨덴보다 상대적으로 물가가 싼 이곳 탈린에서 쇼핑한다. 18%의 단일 세율에다 특히 주류 세금이 낮은 까닭에 술 몇 병만 사도 뱃삯이 빠진다고 한다. 따라서 핀란드를 비롯한 인접 국가와 국민은 단순히 쇼핑을 위해서도 이곳에 온다고 한다. 부두에 있는 출국 페리 기념품점에서 나도 '핀란디아'라는 브랜드 네임이 선명한 보드카 세 병을 샀다. 핀란드, 스웨덴, 노르웨이 호스트 가정에 선물로 줄 요량이다.

나는 이 나라의 자작나무 숲이 그렇게 좋았다. 하얀 스타킹을 신은 여성들이 떼를 지어 서 있는 자작나무 숲은 비탈 위로 잎들을 서걱이며 바람이 불어 갔다. 자작나무를 잘라 붙여서 만든 받침은 자작나무의 나이테를 보여 준다. 그동안 에스토니아를 자동차로 여행하면서 본 것은 국토 전체가 빙하 침식에 의한 평야 지대여서 습지와 목초지를 지난 뒤에야 만나는 자작나무 숲은 쉽게 잊히지 않는 풍광이었다. 내 기억 속의 에스토니아는 평야와 자작나무 숲이다. 이 기념품에는 자작나무의 나이테가 선명하다.

에스토니아의 흑빵 또한 건강식으로 유명한데 독일 흑빵보다는 다소 부드럽다. 한국에도 이런 빵이 시판되면 얼마나 좋을까 생각해 보면서 마지막 저녁을 먹는다.

옆에서 같이 식사하면서 만난 한 백인 남자가 보드카를 내게 권했다. 유럽에서 낯선 사람에게 술을 권하는 일은 드문 일인데 아마도 내가 아시아인이라 좀 달리 보이는가 보다. 잔을 받아서 원샷한 후 잔을 돌려주며 내가 또 한 잔을 권했다. 시간은 넉넉하고 저렴한 가격으로 산 보드카를 매개로 친구가 되어 갔다. 물가가 싼 나라에서는 오래된 친구를 만들기도 쉽다. 나는 국제 페리를 타기 3시간 전에 도착했는데 의외로 이런 만남이 있어서 즐겁다. 핀란드로 건너가는 크루즈는 빈번하게 오가므로 국내선을 타는 것처럼 절차가 간단했다. 그래서 나머지 시간을 어떻게 보낼까 하고 생각하던 중이었다. 30분 전에만 와도 충분할 것을 3시간 전에 도착했으니. 이 술친구와는 대화가 즐거웠다. 우리는 오랫동안 얘기를 나눴다.

이 핀란드인은 친구 생일파티를 하기 위해서 왔다가 돌아가는 길이라고 한다. 물가가 비싼 핀란드에서 페리를 타고 이곳에 와서 각종 모임을 마친 후 몇 상자씩 면세 쇼핑한 짐을 싣고 귀국한다. 특히 밤을 지새우는 파티가 인기가 있는데, 밤새도록 먹고 마시고 춤추고 놀다가 이튿날 술을 사서 돌아가면 파티 비용이 빠진다. 따라서 핀란드에는 '에스토니아 탈린 파티' 모임을 정기적으로 갖는 계모임도 많다고 한다.

솅겐 조약국 이후에는 비자도 필요 없고 2시간 미만의 페리 여행이므로 국내 여행과 진배없이 쉬우면서도 외국의 정취를 느낄 수 있다. 그 보드카 친구는 선상에서 다시 만나기로 하고 크루즈에 올라서 각자의 자리로 갔다. 헬싱키 여행의 출발이다.

알래스카 깊은 곳에서
연어를 16마리 낚다

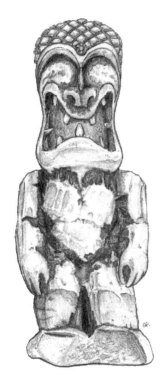

여행기념품: 틀링깃(Tlingit) 원주민의 토템.
- 일러스트: 앤서니 페리[Anthony Perri(Canada)]

살아생전에 알래스카에 직접 와 보는 것은 꿈으로만 꾸었던 일이다. 그런데 그게 현실이 되어 버렸다. 나는 아내와 알래스카에 왔고 내가 좋아하는 낚시까지 즐겼다. 알래스카 원주민 친구인 존(John)의 안내대로 가슴 장화를 신고 흐르는 강물에 들어가 서서 연어를 낚았다. 캐치 칸에서는 크루즈가 정박하고 승객들이 육상 관광을 간 동안 나는 급히 택시를 타고 나가 바닷가 가게에서 낚시도구를 빌려 바다 연어를 16마리나 낚았다. 이야, 인생은 살 만한 것이다.

알래스카는 매년 5월 중순부터 9월 중순에 이르는 4개월 동안만 외부 관광객을 받을 수 있다. 이 짧은 기간 동안 70만 명의 관광객이 알래스카를 방문한다고 한다. 알래스카의 겨울은 추위뿐만 아니라 해가 떠 있는 일조 시간은 잠시일 뿐이고 줄곧 밤의 연속이다. 사람들은 술을 마시면서 겨울을 나기에 알코올 중독자도 많다고 한다. 알코올 중독에다 미쳐 버린 선교사 이야기가 마음에 와닿는다.

빙하와 매킨리산, 우림과 툰드라의 사진을 붙여 놓고 우리 부부는 이 여행을 꿈꾸어 왔다. 드디어 부산에서 밴쿠버, 또 앵커리지까지 비행기를 세 번이나 갈아타고 왔다. 이제 수어드 항에 입항해 우리를 기다리고 있는 크루즈에 오르기 위해서 알래스카 크루즈 여행의 시발점인 수어드 항으로 달려간다.

원주민 친구 존은 여기까지 우리를 태워다 줬다. 크루즈에 연결된 부교 위로 오르면서 존에게 손을 흔들었다. 존도 해맑은 미소를 지으면서 손을 흔들어 준다. 존은 이곳 알래스카 원주민으로서 미군에 입대하여 부산에서 근무할 때 나와 친분을 맺은 분이다. 우리 부부가 알래스카 구경을 하러 가고 싶다고 연락했더니 곧 연락이 왔다.

"여름 동안 이곳 알래스카의 방값은 살인적으로 높으니 우리의 캠핑카를 무료로 사용하세요."

"감사합니다. 구체적으로 계획이 나오면 연락드릴게요."

이렇게 우리는 일주일을 존의 캠핑카에서 묵었다. 존은 우리가 떠날 때는 앵커리지에서 크루즈가 출항하는 수어드 항의 크루즈 아래까지 손수 운전하여 우리를 태워다 주었다. 저 아래에 서서 우리를 배웅하는 존을 통해서 알래스카 원주민들의 따뜻한 마음을 읽을 수 있었다.

크루즈 14층의 발코니 객실 안락의자에 앉아서 창밖을 내다본다. 빙산이 떠내려가는 차가운 북태평양, 눈을 이고 있는 먼 산들, 알래스카의 구경거리가 있는 곳마다 들러서 작은 배를 타고 관광하게 된다. 아내는 옆에 있고 크루즈는 천천히 항해한다. 더 이상 바랄 것이 없는 이상향(理想鄕)의 생활이다.

크루즈는 인간이 생각해서 즐길 수 있는 모든 시설이란 시설은 다 갖추고 있다. 5성급 호텔 수준의 룸과 룸서비스, 각국 음식이 쉴 없이 제공되는 수많은 레스토랑, 각종 스포츠 시설, 한 바퀴를 돌면 1.6㎞의 조깅 코스, 영화 감상실, 보석을 파는 상점, 각종 쇼, 게임, 카지노, 바와 심지어는 미술품 경매까지 열린다.

홀랜드 아메리카 라인의 스타텐담(Stadendam)호는 거대한 몸체를 움직임 없이 정박한 채로 승객을 기다리고 있다. 이 크루즈 선은 1993년에 처녀 항해를 했고 1,266명의 승객, 갑판 10개, 무게 55,451t, 길이 720ft에 국적은 네덜란드다. 대부분 승객은 노년층으로 인생을 살 만큼 산 분들이라 삶의 마지막을 즐기는 여행이 대부분이었고 아시아인들은 우리밖에 없었다. 크루즈 선장은 승객들을 위해서 큰 파티를 연다. 우리는 가방에 특별히 한복을 챙겨 넣었다. 크루즈 선장이 주최하는 파티에서 입을 옷이다.

앵커리지는 여름이면 방값이 천정부지로 오른다. 여름철 넉 달 동안 장사해서 일 년을 먹고사는 곳이니 이해가 간다. 존의 캠핑카에서 일주일을 묵은 덕분에 여행비를 꽤 줄일 수 있었다. 선장으로부터 직접 사인을 받은 'The Alaska Cruise Handbook'에는 이번 항차의 선장은 피터 보스(Peter Bos)라고 적혀 있었다. 금장 견장에 하얀 모자, 하얀 제복의 선장은 참으로 멋있게 보였다. 이렇게 큰 배를 지휘하는 분으로서 손색이 없어 보인다. 저런 멋진 선장과 술 한잔했으면 하는 생각이 내 머릿속을 스쳐 갔다. 날짜별 여정은 다음과 같았다.

제1일 차(금): 6월 22일. 크루즈 탑승-앵커리지의 수어드(Seward) 항에서 느긋하게 탑승하여 스타텐담호의 호화스러움과 편의 시설을 즐긴다.

제2일 차(토): 허버드(Hobard) 빙하. 태평양 항해 중에 절경으로 꼽히는 허버드 빙하에 다가간다.

제3일 차(일): 싯카(Sitka)는 1867년에 러시아로부터 미국에 양도된 곳으로 상상 불허의 자연경관과 원주민 이벤트를 즐길 수 있다. 부두에서 싯카 역사 트레일을 따라 걸으면서 각종 표지판과 옛 자취를 볼 수 있다.

제4일 차(월): 칠카트반도의 헤인즈(Haines)는 조용한 곳이자 사람이 붐비지 않는 알래스카의 비밀이 가장 잘 감춰진 곳이기도 하다. 칠카트반도와 린 피오르로 길게 뻗은 칠카트강과 계곡은 틀링깃(Tlingit) 원주민들의 고향이며 문화의 중심지이다. 초기 개척자들의 120년에 걸친 역사의 현장이기도 하다. 칠카트 대머리독수리 서식지는 세계 최대의 대머리독수리 서식지이다. 꼭 봐야 할 곳이다.

제5일 차(화): 주노(Juneu)는 알래스카의 관문이며 이곳을 통해 각 도시로 연결된다. 19세기 후반에 금광이 발견된 이후 제2차 세계대전 발발로 금광이 폐쇄되기까지 많은 금이 생산되었다.

제6일 차(수): 캐치칸(Ketchikan) 역시 알래스카의 관문이다. 다소 인구가 좁은 지역에 조밀하게 모여들어 소란스러움을 느끼게 한다. 나무 보도가 깔린 거리를 따라 걷다 보면 숲속 여기저기에 목가적인 가옥과 초가들이 늘어서 있고 나무 보도 아래로 흐르는 개울에는 물 반, 고기 반으로 연어가 장관을 이루고 있다.

크루즈가 상륙을 위해서 속도를 줄여서 접안할 때 나는 배의 창밖을 통해 이곳에서 연어 낚시를 하기로 맘먹고 크루즈선 입구에서 차례를 기다리고 있다가 제일 먼저 상륙했다. 택시를 타고 운전사에게 연어 낚시 허가증을 살 수 있는 곳으로 데려다 달라고 부탁했다. 이야! 세상의 낚시터 중에서 이런 곳이 또 있을까? 낚싯대를 던지자마자 바로 물고 당긴다. 30여 분 만에 연어 16마리를 낚았다.

그러나 내가 잡은 연어를 나누어 주려 했지만 내가 주는 연어를 받아 가겠다는 사람이 아무도 없었다. 택시 운전사, 낚시점 주인, 가게 아가씨 모두가 손사래를 치며 안 받겠단다. 알래스카에서 연어는 참 처치 곤란한 물건으로 푸대접을 받고 있다. 토템폴 공원과 박물관에서는 틀링깃(Tlingit) 원주민들의 숨길을 직접 느껴볼 수가 있었다.

제7일 차(목): 내해 항해. 바다뿐이다. 크루즈 선내의 이벤트가 빛을 발하기 시작하는 시간이다. 이제 알래스카는 잠시 잊고 안으로 눈을 돌려서 각종 이벤트를 즐긴다. 크루즈에서 무료해하는 사람은 아무도 없다.

제8일 차(금): 캐나다 밴쿠버 항에 도착한다. 사자문 대교 아래를 통과하여 절대 잊지 못할 알래스카 크루즈는 캐나다 브리티시컬럼비아의 밴쿠버 항에 정박한다. 알래스카의 마지막 기항지인 스캐그웨이는 시애틀까지 이어진 수로인 내수로(Inside passage)의 출발점이기

도 하다. 다음 여행을 위해 캠핑카를 픽업하러 가며 밴쿠버 항에
서 우리의 크루즈 항해는 끝났다.

피오르와 해협,
스쳐 가는 숲과 폭포수,
섬과 산
그리고 저 멀리 드러나는 청색의 해안 돌출부….
마침내 우리는 축복받은 이들의 거처인
시인들의 파라다이스에 도착할 것이
분명해 보였다.

-John Muir(초기 알래스카 여행자)

아프리카 토속 종족 힘바족을 찾아서 1

　야성의 검은 대륙, 아프리카는 예사로 훌렁 배낭을 메고 떠날 수 있는 땅이 아니다. 세상을 여기저기 다녀본 사람들이 마지막으로나 선택할 수 있는 여행지다. 더구나 문명을 거부하고 고집스레 전통을 고수하며 자기 방식대로 살아가고 있는 토속 종족인 힘바족(Himba Tribes)을 만나기 위해서는 그만큼 대단한 각오로 특별히 노력해야 한다. 이들은 수시로 주거지를 옮겨 다니기 때문이다.

　여행의 출발점은 같다. 과감하게 출발하는 것이다. 아프리카는 멀기는 하지만, 다른 지역보다 여행비가 싸다는 매력이 있다. 항공료를 제외하고 하루에 미화 10~15불이면 여행을 즐길 수 있다. 배낭을 메고 배낭여행객 숙소(Backpackers)나 유스 호스텔, 혹은 텐트에서 잠을 자며 세 끼의 소박한 식사, 하루 맥주 2잔, 하나의 관광명소 입장이나 관광 활동을 하고 대중교통을 이용해서 100㎞ 정도 여행하는 것을 가정했을 때 하는 말이다. 물론 요하네스버그, 케이프타운, 윈툭 같은 대도시나 높은 관광 수입 제도를 택하고 있는 잠비아, 보츠와나, 나미비아 같은 나라에서는 입국 수수료만으로도 좀 더 큰 비용을 예상해야 한다.

　개인 여행이 부담스러운 사람은 트럭킹(Trucking)이라는 여행 방법을 택하면 싼 가격으로 아프리카의 진수를 볼 수가 있다. 경비는 개인 배낭여행과 크게 차이가 나지 않을 만큼 싸지만, 일행과 함께 느긋하게 움직이므로 패키지여행의 안락함도 있다. 현지 여행사에 인터넷으로 연결하여 신청해도 되고 국내의 아프리카 전문 여행사에 의뢰해도 된다. 사파리용으로 개조한 대형 트럭(주로 제2차 세계대전에서 사용했던 독일제 군용 트럭을 개조한 것)을 타고 직접 텐트를 치고 공동 취사를 하며 국경을 넘나들면서 오지 아프리카를 탐사하는 여행이다. 전 세계에서 몰려오기 때문에 다국적 공동 여행팀이 형성된다. 나도 이번에는 인터넷으로 연결하여 케이프타운으로 가서 참가했다.

첫날밤을 지낼 스피츠코페(Spitzkoppe)의 야영장은 물이라곤 한 방울도 없는 황야였다. 짙은 그늘도 없어서 그나마 나뭇잎이 듬성듬성한 나무 아래에 텐트를 치고서 밤을 보낼 준비를 했다.

이곳이 바로 부시맨의 성지인 붉은 바위산 옆이라 텐트를 친 후 그들이 '바늘 끝'이라고 부르는 성소(聖所)인 바위산을 등반했다. 황갈색 바위는 햇볕에 달구어져 너무 뜨거워서 함께 떠난 일행 중 몇 명은 아예 포기한 채로 텐트에 남았고 용감하게 출발한 노르웨이의 마르그리트와 아네트라는 두 여성은 도중에 포기하고 도로 내려가고 말았다.

기온은 40℃를 웃돌고 바위는 구리를 함유해서 검붉게 달아올라 있어서 손으로 짚으면 뜨거워서 반사적으로 손이 움츠러들었다. 바위 위에 달걀을 깨트리면 충분히 익을 것만 같았다. 바위 아래에 자라는 식물이라곤 모두가 선인장 종류여서 식물에 몸이 스치면 가시가 아프게 나를 찔렀다. 나도 몇 번이나 포기할까 하다가 겨우 정상까지 기어 올라갔다. 정상을 정복한 자만이 그 기쁨을 안다. 눈앞에는 한쪽으로는 광대한 사막이 펼쳐지고 다른 쪽에는 대평원의 사바나가 보였다. 지금이 건기라 사바나에는 듬성듬성 마른 풀이 나 있다. 우기가 되면 이곳은 푸른 초원으로 변할 것이다.

부시맨의 성지는 한참 동안 바위산을 올라가니 나타났는데, 하늘이 반쯤 바위로 덮여 있는 천연 요새였다. 한쪽 벽에 그려진 선명한 암벽화에는 그들이 사냥했던 각종 동물이 붉은 채색으로 선명하게 남아 있었다. 그늘에서 쉬면서 한담을 나누었다. 이곳이 부시맨의 성지임을 상기하며 내가 미국 대통령 부시의 이름을 빗대어 조크를 걸었다.

"이곳은 미국인들의 성지이기도 하다."

"미국인들이 부시맨보다 더 현명했으면 한다."

닐스는 맞받았고 옆에 있는 미국인들은 말이 없었다. 닐스는 노르웨이 출신으로 까칠한 성격이다. 약 450㎞를 달려가서 카만잡(Kaman-jab) 가까이에 있는 오찌토통웨(Otjitotongwe Cheeta Farm)에서는 치타 농장에서 야영했다. 길들여진 치타의 등을 쓰다듬어 보았다. 야생의 맹수지만, 새끼 때부터 이곳에서 길러온 녀석이어서 고양이처럼 순하다고 해서 용기를 냈다. 머리부터 등으로 쓰다듬으니 털이 뒤쪽으로 뉘어져 있어서 부드럽게 느껴졌으나 반대로 쓰다듬으려니 고슴도치처럼 가시털이어서 까칠했다.

야영장에는 화장실과 온수 샤워 시설이 있고 치타 농장 주인이 운영하는 작은 바가 있어서 맥주도 사 마실 수 있다. 그동안 황야의 야영으로 카메라의 메모리와 배터리를 거의 다 사용하고 없다. 이곳에서 충전이 가능할 것 같다. 이런 오지 여행에서는 카메라 배터리 충전이 제일 신경 쓰인다. 차라리 필름용 카메라가 더 편할 수도 있다. 피시리버 캐니언의 그 장대한 광경을 배터리가 떨어져서 사진을 한 장도 찍지 못해서 안타까웠다.

검붉은 피부에 앙상하게 마른 체구, 가슴을 드러낸 채 빠른 박자로 현란한 춤을 추는 여성들과 창을 들고 동물을 뒤쫓으며 초원을 뛰어가는 것으로 각인된 아프리카인의 인상은 이번 여행을 통해서 무참히 깨져버렸다. 서구화된 생활양식, 우리보다도 더 유창하게 구사하는 영어와 독일어, 그들이 누리는 문명은 이제는 다른 나라의 관광객과 다를 게 없었다. 다른 사회에서는 거의 볼 수 없는 젊은 여성의 여성 성기 절제(할례)와 같은 전통은 아직도 광범위하게 행해지고 있다고는 하지만, 생활양식은 서구인들보다 더 서구화되었다.

칼라하리 사막의 부시맨(San Tribes, 산족)들은 콜라병 한 개로부터 시작하여 문명을 받아들여 현대문명의 일원이 되었고 다른 부족들도 대부분 이와 같은 과정을 걸어가고 있다. 그래도 이와 같은 사회의 흐름 속에서도 오로지 자기 방식대로 살아가는 아프리카의 고집불통들인 힘바들은 현대의 진정한 아프리카인이다.

오늘은 그런 힘바족을 만나는 날이다. 텐트 밖으로 얼굴을 내미니 동쪽 하늘에 비치는 핏빛의 붉은 반점이 보였다. 저 반점이 오늘은 또 얼마나 열사의 사막을 태우려나?

이들은 남녀 구분 없이 팬티 한 장이면 오케이다. 옷 걱정도 없다. 전기와 전화도 물론 없다. 현대문명의 모든 것과 현대 의술까지도 거부하며 오로지 전해져 오는 전통 방식대로 살아가는 아프리카 속의 진정한 아프리카인인 힘바족은 12,000여 명이 몇 가정씩 소부족을 이루며 나미비아의 사막과 북쪽 지역에 흩어져서 주거지를 옮겨 가며 유목 생활을 하고 있다.

이번 남부 아프리카 여행은 진정한 아프리카인인 이들 힘바를 만나 보는 것이 하이라이트이다. 북부 아프리카의 모로코, 리비아, 이집트 여행 때는 막연히 아프리카를 구경하는 여행이었지만, 이번만은 다르다. 대부분의 아프리카 도시가 유럽화, 문명화되었고 케이프타운이나 나미비아의 수도 윈툭 같은 곳은 유럽보다 더 유럽적이고 다른 곳도 현대문명의 영향으로 우리의 생활과 별반 큰 차이가 없지만, 힘바족이야말로 오늘날 우리가 아프리카인이라고 부를 수 있는 진정한 전통을 고수하는 아프리카의 주인인 것이다. 이 여성들에게 상의를 입히고자 기독교 선교사들이 100년 이상 노력했지만, 아직도 이들은 전통의상을 고수하고 있다.

우리 오지 여행팀이 탄 독일제 군용 개조 트럭 '지미'는 비포장도로를 시속 100㎞ 이상으로 먼지를 뿜으면서 달려가고 있다. 이 사막 지대의 포장도로는 과거 우리나라의 자갈이 뒤덮인 도로와는 달리 모래 위에 건설된 도로이므로 차로 달려도 진동이 그리 심하지는 않다. 지나치는 차들도 별로 없고 우리만 먼지를 날리며 씽씽 달려가고 있다. 비포장 도로변에 세워 놓은 시속 100㎞의 도로 표지판이 광활한 대지의 하얀 모래 도로 위에 문명의 깃발처럼 꽂혀 있다.

피시리버 캐니언(Fish River Canyon)에서 출발하여 베타니(Bethanie)에서 연료 주입을 위해 주유소에 잠시 정차했다. 그 옛날 시골의 손으로 젓는 물 펌프와 옆에 몇 개 쌓여있는 드럼통만이 이곳이 주유소임을 증명하고 있었다. 나는 연료를 주입해 주는 사람들과 얘기를 나누었다. 이곳 주민들도 지금까지 여행한 아프리카의 여느 주민들과 마찬가지로 영어를 잘했고 내가 야생 동물의 육포(Biltong, 빌통)를 사고 싶다고 하자 제법 떨어져 있는 정육점으로 직접 안내해 주었다. 정육점에는 다양한 야생 동물의 건포가 종류별로 여기저기 그릇에 담겨 있었고 한쪽에서는 정육을 가공하고 있었다. 재래식 저울에 무게를 재어서 팔고 있다.

초기 아프리카 개척자들은 남아프리카 어디서나 구할 수 있는 포도 식초와 설탕과 야생 허브를 사냥한 고기에 발라 말려서 말안장에 매달고 다니면서 먹었다. 육포를 사서 씹어 보니 질기고 짰다. 하지만 곧이어 고기의 맛이 우러났다. 이곳에서는 무엇이든지 시간을 두고 맛을 봐야 한다. 아프리카의 풍광은 야생 동물의 육포를 씹으면서 보아야 제맛이 난다. 주로 쿠두(kudoo), 스프링복(springbok) 등의 야생 동물의 육포가 많았다. 오지 여행에서는 체력을 보강해 주는 영양식이기도 하다.

베타니에서 쉬는 동안 귀여운 흑인 초등학생 여학생 세 명을 만났다. 까만 스커트에 하얀 블라우스를 입었는데 맨발로 등교하는 중이었다. 묻는 말에 영어로 또박또박 대답하는 모습들이 귀엽다. 수학과 영어 과목을 좋아한다고 했다. 사진을 찍어도 되느냐고 했더니 사진은 절대 안 된다고 거부하여 찍지 못하고 말았다.

사진을 찍으면 영혼이 달아난다고 믿는 사람들이 많아 아프리카 여행 시에는 사진을 찍을 때 반드시 양해를 구하고 찍어야 한다. 자칫하면 봉변을 당하기도 한다. 나중에 듣기로는 한국의 한 사진작가가 이들의 얼굴에 마구 카메라를 들이대고 사진을 찍다가 곤욕을 치렀다는 얘기를 들었다.

아이들과 얘기하던 중에 한 노인이 다가와 웃음을 띠며 악수를 하자고 손을 내민다. 아프리카인들은 악수하기를 좋아한다. 이빨은 대부분이 다 빠졌고 새까만 살결에 종기 같은 것이 많이 돋아나 있다. 곧이어 자기 집안 이야기를 꺼내는데 삼촌 3명, 아내 2명, 아이들 8명에 관한 얘기를 시작한다. 얘기가 길어질 것 같아 포켓에 남아 있는 동전을 건네주고는 그 자리를 떴다.

그리고는 엉겁결에 내 손을 옷에 문질러 닦았다. 에이즈, 말라리아, 황열병과 결핵 같은 질병이 만연하다는 생각이 갑자기 뇌리를 스친다. 나와 그 노인의 얘기하는 모습을 지켜보던 유럽인들은 일찌감치 자리를 피하고 없다. 나도 은근히 원주민을 이렇게 경원하다니. 그러나 나를 보호하는 것이 최상책이다.

휘몰아치는 바람과 함께 갑자기 폭우가 쏟아진다. 아프리카의 폭풍우다. 은신하고 있던 동물들이 움직이기 시작하고 회색빛 사막과 사바나의 초원이 되살아나기 시작한다. 대지의 색깔이 바뀌면서 식물조차 잎을 움직여 물을 받기 시작하고 푸른 색상을 내뱉기 시작한다.

트럭 '지미'의 앞 유리 와이퍼가 작동하지 않는다. 흐르는 빗물에 앞이 가려 운전할 수가 없다. 요한도 이제는 어떻게 할 수 없었는지 차를 길옆의 초원에 정차했다. 내용을 알게 된 우리는 "우-우-우!" 하고 함성을 지르며 운전사 요한을 놀려댔다. 왜냐하면, 그동안 요한은 이 차가 최고의 성능을 가진 벤츠사의 사파리 투어용 최고의 차라고 대대적으로 선전을 해 왔기 때문이었다. 와이퍼 문제뿐만 아니라 13, 14, 15번 좌석에는 천정에서 물이 떨어지기 시작한다.

아프리카 날씨는 예측하기 어렵다. 금방 비가 그치고 청명한 하늘과 뭉게구름, 무지개가 나타났다. 광활한 지평선이 펼쳐진 초원 위로 여기저기 나무가 흩어져서 서 있는 사바나의 광활한 대지가 눈앞에 나타난다. 막연히 사막이겠거니 하고 눈으로 보면서도 사막에 관한 선입견으로 보지 못했던 부분을 비가 지나가며 새로운 광경으로 연출해 주었다. 아프리카는 결코 단조로울 수 없다. 변화의 연속이다. 비를 맞은 후 상쾌한 마음으로 달리고 있는데 누군가가 "펑크야, 타이어 펑크 났어!" 하고 고함을 질렀다. 차를 멈추고 내려서 조사해 보니 차축을 연결하여 동력을 전달해 주는 유니버설 조인트가 나갔다. 14t이나 무게가 나가는 이런 차를 들어 올려서 길옆에서 작업한다는 것은 불가능할 뿐만 아니라 예비 부품도 없다고 한다. 요한은 당황하여 연락용 핸드폰으로 계속 통화를 시도했지만, 사막 한가운데라 통화 연결이 되지 않는다. 우리는 창밖으로 다시 쏟아지기 시작하는 비를 바라보며 차 안에 망연히 앉아있었다. 차가 고쳐지기를 기다릴 뿐이었다. 차를 수리할 수 있는 마지막 도시는 이미 지나쳐서 3시간여나 달려왔고 앞으로 또 얼마나 더 가야 부품을 구해서 차를 수리할 수 있을지도 몰랐다. 운전사 요한도 운전대에 앉아서 밖을 바라보고 있다. 사안이 중대하다 보니 불평하는 사람조차 없다.

요한은 지나가는 차를 세워서 타고 전화를 하러 갔다. 우리 여행객들은 비 갠 하늘을 보며 트럭 주위를 걸으며 비가 쏟아진 후 사바나의 변화를 느끼고 있다. 어디선가 지렁이가 기어 나오고 나비가 몇 마리 날아다닌다. 그렇게 쏟아진 빗물은 어딘가에 고여 있을 만도 한데 색깔만 바꿔놓고는 어디론가 다 스며들고 없다. 태양은 다시 내리쬔다. 머지않아 비 내리기 전의 광경으로 되돌아갈 것 같다.

다른 트럭이 한 대 왔다. 요한이 연락하여 차량이 교체되어 온 것이다. 우리는 간단한 소지품을 챙겨서 그 차에 편승했다. 오늘 저녁에 사용할 텐트와 취사 용구는 다른 차량으로 옮겨서 오기로 되어 있다고 한다. 이미 사람들이 타고 있었으므로 그 사람들과 합승해서 저녁 숙박지에 도착하여 빗속에서 텐트를 치고 잤다. 다음 날 아침이 되자 지미가 돌아왔다. 수리가 잘되어 우리의 여정이 그대로 진행될 수 있어서 다행이다.

아프리카 토속 종족 힘바족을
찾아서 2

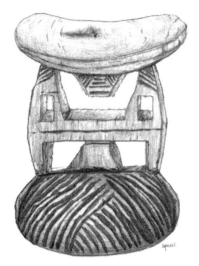

여행기념품: 힘바족의 목침. 힘바 남성이 외박을 나갈 때는 이 목침을 허리에 차고 출타한다.
이 목침은 힘바 추장이 손으로 몸소 깎고 다듬은 뒤에 달군 철사로 무늬를 넣고 3년 동안 사용하던
목침인데 미화 20불에 샀다. 나는 공정 여행과 현지인에게 도움이 되는 여행을 추구한다.
— 일러스트: 앤서니 페리[Anthony Perri(Canada)]

드디어 힘바족을 만나기 위해서 출발했다. 남아공 출신의 운전사 겸
가이드인 요한은 경험이 많다고 했다. 숲속을 따라 힘바의 흔적을 찾
아서 들어갔다. 길은 없고 가끔가다 흔적만 있을 뿐이어서 풀밭 위로

계속 걸어 들어갔다. 요한 같은 경험 있는 가이드 겸 운전사가 있기에 이런 여행이 가능하다는 생각이 든다. 두어 시간을 이렇게 달려가니 몇 채의 인가가 보인다. 기대에 찬 마음으로 내려 보니 빈집뿐이었다.

힘바들은 어디론가 이주를 해 가고 허물어진 빈집만 남아 있다. 6개월 단위로 옮겨 다니는 유목민이라서 어디론가 또 다른 보금자리를 찾아서 떠났나 보다.

요한은 힘바족 방문을 포기하고 다음 여정을 계속하면 어떻겠냐고 제의했지만, 모두가 한마디로 반대했다. 아프리카 여행의 진수를 빼 버릴 수는 없었기 때문이다. 요한은 그들의 행동 양식을 알기에 찾는 것은 가능하다고 했다. 우리는 차의 방향을 돌려서 다시 힘바를 찾아 천천히 차를 몰아갔다. 한 시간쯤 지났을 때 숲속에서 피어나는 연기를 발견했다. 차는 더 이상 들어갈 수가 없어서 모두 차에서 내려서 걸어서 그곳으로 갔다. 요한의 예상이 적중했다. 과연 힘바 마을이었다.

초가 움막집과 통나무로 얽어 놓은 축사, 진흙으로 벽을 바르고 짚을 얹어서 지붕을 낸 원뿔꼴 토담집 사이로 앞마당에는 불이 지펴져서 타고 있고 붉은 나신을 드러낸 힘바족들이 보인다. 마을에는 이미 다른 관광객들이 와서 사진을 찍으며 한편에서는 가이드로부터 설명을 듣고 있었다. 특이한 생활관습과 진정한 아프리카인으로 외부에 알려진 오바힘바(Ovahimva)에는 이제 세계 각처에서 관광객이 몰려들고 있다. 나는 마을 전체를 먼저 죽 둘러보았다.

마을이라고 해 봤자 초가 예닐곱 채가 통나무 축사를 중심으로 원형으로 배치되어 있을 뿐이다. 힘바 마을은 중앙에 소 마구간과 염소 우리를 중심으로 의식을 거행할 때 사용되는 가옥인 옷조토(Otjoto)를 중심으로 원형으로 가옥이 배치되고 외부는 나뭇가지로 담장이 쳐진다. 옷조토 앞에는 꺼져서는 안 되는 의식용 불이 항상 지펴져 있다. 의식에 사용되는 오코루보 불은 산 자와 죽은 자를 연결하는 매개체이다. 주 가옥과 가축의 축사를 연결하는 오무반다 통로는 오루조 가족이 아니면 다닐 수 없다. 추장 후계자의 집만이 유일하게 입구를 의식용 불 쪽으로 향하고 있다. 다른 가옥들은 출입구가 의식용 불 쪽으로 향할 수 없다. 제일 먼저 내 앞으로 다가온 힘바 어린이는 큰 눈망울로 나를 응시했지만, 외부인으로 의식하지는 않는 것 같았다.

힘바족들은 패션 감각이 탁월했다. 여성들도 하체만 겨우 가리고 있지만, 몸에서 우러나오는 암갈색의 색상과 옷의 색상이 조화되어 아름답게 보였다. 비록 몸에 걸친 것은 거의 없지만, 간단한 장신구도 초콜릿색 피부에 잘 조화롭게 어울렸다. 처녀와 젊은 여성들이 상체를 드러내고 각자의 일에 몰두하고 있다. 치즈를 흔들어 만드는 여성, 옥수수를 빻는 여성, 천을 다루는 여성 등 모두가 열심히 일만 하고 관광객은 의식하지 않는 듯한데 그 표정은 오만해 보이기까지 한다.

힘바는 자연의 일부인데 왜 나는 그들이 여성으로 보이고 나 자신이 부끄러움을 느낄까?

힘바족은 옥수수와 염소젖과 치즈를 주식으로 하는 단순한 식생활과 노동을 하고 자연의 일부가 되어 살아서 그런지 평균 수명이 65~70세라고 하는데 선뜻 이해되지 않는다. 그러나 그들은 사춘기부터 하루도 빠뜨리지 않고 평생토록 아침 의식을 수행한다고 한다. 그것은 약초 연기 훈증과 명상(冥想)과 피부에 염료 바르기의 세 가지다. 척박한 환경 속에 살면서도 얼핏 문명 세계에서도 누리기가 쉽지 않은 이 의식들은 그들이 정신적, 육체적으로 건강을 유지하는 주요 소인 것 같다.

새벽에 닭이 울면 일어나 마른 약초에 불을 붙여 통 안에 넣고 가운데에 구멍이 뚫린 의자를 올리고 그 위에 앉으면 연기가 올라와 훈증이 시작된다. 마른 풀 향기와 함께 연기가 방 안에 감돌면 명상을 시작한다. 명상을 한 시간쯤 하고 나면 온몸이 땀으로 젖는다. 이때 미리 준비한 염료(染料)를 온몸에 바르기 시작한다.

아프리카의 마지막 유목민을 방문하는 것 자체가 영광이다. 왜냐하면, 이들도 곧 밀려드는 문명 속으로 침잠해 갈 것이기 때문이다. 우리가 부시맨이라고 부르는 '산(San)'족이 그러하듯이.

이들은 소와 염소를 기른다. 사막의 모진 기후 속에서 살기에 특히 아프리카가 유럽의 식민지였을 때도 외부의 영향을 입지 않고 견디어 왔다.

힘바의 역사는 재난과 극심한 가뭄과 게릴라 전쟁으로 점철되어 있다. 특히 1904년에는 나미비아가 인접국인 앙골라와의 전쟁에 타격을 입고 독일인들에 의해서 대량으로 학살당했다. 특히 그들의 주 거주지에 에푸파 댐(Epupa Dam)이 건설되었는데, 이 때문에 그들은 살 곳을 잃었다. 그러나 그들은 자연에 순응해서 살기에 어느 곳이든 비록 개인의 사유지일지라도 이들이 살고자 하면 거절하지 않는다고 한다.

오바힘바는 헤레로(Herero)의 후손들로 특이하고도 풍부한 문화적 유산을 고집하며 변화를 거절한다. 소 떼를 키우는 나마(Nama)족들에게 밀려서 사냥과 채집을 하며 생활하다가 앙골라로 도망가게 되었고 거기서 '거지'라는 뜻을 가진 오바힘바가 되었다. 그러다가 비타(Vita, 전쟁이라는 뜻)라는 이름을 가진 지도자가 나타나 이들을 인도해서 '카오코랜드(Kaoko Land)'로 와서 다시 정착하게 되었다. 왜냐하면, 이곳은 이미 독일의 점령지가 아니라 남아공의 영토였기 때문이다.

나미브 사막은 남북 길이 약 1,600㎞, 동서 길이 약 40~130㎞다. 쿠이세브강(江)과 오렌지강을 경계로 북나미브 사막, 중나미브 사막, 남나미브 사막으로 나뉜다. 대기 순환과 앞바다의 차가운 용승류(湧昇流)의 영향으로, 적도 이남의 아프리카에서는 가장 건조한 지역에 속한다. 연 강수량은 매우 불안정하나 평균 10~150㎜이고, 연평균 기온은 18~20℃이다. 해마다 봄, 가을에 며칠 동안 비가 오는데, 대개 그 밖에는 아프리칸스어(語)로 모트렌(motreen)이라고 부르는 이슬비가 습기를 가져다줄 뿐이며, 중부에는 사구(砂丘)가 특히 발달해 있고, 북부와 남부에는 간헐류(間歇流)가 흐른다.

식물은 그 종류가 많지 않다. 동물은 대체로 내륙 지방에 서식하는 타조, 영양, 얼룩말과 해안 지방에 서식하는 자칼과 여러 종류의 바닷새가 대표적이다. 사람이 살기에는 알맞지 않으나 오렌지강 어귀를 중심으로 한 유역에서 양질의 다이아몬드를 채취한다. 그러나 아프리카의 주인인 아프리카 흑인들에게는 아무 관계가 없어 보인다.

아프리카 나미비아 사막에서
치타를 쓰다듬다

여행기념품: 나미비아에서 공항 면세점에서 구입한 치타. 상아로 조각한 것이다.
– 일러스트: 앤서니 페리[Anthony Perri(Canada)]

　야생의 치타를 손으로 쓰다듬어 본다는 것은 목숨을 거는 위험한 행동이지만, 치타 사육 농장에 가면 치타를 만져 볼 수 있다고 해서 우리는 수백 ㎞를 달려갔다.

끝없는 평원이 펼쳐진 아프리카에서의 나날은 매일 변화의 연속이었다. 엊저녁에 잤던 산(San) 부족의 성지인 스피츠코페의 물 한 방울 없는 황무지에서 텐트를 걷으면서 마음은 벌써 오찌토통웨(Otjitotong-we)의 치타 농장에 가 있었다. 매화무늬 반점으로 위장한 날씬한 몸매의 치타가 시속 112㎞로 사바나를 달리면 스프링복, 임팔라, 누우, 가젤과 멧토끼는 혼비백산하여 도망치지만, 치타의 스피드를 벗어날 수 없다. 오늘은 치타를 손으로 만져볼 수도 있는 날이다.

카만잡(Kamanjab)에서 30여 분을 달려 도착한 치타 농장에는 높은 철조망이 처져 있었다. 우리는 안전지대에 캠프를 친 후 주인을 만났다. 강인한 인상의 주인 넬(Nel) 씨는 치타 농장의 내력을 들려주었다. 11년 전에 치타가 넬 씨 농장의 염소와 양 38마리를 해쳤다. 넬 씨는 치타를 사살하는 대신 덫을 놓아 치타를 잡은 후 자연 상태로 되돌려 보내기를 원했다. 그러나 나미비아의 사막 지대에서 치타는 생존할 수가 없고 그 외의 땅은 대부분 경작 지대라 농부들이 사살할 것이 뻔했다. 치타를 보살필 수 있는 탄자니아의 세렝게티(Serengeti)와 케냐의 마사이 마라(Masai Mara) 국립공원 측과도 연락을 취해 보았으나 법적으로 이송이 불가능했다.

결국, 그는 치타는 멸종할 운명에 처해 있다는 사실을 알았게 되었다. 그때 암컷 치타가 새끼 5마리를 낳았고 그중 3마리가 성장하여 함께 살게 되었다. 소문을 듣고 각처에서 포획된 치타를 보내와 지금은 모두 29마리나 됐다. 넬 씨는 아들, 부인과 함께 관광객의 성금으로 농장을 꾸려 가며 확장 계획을 세워 놓고 있었다. 아프리카에서 이 농장이 아니면 치타를 볼 수 없는 날이 올지도 모른다.

이윽고 먹이를 줄 시간이 되어 먹이를 주러 나갔다. 트럭이 달리면서 차 위에서 고기를 던져 넣어 준다. 어느새 치타 몇 마리가 사뿐사뿐 트럭 뒤를 따라온다. 차를 멈추자 10마리가 넘는 치타가 이빨을 드러내며 차를 둘러쌌다. 넬 씨가 큰 통에서 당나귀 고깃덩어리를 꺼내서 던져주자 삽시간에 달려들어 격렬한 먹이다툼을 벌인 뒤 먹이를 가로챈 녀석들은 풀숲으로 사라졌다.

사무실로 돌아오니 목줄이 매어져 있는 치타가 있었다. 어릴 적부터 젖을 먹여서 길렀다고 한다. 비록 길들었다고는 하지만 만져 보려니 오금이 저렸다. 같이 온 독일 여성이 먼저 머리에 손을 대고 쓰다듬기에 나도 따라 해 봤다. 머리를 쓰다듬을 때는 전율을 느꼈다. 머리에서 꼬리 쪽으로 쓰다듬을 때는 부드러웠으나 꼬리에서 머리 쪽으로는 바늘을 깔아 놓은 것 같아 쓰다듬을 수 없었다.

치타 농장을 뒤로하고 북쪽으로 230㎞를 달려 에토샤 국립공원으로 갔다. 아프리카 동물 전시장이라고도 불리는 이곳은 멸종 위기의 검은 코뿔소와 검은 임팔라까지도 볼 수 있는 곳이다. 포유류가 114종에 조류 340종, 파충류가 110종이나 살고 있다.

비를 맞으며 텐트를 치면서 맘은 서글펐지만, 몸은 바빴다. 텐트를 쳐서 저녁에 몸을 눕힐 곳을 확보한 후 아프리카에서 제일 큰 물웅덩이로 갔다. 오랜 가뭄에도 이곳만은 항상 물이 있어 〈동물의 왕국(Discovery Channel)〉을 비롯한 많은 영화의 단골 촬영지이기도 하다. 동물들은 은신처에서 사람들을 기다리고 있었다. 오늘같이 비가 오는 날은 동물들이 올 것 같지 않았으나 오리와 고니가 보였고 코끼리 두 마리가 조용히 다가왔다.

돌아오는 어둠 속에서는 하이에나가 나를 보고 히죽 웃고 있어서 놀랐다. 지난번에 이곳에서 요한의 신발을 물고 간 그 녀석인지도 몰랐다. 이곳에 오면서 가이드 겸 운전사 요한은 지난번 자기의 산발을 물고 간 하이에나로부터 신발 한 짝을 되찾아야 한다고 되뇌었다. 하이에나는 신발을 껍처럼 질경질경 씹는다고 했다.

사파리 트럭을 타고 잡목 숲으로 들어서자 곳곳에서 동물들이 보였다. 스프링복과 쿠두 등의 영양 종류가 무리를 지어서 풀을 뜯고 얼룩말은 연신 사방을 둘러보며 서 있었다. 자칼 한 마리가 스프링복 떼의 가장자리를 맴돌며 기회를 엿보고 있었다.

유일하게 가끔 물이 흐르는 에토샤 팬(Etosha Pan)의 소금기를 띤 광대하고 평평한 사막 지대로 나가자 왜가리 사이에서 타조가 성큼성큼 우리 쪽으로 다가왔다. 기린은 도로를 따라 천천히 걸어가고 있었고 큰 키 나무에는 드럼통만 한 베짜기되새(Weaver bird)의 집이 주렁주렁 매달려서 새들이 쉴새 없이 드나들고 있었다. 사자들은 우리 차가 다가가도 누운 채로 꼼짝도 하지 않고 스프링복 무리를 사랑스러운 눈초리로 바라보고 있었다. 대자연의 질서 속에서 동물들은 저마다 창조의 행복을 누리고 있었다.

금지된 마약
코카잎을 씹으며

여행기념품: 볼리비아 마녀 시장에서 산 중절모, 안데스 토종 동물 야마털로 짠 것.
– 일러스트: 앤서니 페리[Anthony Perri(Canada)]

우리 부부가 탄 국제 야간 버스는 페루의 아레키파에서 출발하여 남미 대륙의 중앙 안데스산맥의 고산 국가인 볼리비아의 라파즈를 향해 치달렸다. 비행기를 타면 더 쉽게 갈 수 있지만, 수도 라파즈는 해발 3,600m 고원에 자리 잡고 있어서 고산증으로 다시는 고생하고 싶지 않아서 육로를 택했다. 나는 안데스산맥 치바이 마을 여행에서 고산증으로 무지하게 고생한 전력이 있다.

'배의 항해가 가능한 호수'로 세계에서 가장 높은 곳에 있는 티티카카호수의 옥색 물빛에 관한 감탄을 뒤로하고 장장 12시간을 더 달려 볼리비아의 수도 라파즈에 도착했다. 가장 남미답다는 찬사를 받는 라파즈에 관한 기대감을 안고 도착했으나 경관을 감상할 여유도 없이 속이 메슥메슥하고 계속 현기증이 났다.

또다시 고산병 증세다. 나는 고산증에 약하다. 티베트 여행에서도 그랬고 치바이에서도 그랬다. 몇 걸음조차 내디딜 수 없다. 슬리퍼를 닦으라고 구두통을 들이밀며 아까부터 따라오는 구두닦이까지 더욱 내 머리를 아프게 했다. 우리가 신고 있던 신발은 튼튼한 트래킹화였는데 그 트래킹화를 닦으라는 것이다. 구두닦이를 겨우 떼어내고 나니 그동안 잘 참아왔던 아내도 안색이 노래지며 호흡 곤란을 호소했다.

"숨이 차서 도저히 더 못 걷겠어요."

한라산보다, 백두산보다 더 높은 해발 3,650m. 세계에서 가장 높은 곳의 수도 라파즈는 스페인어로 '평화(La Paz)'라는 뜻이다. 그러나 평화는 관광객에게는 무색한 구호일 뿐 고산병, 가짜 경찰, 목조르기 강도나 소매치기로 악명이 높다. 우리 부부는 피를 토하거나 졸도를 할 정도로 심하지는 않았지만, 더운물로 샤워한 후 빨래를 하다가 사망한 한 한국 여성 이야기를 들은 터라 걱정이 앞섰다. 나는 길거리에서 볼리비아인들의 대표 간식인 살떼냐(saltena) 만두를 팔고 있는 남자에게 다가가서 서투른 스페인어로 물었다.

"세뇰, 메디시나 빠라 소로체(아저씨, 고산병약을 어디에서 구할 수 있을까요)?"

"소로체(고산병)?"

"씨(그래요)."

"꼬까, 꼬까."

"꼬모(뭐라고요)?"

"꼬까, 부에노(꼬까가 좋아요)."

40일 동안의 남미 여행을 위해서 스페인어를 열심히 공부하고 갔지만 벼락치기 공부의 허실은 금방 드러났다. 그분은 살떼냐 좌판을 그대로 둔 채로 손짓하며 우리를 데리고 뒷골목으로 들어갔다. 골목이 어두워서 이 사람이 갑자기 목조르기 강도로 돌변하는 것은 아닐까 하는 걱정까지 들었다. 그러나 별다른 대책이 없는 우리는 숨을 헐떡이며 그 사람을 허겁지겁 따라갔다.

재래시장 가게의 토착민(인디헤나) 아주머니는 큰 포대에서 나뭇잎을 꺼내 비닐봉지에 넣어 주었다. 그 살떼냐 아저씨는 나뭇잎을 씹기 시작했고 우리도 따라서 나뭇잎을 씹었다. 나뭇잎의 약효는 금방 나타나 큰길로 채 나서기도 전에 머리가 맑아지고 속이 편해지며 아내의 얼굴에도 서서히 웃음기가 떠올랐다. 이 나뭇잎은 바로 코카(Coca)잎이었다. 비닐봉지 하나에 200원을 냈다. 코카콜라와 코카인의 원료이기도 한 이 코카잎은 이 나라에서는 이렇게 어느 곳에서 누구든지 구할 수가 있는 생필품이었다.

우리가 마약이라고 생각했던 코카잎을 페루와 볼리비아에서는 거의 전 국민이 애용하며 생활한다는 사실을 알게 되었다. 페루와 볼리비아의 잉카인들은 코카를 신의 선물로 여기며 사용할 때마다 합장하며 기도한 후에 씹었다. 추위와 허기를 이길 수 있고 각종 약용으로 쓰이는 코카가 가난한 이들 서민에게는 고산 지대에서 살아남는 생존 도구인 셈이었다. 그 아저씨는 우리를 보고 그 보라는 듯이 엄지를 세우며 히죽 웃는다.

"꼬까 부에노(코카잎이 약효가 좋지요)?"

"씨(그래요)."

"무차스 그라시아스, 세뇰(대단히 감사합니다, 아저씨)."

"데나다(뭘요)."

우리 부부는 코카 봉지를 소중히 간직한 채로 계속 코카를 씹으면서 라파즈 시내 관광을 시작했다. 라파즈는 안데스산맥 중앙의 화산 분화구 분지형 도시로서 만년설을 이고 있는 이이마니(해발 6,402m) 산을 배경으로 160만여 명의 사람들이 살고 있다. 우리는 스페인의 식민지 분위기가 감도는 '무리요' 광장 근처의 국회의사당, 대성당, 대통령 관저와 산 프란시스코 교회를 둘러본 후에 학생 광장과 이사벨 라 카토리카 광장으로 이어지는 중앙로를 따라 천천히 걸어가며 시내를 구경했다. 내일은 라파즈의 명소인 '달의 계곡'을 탐방한다.

카이로를 떠나
신(神)의 나라 룩소르로

여행기념품: 카이로 신전 앞에서 구매한 파피루스에 그려진 여왕의 악단들.
– 일러스트: 앤서니 페리[Anthony Perri(Canada)]

카이로의 구시가지를 따라서 아내와 나는 천천히 걸어갔다. 6~7세기 전만 해도 이곳은 아랍 세계의 중심지였다. 이곳 사람들은 오늘도 산재해 있는 모스크와 빛바랜 건물들 사이에서 옛 영광과는 무관하게 하루하루를 힘들게 살아가고 있었다.

수크(아랍 시장)의 좁고 구부러진 골목은 상인들과 시장을 보러온 사람들과 쌓아놓은 물건들로 인해서 발 디딜 틈이 없었다. 물건을 사고 파는 소리는 새벽 사원에서 들려오는 음악같이 단조롭다.

시장은 살아 있다. 펼쳐놓은 좌판들 사이사이로 산 닭 모가지를 비틀고 있는 닭 장수, 피타 빵과 팔라펠 샌드위치를 만드는 바쁜 손길, 당나귀가 끄는 청소 수레, 커피를 나르는 맨발의 청년, 사람과 뒤섞인 양들, 짐을 실으면서도 똥을 싸대는 말들 등 이리저리 사람들과 부딪혀 떠밀리지 않으면 앞으로 나갈 수가 없는 아랍인들의 삶의 현장이었다.

투탕카멘 마스크를 팔고 있는 마흐메드는 고등학교 교사였다. 영어를 유창하게 구사해서 갑자기 호감이 갔다. 우리도 한국에서 온 교사라고 신분을 밝히자 당장 가게 문을 닫고 관광 안내를 해 주겠다고 나섰다. 마흐메드 교사가 안내하는 대로 좁은 골목길을 따라가며 고풍스러운 금은 세공품, 파피루스 두루마리, 고서적, 토기, 카펫 등을 파는 가게에 들렀다. 이곳에서 뼈가 굵어 교사가 된 마흐메드를 가게주인들은 다 잘 알고 있었고 우리가 들르는 가게마다 가게주인이 계속 커피를 내왔다.

간혹 1m가 넘는 물담뱃대를 입에 물고 있는 남자들이 우리에게도 물담배를 권했지만, 다른 사람이 빨던 담뱃대를 빨기 싫어서 사양했다. 마흐메드 교사가 근무하는 학교로 가서는 학교의 실태를 둘러볼 수 있었다. 공립 고등학교의 교실은 부서진 책걸상들, 몇 동강의 분필, 칠판을 닦는 솜이 시설의 전부였다.

이 멋진 영어 가이드는 쉽사리 들어갈 수 없는 아랍인의 이슬람 사원으로 우리를 안내해 주어 사원 안으로 들어갈 수 있었다. 자그마한 동네 사원이다. 사원의 원형 돔을 중심으로 하는 메인 예배당인데 낡은 카펫 몇 장이 시설의 전부였고 종교적 상징물은 없었다. 중동의 종교 시설, 즉 이스라엘의 유대교 교당이나 아프리카 모로코의 이슬람교 교당에도 없었는데 아시아의 종교는 숭배의 대상을 형상화하여 숭배하고 있다는 점이 달랐다. 이슬람교는 원리가 간단하여 다섯 가지 원칙만 지키면 훌륭한 이슬람교도가 된다고 했다.

1. 신앙고백, 2. 하루 다섯 차례 예배 3. 단식 4. 희사 5. 성지순례

우리는 아랍인의 집으로 들어갔다. 주택 입구에는 회랑이 있고 아이들이 그곳에서 놀고 있었다. 주택은 연립형이었다. 한쪽에서는 노인들이 찻잔을 들고 환담을 하고 있다. 이곳의 이 마을의 사랑방이다. 마침 라마단의 단식이 끝난 축제일이어서 새 옷을 차려입은 가족들의 나들이가 많았다. 골목길을 따라서 가는데 2층에서 어린이와 어른들이 우리를 내려다보고 큰 소리로 우리를 불렀다.

"웰컴!"

"웰컴!"

마흐메드는 눈짓을 하더니 계단을 따라 2층으로 올라갔다. 물론 우리도 따라갔다. 사람들이 명절 음식을 펴 놓고 둘러앉아서 놀다가 우리를 환영해 주었다. 우리도 명절의 먼 친척이 되어 이집트 가정에서 함께 즐겼다. 명절 음식은 푸짐했다. 그 집 처녀가 혼수로 준비해둔 까만 구슬 핸드백을 아내에게 선물로 주었고 아내는 쓰고 있던 스카프를 벗어주었다.

외국인이 이집트에서 생활하려면 웃돈을 얹어 줄 줄 알아야 한다는 현실을 우리는 뒤늦게야 깨달았다. 카이로-룩소르행 침대 열차표를 사기 위해 람세스 중앙역의 '레스' 매표소로 갔다. 이곳 역시 북새통을 이루고 있었다. 내 차례가 되자 직원은 내 얼굴을 빤히 쳐다보더니 창구를 닫으면서 표가 다 팔렸다고 손사래를 쳤다.

돌아 나오며 보니 다시 창구를 열고 바로 내 뒤에 섰던 사람에게는 표를 파는 것이 아닌가? 명백한 외국인 차별이다. 열차표를 살 수 없을 거라고 역까지 따라와서 멀찍이 기다리던 호텔의 젊은 지배인은 그때야 우리에게 다가와서 정액에다 웃돈을 얹어서 표를 사 주었다. 전형적인 이집트 사업가로 보였다.

카이로에서 룩소르까지는 12시간 정도 걸렸다. 차창 밖으로 보이는 나일강은 흐름이 느렸다. 오르내리는 범선 펠루카와 강가에서 빨래하는 시골 사람들과 강변의 초가들은 옛 조상의 풍요는 잊은 채로 옹색한 살림을 꾸려가는 아낙 같은 느낌을 주었다.

룩소르는 고대 이집트에서 가장 번성했던 도시 '테베'로 한때는 인구가 1천만 명이 넘었고, 나일강을 지배하는 거점도시로 그 화려함이 호머의 『일리아드』에도 묘사되어 있을 정도다. 룩소르 기차역에서 호텔 호객꾼들을 따돌린 후 합승 '비조'를 타고 룩소르 신전으로 갔다. 늘어선 스핑크스를 따라 걸어 들어가 보니 정문 왼쪽으로 하늘을 찌르고 서 있는 오벨리스크가 보인다. 오벨리스크는 두 개가 있는데 다른 한 개는 나폴레옹 군이 탈취해 가서 파리의 콩코르드 광장에 세워 두었다.

카르나크 대신전(大神殿)의 웅자(雄姿)에 더욱더 압도당했다. 아몬 신이 파라오를 감쌌기에 파라오들은 높이 23m의 거대한 기둥 130개가 늘어선 이 거대한 전(殿)을 지어 자신의 위상을 높였다.

피라미드 도시 기자에서 '소리와 빛의 쇼'를 보면서 사막의 밤 추위에 떨었던 생각이 나서 두툼한 겉옷을 입고 갔기에 카르나크의 레이저 쇼를 볼 때는 견딜 만했다. 달이 뜨니 신전의 거대한 기둥들 사이로 이집트 고대의 신(神)들이 나타났다. 우리 부부는 멀리서 고생하며 온 대가로 이집트의 고대 신들을 알현할 수 있었다.

이집트 낙타를 타고
쿠푸왕의 피라미드를 돌아보다

　이집트의 카이로 국제공항 입국장으로 들어서자 경찰이 우리 부부에게 다가왔다. 신분증을 꺼내 보이면서 호텔까지 가서 숙박 상황을 확인해야 한다고 했다. 옆에 있던 택시기사까지 관광국 경찰이라고 확인해 주었다. 기내에서 알게 되어 이집트 여행을 같이하기로 했던 캐나다인 카터 씨 부부도 황당해하기는 마찬가지였다. 미리 호텔 예약도 하지 않은 터라 경찰이 추천하는 하루 2만 원짜리 시내 가든 시티 구역의 중급 가든 팰리스 호텔로 숙소를 정한 후 합승 택시 '비조'를 대절해서 갔다. 나중에 알고 보니 그 경찰은 호텔의 '호객꾼'이었다.

　기자의 피라미드는 카이로시의 서쪽 13㎞에 있다. 숙소에서 출발해 나일강으로 갔다. 이집트의 역사를 쓰면서 이집트 역사의 중인, 흘러가는 나일강이 가장 먼저 보고 싶었기 때문이다. 회색 물빛을 하고 유유히 흐르는 저 웅대한 나일강. 우리는 펠루카 배를 대절해서 강의 중앙에 우뚝 서 있는 게지라섬까지 갔다. 섬에 올라 보니 바나나무가 주종을 이루는 섬은 몹시도 더웠다. 이집트인들의 옷차림을 이해하게 됐다.

　섬에서 돌아 나와 스핑크스를 보러 간다. 어느 곳이나 갈 수 있는 버스가 있다는 타흐리르 광장에서 도키-기자행 83번 버스를 기다렸다. 버스마다 초만원이어서 또다시 길을 건너서 택시로 가기로 했지만, 도로 횡단이 문제였다. 차선도, 신호등도 없는 중심 도로에서 물밀 듯이 지나가는 자동차들 사이를 횡단해야 했기 때문이다. 이곳 사람들은 신호를 지키지 않는다. 아예 무시하고 산다.

우리가 보고 있는 앞에서 길을 건너던 한 부인이 차에 부딪혀서 쓰러졌다. 운전사가 내다보고 몇 마디 하더니 차는 떠났고 부인은 아무 일도 없는 듯이 다리를 절룩이며 차들을 피해서 길을 건너갔다. 우리는 몇 번이나 길을 건너려고 시도하다가 한 노인을 따라서 겨우 도로를 건넜다. 카이로에서 길을 건넌다는 것은 목숨을 내놓는 일이었다.

겨우 '티코' 같은 택시를 잡았지만, 차 안에는 토한 흔적이 있었고, 운전사는 음악을 틀어 놓고 따라 부르고 있었다. 이슬람의 단조로운 영탄조의 음악 소리는 얼마나 크고 무미건조한지. 그러나 운전자에게는 그 음악과 함께 일하는 것이 행복해 보였다. 그래서 차마 음악을 꺼 달라고 말하지 못했다.

차량 정체와 횡단하는 사람들을 피해서 피라미드의 도시 기자에 도착하니 이번엔 택시 요금 때문에 운전사와 승강이가 벌어졌다. 택시기사는 터무니없는 요금을 요구했다. 옥신각신하는 사이에 이미 피라미드 공원 정문은 닫힌 후였다. 아내와 나는 실망이 컸다. 이곳의 피라미드를 보기 위해서 우리가 얼마나 오랫동안 준비했으며 얼마나 먼 길을 왔는가….

한 청년이 다가와서 '마스리'라고 자신의 이름을 밝힌 후 가이드를 제안했다. 이 마을에 살고 있다는 마스리는 우리 두 사람에게 "걱정하지 마세요. 문을 닫아도 피라미드를 볼 수 있어요."라고 말했다.

"어떻게요?"

"입장료와 낙타 타는 값, '소리와 빛의 레이저 쇼(Sound and Light

Show)' 모두 포함해서 1인분 값만 내세요."

"낙타를 타고 어디로 가요?"

"낙타를 타고 피라미드를 돌아가며 보는 거죠. 돌아와서는 스핑크스 앞 일등석에 앉아서 레이저 쇼를 보는 겁니다. 손님들은 오늘 운이 좋으세요."

마스리는 능글능글하게 웃으며 좋은 조건을 제시했다. 아내와 나는 서로 눈을 껌뻑이며 동의했다. 우리는 마스리를 따라 마스리가 산다는 마을로 가서 먼저 낙타를 골랐다. 나는 순하게 생긴 놈을 골라서 아내에게 타라고 했고 간단한 연습 후에 낙타를 탔다. 아내는 무서워했고 낙타를 타고 일어설 때 보니 생각보다 낙타의 키가 매우 컸다.

사자(死者)의 마을(이집트인들은 사람이 죽으면 그이가 생전에 살던 집과 유사한 집을 지어 준다. 사후의 거처인데 이렇게 하다 보니 마을 옆에선 사자의 마을이, 도시 옆에는 사자의 도시가 형성된다) 옆 담벼락을 벗어나니 바로 광활한 사막이었다.

우리가 사막으로 나가니 정복을 입고 낙타를 탄 경관이 다가왔다. 마스리는 얼른 경찰에게 다가가 경찰의 손에 무언가를 살짝 건네주었다. 경찰은 우리에게 볼펜이 있느냐고 물었다. 눈치 빠른 우리도 얼른 볼펜 두 개를 상납한 후 낙타를 타고 흔들거리며 사막으로 나아갔다.

우리 부부가 '사막의 배'인 낙타를 타고 사하라의 석양이 빛나는 피라미드를 돌아보다니, 여행 중에서도 최고의 여행이다. 모래언덕에 올라서니 모래바람이 세게 불어왔다. 모래바람 속에서 쿠푸왕의 피라미드가 웅자를 드러냈다. 평균 3t 무게의 석회석 230만 개를 쌓아 올렸다는 피라미드는 가까이 갈수록 점점 더 무겁게 느껴졌고 그 웅자와 위용은 세월이 가도 한 점 흐트러짐이 없을 것 같았다. 우리가 지금까지 겪은 이집트의 혼돈과 무질서와는 절묘한 대조였다.

마을로 되돌아왔을 때는 낙타의 리듬에도 제법 익숙해져서 "낙타를 한 마리 사서 같이 타고 수단(Sudan)으로 넘어가 보자."라고 의논을 했다. 이곳 낙타 시장에서는 50~70만원이면 좋은 녀석을 고를 수가 있다고 했다.

지나가는 길에는 빵 공장에서 이집트인의 주식인 피타 빵을 샀다. 이곳에서는 빵은 개인 집에서 굽지 않

고 지역 공장에서 구워서 보급한다고 한다. 빵을 파는 녀석은 쌓아놓은 빵 위에 새까만 맨발로 딛고 올라서서 선반 위에 있는 빵을 꺼내왔다. 비위가 약한 아내지만, 오늘 하루 우리는 위생 여부를 가릴 입장이 못 되었다. 빵을 사 들고 레이저 쇼를 보러 자리를 옮겼다.

마스리가 안내해 주는 어느 집 지붕 위로 올라가 앉으니 바로 앞에서 거대한 스핑크스가 은은한 조명을 받으며 앉아있었다. 아랍군이 코를 뜯어가고 영국군이 수염을 뽑아 가버렸다는 사자 몸과 인간의 얼굴을 가진 스핑크스를 바라보며 우리는 빵을 씹으며 허기부터 채웠다. 이어서 음악과 함께 빛이 스핑크스의 얼굴을 비췄고 영어 해설이 뒤따랐다. 우리는 이집트 4500년의 신비를 보면서도 한여름 사막의 밤 추위를 견디지 못하고 쇼가 끝나기도 전에 숙소로 되돌아왔다. 사막의 밤은 해가 지는 순간부터 영하로 떨어진다.

오카방고 습지에서
모코로 통나무 카누를 타고 1

여행기념품: 오카방고 델타 입구에서 산 하마 목조각.
이 녀석이 내가 잠을 자는 동안 내 텐트 옆으로 지나가며 발자국을 남겼다.
– 일러스트: 앤서니 페리[Anthony Perri(Canada)]

세계에서 가장 넓은 습지인 오카방고 델타(Okavango Delta)로 향하는 오늘 아침에는 서양인들이 출발 시간도 되기 전에 모두 차에 올라 있다. 서양인들은 아시아인과는 반대로 저녁에는 잘 먹고 늦게까지 놀다가 아침에는 늦게 일어나는 것이 일상이다. 그런 서양인들이 오늘 아침에는 의외로 일찍 일어나서 설친다. 이번 델타 방문은 그만큼 긴장되는 여정이다. 휴지도 가져가지 못하고 풀잎으로 뒤처리를 해야 한단다. 나미비아의 은크왜시에서 아침 8시 출발 직전에는 억수 같은 뇌우(雷雨)가 퍼붓다가 그쳤다. 이제 우리는 보츠와나로 국경을 넘어 아프리카의 젖어 있는 습지로 들어가 문명과는 당분간 결별하게 된다.

앙골라를 거쳐 약 1,430㎞를 흘러온 오카방고강이 나미비아의 카프리비를 통과하여 보츠와나에 접어들면 부챗살처럼 지류가 뻗어서 퍼지면서 사시사철 마르지 아니하는 습지와 호수를 이룬다. 남한 면적의 1/6에 이르는 광대한 지역에 담겨있는 물은 나미비아의 칼라하리 사막의 모래에 흡수되고 메마른 공기 속으로 증발할 때까지 남으로 흘러간다. 우기에도 물의 깊이가 무릎 아래여서 장대로 저어가는 속을 파낸 통나무 카누만이 접근할 수 있어서 인간의 손길이 닿지 않은 태고의 비경을 간직하고 있다.

가이드의 조수 겸 취사반장인 숀은 운전사 옆에 앉아 '밴드 아프리카'의 토속 음악을 계속 틀어 준다. 우리는 그 음악이 별로였는데 자기 혼자 도취하여 벗은 상체로 율동을 계속하고 있다. 숀은 남아프리카인이다. 손으로는 물소 뿔로 장식을 엮어서 만들고 있다. 이 트럭 '지미'에 치장할 것이다.

"나아배 나아배 둥둥둥 이야해 이야해 둥둥둥."

"나아배."

"이야해."

단조롭고 지겨운 이 음악에 대해 누군가가 한마디 할 법도 한데 델타에 대한 막연한 두려움으로 출정하는 병사들같이 모두 말이 없다.

한국인들보다는 항상 늦게 일어나는 저녁형 인간인 서양인들도 오늘 아침만은 예외 없이 일찍 일어났다. 농담을 즐기는 노르웨이의 닐스가 큰소리로 인사를 해도 모두가 미소만 띨 뿐 말이 없다.

델타의 야영을 위해 준비물을 꼼꼼히 챙겼다. 판초 우의, 침낭, 카메라와 여분 배터리, 곤충 기피제(DEET)와 세면도구, 갈아입을 옷도 비닐 속에 넣어 챙겼다. 수염을 깎지 못한 지도 오래됐지만, 아프리카에서 수염을 깎는다는 것은 아프리카를 모독하는 것이다.

잃어버린 손전등은 델타 진입 이전에 구할 수 있어야 할 텐데 맘에 걸린다. 마실 물도 걱정이다. 서양인들은 대부분 정수제(淨水劑) 알약을 가지고 다니면서 아무 물에나 넣어 정수해서 마시므로 물 걱정을 하지 않지만, 나는 마실 물도 3ℓ짜리 생수 4통은 준비해야 한다.

"화장지 가져가야 해요?"

"아니요. 풀잎으로 처리하세요."

요한의 대답이다. 서울에서 용기를 내어 참가한 임 씨 부부는 결국 델타 탐험을 포기하고 말았다. 스와콥문트에서 흑인 거주 지구 방문 때 옮은 피부병으로 델타의 생활에 자신이 없었다. 임 씨 부부는 이곳 은개피에서 우리가 돌아올 때까지 야영하며 기다리기로 했다. 의사소통이 불편한 이 한국인 부부를 위해 몇 가지 취사도구와 함께 손도 같이 내렸다.

"여기까지 와서 오카방고를 포기하다니…"

마리안느가 몹시 서운해했다. 남편 자살의 충격에서 벗어나고자 아프리카 여행을 택한 자신의 처지보다는 델타를 포기한 임 씨 부부를 오히려 동정하고 있었다.

마항고를 지나 보츠와나 입국은 비자 발급비를 130불이나 지불해서

인지 쉬웠다. 국경을 넘으니 도로변에는 당나귀가 많이 보였다. 차가 접근하여 경적을 울려도 당나귀들은 꼼짝도 하지 않고 길을 비켜 주지 않았다. 한스가 내려가서 손으로 당나귀를 떠밀어 낸 후에야 차는 다시 출발했다. 당나귀는 한두 마리가 아니라 떼로 몰려다녔다.

델타 지역 곳곳에는 캐빈을 지어 놓아 위급 시 사용하도록 준비해 두었다. 우리는 브로스키 캐빈에 도착하여 사륜구동의 군용 트럭에 짐을 옮겨 실은 후 적재함 위에 올라 긴 나무 의자를 펴고 앉았다. 델타의 엣샤(Etsha) 6번 지점을 향해 달려갈 때 수풀의 키가 높아 차량의 뒤에 탄 우리의 얼굴을 때렸다. 스쳐 지나가는 나뭇잎 사이에는 손가락 길이만 한 가시가 달려있어서 자칫하면 다칠 것 같아 모두가 차 위에 바싹 엎드렸다.

다시 모터보트에 나눠 탔다. 보트는 파피루스 사이의 좁은 물길로 굉음을 울리면서 나아갔다. 파피루스에 몇 번 얼굴을 얻어맞고는 모두 바닥에 바짝 엎드렸다. 곁눈질로 바라보는 곳곳에는 수련이 끝없이 피어서 우리를 스쳐 가고 있었다. 나는 델타에는 김해평야처럼 삼각주에 농사를 짓는 논이 펼쳐져 있을 것으로 예상했으나 사람 키 높이 정도의 파피루스 사이에 난 물길 외에는 사람의 손이 닿은 흔적이 없다.

우리를 맞이하는 현지 흑인 원주민들은 마치 리빙스턴 시대의 원주민들처럼 우리에게 봉사했다. 짐을 날랐고 재빨리 통나무를 어깨에 메고 와서 우리가 앉을 자리를 만들어 주었으며 모닥불을 피워 옥수수 죽을 끓이고 새카맣게 그을린 주전자로 커피를 끓이고 텐트를 쳤다.

우리의 식사가 끝나기를 기다리던 흑인 원주민들은 우리가 남긴 음식을 어둠 속에서 비를 맞으며 먹었다. 우리는 모두 머리에 토치 라이트를 달고 있어서 델타의 칠흑 같은 어둠이 오히려 낭만을 더해 주었지만, 그들은 손전등은 엄두도 내지 못했다. 그러나 마치 야생 동물같이 어둠에 적응하고 있어서 불을 켜고 다니던 우리 중에서 누군가가 넘어졌지만, 그들이 넘어지는 것은 보지 못했다. 그들은 어둠의 일부였다. 나는 여분의 배터리를 그들 중 한 명의 손에 쥐어 주었다.

속을 파낸 통나무 카누인 모코로에 올라가 균형을 잡고 앉으니 원주민 폴러(Poler, 장대로 땅을 밀어 저어 나가는 뱃사공)가 긴 장대로 땅을 밀어서 키 높이로 자란 파피루스 사이를 저어 나갔다. 원주민 폴러의 숨소리까지 들리는 고요함과 모코로의 흔들림 속에서 한없이 피어있는 수련 사이를 미끄러져 가며 나도 모르게 스르르 한낮의 시에스타(siesta, 낮잠) 속으로 빠져들어 갔다. 초등학교 시절에 흑백 사진 속에서 보았던 백인인 리빙스턴 박사와 흑인 원주민 중에서 나는 내가 흠모했던 리빙스턴 박사보다는 원주민에 내가 더 가깝다고 생각했었는데 이제 아프리카에 와서 보니 다름 아닌 내가 바로 리빙스턴이었으며 원주민의 왕이었다. 리빙스턴과 왕의 시에스타는 달콤했다.

하마와 코끼리 떼를 보았고 가없는 호수를 유영하는 악어와 수련 잎 위에 꼼짝 않고 앉아있는 새끼 악어의 눈빛도 보았는데 우리의 모코로가 다가가도 움직이기는커녕 짓궂은 미소를 띠며 나를 바라보고 있었다. 아프리카 대륙의 북단 이집트에서 보았던 바로 그 파피루스가 사막으로 허리가 끊긴 아프리카 대륙의 남쪽에도 있어서 이곳이 같은 아프리카 대륙이라는 사실을 말해 주고 있었다. 그 사이를 날아다니는 각종 새와 튀어 오르는 물고기를 낚아채는 독수리까지, 델타는 끊임없이 변하고 있었다.

습지의 풀밭에 피워 놓은 모닥불에 젖은 몸을 대강 말렸다. 이미 저녁이 되어 어스름이 찾아들기 시작했고 붉은 낙조가 이곳으로 떨어졌다. 모두 카메라를 들고 낙조를 보며 탄성을 지르고 있다. 녹색의 초원에 찾아든 어둠 위로 내리는 저녁노을은 너무나 붉고 붉어서 진홍의 감동을 안겨 주었다.

우리도 이곳의 습한 환경과 모기떼에 적응이 되었다. 아프리카에서는 최대한 모기에 물리지 않도록 노력해야 한다. 곤충 기피제(DEET)를 바른 팔 위로 모기가 물지는 못하고 스멀스멀 기어 다닌다. 다른 한국인들은 이미 다들 텐트로 들어갔고 나와 서양인들은 모닥불을 가운데 놓고 둘러앉아서 요한의 유럽 자전거 일주 여행 얘기를 들었다. 이들에게는 스포츠맨이 곧 영웅이다. 원주민들도 어디론가 가 버렸고 우리도 곧 텐트 속으로 들어갔다. 약간 눅눅하기는 해도 짙은 풀 위의 야영은 포근한 침대 위에서 자는 것 같아서 꿈속으로 곯아떨어졌다.

오카방고 습지에서
모코로 통나무 카누를 타고 2

오늘은 부시 캠프로 이동하는 날이다. 일어나니 어느새 원주민들이 아침 식사를 준비해 놓았다. 우리가 텐트 밖으로 나오자 나의 텐트를 걷어 주었다. 식후에는 모코로를 타고 출발했다. 모코로 한 배에 두 명씩 타고 원주민 한 명이 배의 가운데 서서 긴 막대로 노를 저어 갔다. 막대기(pole)로 노를 젓는 사람이라는 뜻으로 그들을 '폴러'라고 부른다. 내가 탄 모코로의 폴러(Poler, 장대로 배를 저어가는 뱃사공)인 레퍼드(표범이라는 뜻)는 영어를 유창하게 구사했다. 몸은 근육질로 다져져 있었고 미소가 순진하다. 우리의 일행이 탄 모코로 11대는 좁은 수로를 따라 다른 부족 정벌을 위해 출정하는 전사들같이 일렬로 소리 없이 나아갔다.

모코로가 유일한 교통수단인 수로에서는 가끔가다 모코로를 타고 다가오는 원주민이 있으면 수로가 좁아 한쪽으로 비켜 주어야 했다. 그러면 스쳐 지나가곤 하였다. 양산으로 햇빛을 가리며 아기를 안고 있는 부인은 어디론가 출타를 하는 것 같았다. 두어 시간을 저어 가다가 쉬기 위해 습지에 내렸다. 원주민들은 작고 붉은 열매가 달린 나무로 다가가더니 열매를 따 먹기 시작했다. 나도 그들 속에 섞여서 함께 그 물딸기(water berry)를 따 먹었지만, 서양인들은 바라만 보고 있었다.

부시 캠프에서 텐트 치기 좋은 곳에는 동물의 발자국이 뚜렷했다. 발자국을 살펴보던 레퍼드는 엊저녁에 사자가 지나갔다고 한다. 나는 그늘이 좋아서 그 사자 발자국 위에 텐트를 쳤는데 저녁이 되면 좀 무서울 거라는 생각이 들었다. 원주민들은 좀 떨어진 곳에 땅을 파서 임시 화장실을 만들었다. 화장실 사용 중 표시는 나무 막대기를 세워놓는 것으로 한다.

점심 식사 후에는 '아가(Aga)섬'으로 걸어서 사파리(game walk)를 나갔다. 풀은 자라서 무릎까지 오는 광대한 평야를 형성하고 있었고 바닥에는 우렁이(water snail)가 널려 있어 우기에는 이곳이 물에 잠기는 지역임을 말해 준다. 널브러진 우렁이는 밟으면 소리를 내며 부서진다. 이 지방 사람들은 우렁이는 먹지 않는다고 한다. 독이 있다나. 우리나라에서는 우렁이를 먹는다니까 함께 가는 세 명의 원주민 가이드가 모두 놀랍다는 표정을 짓는다. 아마도 이곳은 날씨가 이렇게 더우니 우렁이 속에 풍토병이라도 있나 보다. 영어를 잘하는 레퍼드와는 친해져서 농담도 주고받으면서 따라갔다. 태양의 열기가 장난이 아니다. 이런 기후 속에서 사니 피부가 저렇게 검을 수밖에 없다.

2m가 넘는 거대한 개미집 앞에서 사진을 찍었다. 개미는 아주 작은 잔 개미이다. 이렇게 작은 개미들이 사람 키의 두 배나 됨직한 이런 큰 집을 흙으로 짓다니, 이 또한 자연의 경이로움이다. 어떤 곳에서는 원주민의 집보다 더 큰 개미집도 볼 수 있었다.

신발을 신었는데도 발이 뜨거워 서 있을 수가 없다. 조금만 더 있으면 전신이 햇빛에 구워질 것 같다. 날씨가 너무 더워 모두 캠프장으로 돌아갔다가 오후에 다시 나오자고 의견 일치를 보아 캠프로 다시 돌아왔다. 레퍼드도 이때는 동물들도 그늘에서 쉬거나 낮잠을 잔다고 한다.

점심을 먹고 낮잠을 잔 후에 수영하러 갔다. 수영복을 입고 모코로를 타고 2㎞ 정도를 갔더니 여기서 수영을 하란다. 물 깊이가 겨우 무릎 정도인 수로이다. 물은 맑았다. 그래도 우리는 모두 배에서 내려 수련과 갈대와 파피루스 사이에서 철벙철벙 물에 잠겼다. 갑자기 영국 아가씨가 "킴, 뱀이야! 뱀!"이라고 소리친다. 옆으로 돌아보니 뱀이 내 쪽을 향하여 헤엄쳐 오고 있다. 물뱀은 독이 없지만, 얼른 배 위로 올라탔다. 뱃전으로 물뱀이 지나간다.

영국인 더그의 목에는 큰 거머리가 붙었다. 그러나 폴러는 거머리를 떼어내지 못하게 한다. 바로 떼어내면 흡착판이 떨어지지 않고 살에 계속 달라붙어 있어 다른 질병을 유발할 수 있다고 한다. 소금으로 자연스럽게 떨어지게 해야 한단다. 거머리는 피를 빨아 먹고 크게 부풀어 올랐고 더그의 피가 목 아래로 줄줄 흐른다. 보기에 거북하다. 우리나라에서도 거머리가 붙는 경우가 있지만, 대부분 그 자리에서 떼어내지 않았던가? 캠프까지 와서 사진을 찍고서야 소금을 바르니 거머리가 떨어졌다. 참을성이 대단하다. 한 원주민 여자 폴러가 날카로운 나무 꼬챙이로 그 거머리를 꽉 찔러 버린다. 좀 잔인하다는 생각이 든다.

5시에는 저녁 사파리(game walk)를 나갔다. 곧 사자 4마리가 걸어가고 있는 것이 포착되었다. 무릎까지 오는 풀로 뒤덮인 이 초원에서는 동물이 있다 해도 예사로 놓치기가 십상이다. 원주민 사파리 가이드인 '파크'는 사자와 코끼리와 원숭이를 잘도 찾아내어 최대한 근거리까지 조용히 접근해서 설명해 준다. 동물이 멀리 있으면 가는 방향을 앞질러 가서 미리 기다리고 있다가 사파리를 한다. 어미 사자 두 마리가 새끼 두 마리와 느릿느릿 걸어가고 있다. 선두 가이드는 즉시 우리의 접근을 막았다. 새끼를 가진 동물은 가까이 다가가선 안 된다고 한다. 자연 속에서 보는 사자의 위용이란! 위엄 있고 사위를 지배하는 눈초리는 맹수의 왕 그대로다.

사자 옆에서 한참을 보다가 평야를 가로질러 다른 숲으로 갔다. 코끼리 두 마리가 나무를 넘어뜨리며 놀고 있었다. 너무 가까이 다가가서 위협을 느낄 정도였다. 이 아프리카코끼리는 키가 1.5m에 하루에 나무뿌리, 풀, 잎, 과일과 나무껍질 등 260kg 분량의 식사를 매일 먹어 치운다고 한다. 우리는 재빨리 바람의 반대 방향으로 숨어서 가까이 다가갔다. 어떻게 우리의 존재를 눈치챘는지 코끼리는 곧 숲속으로 들어가 버렸다.

돌아오는 길에는 바분(baboon)원숭이 여러 마리가 이 나무에서 저 나무로 꽥꽥 소리치며 옮겨 다니며 놀고 있었고 개미귀신도 보았다. 하마의 발자국을 따라 한참을 갔으나 하마는 놓치고 말았다. 새들은 자기의 소리와 몸짓으로 낙원을 노래하고 있었다. 코끼리는 너무 가까이 다가와 있어서 위협을 느낄 정도였다.

마카로니 국수와 옥수수죽으로 저녁 식사를 마칠 때쯤 비가 쏟아졌다. 우리는 재빨리 방수 플라이를 쳤지만, 이미 늦었다. 오늘 저녁도 푹 젖은 채로 자야겠다. 비만 그치면 불을 피워서 좀 말릴 수도 있겠지만, 그럴 가능성은 없어 보인다. 원주민들은 내리는 비와 어둠 속에서 우리가 남긴 옥수수죽을 먹고 있다. 나는 텐트의 문을 조금 열고 전등을 빌려주려고 한 사람을 불렀다. 자기도 손전등은 있지만, 배터리가 없단다. 나는 내 여분 배터리를 살며시 쥐어 주었다. 전등 불빛 속에서 그들은 저녁을 맛있게 먹는다. 내리는 비는 이들에겐 문제가 되지 않는다.

나는 전등을 켜서 텐트의 천장에 매달고 책을 읽었다. 아프리카의 영적인 지도자인 데스몬드 주교의 기도집이었다. 나무 그늘에서 느긋하게 읽으려고 케이프타운에서 샀지만, 여정이 바빠서 한 장도 읽지 못한 책이었다. 텐트 위로 떨어지는 빗소리를 들으며 잠으로 빠져들었다.

아침에 일어나니 날씨가 좋았다. 이곳 지리도 익숙해졌으므로 혼자서 사파리를 나갔다. 건기라 바싹 마른 우렁이 껍데기는 여전히 발에 밟혀서 부서지고 성긴 풀이 이어진 지평선으로 벌써 햇볕이 따갑다. 모자를 쓰지 않고 그냥 나갔더니 이제는 견딜 수가 없어 다시 캠프장으로 돌아왔다. 이미 아침 식사 준비가 되어 있어서 모두 아침 식사를 시작하던 참이었다. 나는 커피부터 마셨다. 더운 곳에서 뜨거운 커피를 후후 불어 마시니 커피의 맛이 난다.

가이드 파크는 오늘은 다른 방향으로 사파리를 간다고 했다. 아프리카에 오니 만나는 사람마다 5대 동물을 봤느냐고 하며 "Big five, big five!"라고 말했다. 즉, '5대 동물'을 외쳐 댔다. 나는 이 오카방고에서 5대 동물인 물소, 코끼리, 사자, 표범, 코뿔소를 보았는데 이제 하마만 보면 빅 파이브(big five)를 다 본다. 가이드를 졸라서 사정을 이야기하고 하마를 보러 갔다. 이곳은 3월부터 물이 차기 시작하여 무릎 아래까지 모두가 물에 덮이므로 모코로 통나무 카누가 아니면 움직일 수 없다. 지금은 건기라 하마의 발자국을 찾아가자고 한다. 하마 발자국을 따라가니 거대한 배설물은 종종 눈에 띄는데 하마는 종적이 없다. 결국은 하마는 보지 못하고 되돌아왔다. 이제 베이스캠프로 되돌아가야 한다.

원주민이 해 주는 마지막 점심을 먹었다. 역시 옥수수죽이다. 1시에 모코로를 타고 베이스캠프를 향해 출발했다. 내가 탄 모코로의 폴러 (뱃사공)는 흑인 아주머니다. 치맛자락을 휘날리며 긴 장대로 물을 밀치며 나아가는 모습이 낭만적이다. 누군가 한국인의 입에서 구성진 가락이 흘러나온다.

"낙도오옹강 강빠아라라암에 치마폭을…."

한국인들은 모두가 합창했고 서양인들도 흥미 있게 즐긴다. 지금 우리는 힘들었던 델타의 적응을 경험하고 베이스캠프로 귀환하는 승리의 용사들이다.

우리는 다시 모터보트로 바꿔 탔다. 수로(水路)는 사람의 어깨너비 정도로 파피루스 속에 묻혀 있다가 우리가 다가가면 나타나서 길을 내준다. 약간 너른 곳이 나타나자 선장이 독수리를 유혹하자며 낚싯대를 꺼낸다. 나는 여행 중 물이 있는 곳이면 어디건 낚시를 했는데 이곳 오카방고에서는 낚시할 기회가 없었다. 그런데 드디어 때가 왔다. 낚싯대를 모두에게 나누어 주고 한 시간의 시간 여유를 주었다. 미끼는 지렁이 생미끼다. 나는 흐름이 약한 수로에서는 먼 곳에서 노는 고기를 유혹하는 방법을 알았다. 살아서 움직이는 작은 미끼를 사용하는 것이다. 모두 커다란 지렁이 한 마리씩 끼워서 사용하는 것과 대조가 된다. 아니나 다를까, 내 낚싯대에 먼저 신호가 오고 손바닥만한 고기가 올라왔다. 곧이어 또 올라온다. 정해진 시간에 여섯 마리를 낚았다. 다른 사람은 고기 손맛을 본 사람이 아무도 없었다. 모두 축하해 주었다.

호수로 나오자 보이지 않는 호수의 수평선으로 수련이 깔려 있고 곳곳이 갈대숲이다. 마침 우리의 모코로가 멈춘 곳에서 새끼 악어가 우리를 노려보고 있다. 개구리보다 약간 큰 녀석이어서 내가 갈대를 꺾어서 간질여 주었다. 그러자 노르웨이인인 닐스(Nils)가 욕설을 한다.

"퍼킹, 퍼킹."

자연 속에 있는 생물을 왜 손을 대느냐는 얘기였지만 생각해 보면 나쁜 놈이다. 낚시할 때 내가 고기를 여섯 마리 낚는 동안 한 마리도 못 낚더니, 그동안 야생에선 자기가 왕이라고 큰소리를 치더니 한 마리도 낚지 못하고 주눅이 들어 있던 차에 그 복수를 하는 거였다. 그동안 닐스는 해양인으로 자처하며 많은 무용담을 여러 사람 앞에서 종종 늘어놓은 떠버리였는데 낚시에서 한국인에게 참패를 당하고 앙갚음을 하는 것이다. 지금까지 오지 여행을 같이하면서 동양인을 얕잡아 보다가 낚시에서 한국인에게 한 방 먹고 속으로 끙끙 앓고 있었던 것이다. 앞으로 노르웨이로 귀국하면 여행사를 경영하겠다고 하더니 그의 여행사에 여행을 신청하는 사람이 이번 일행 중에서는 없을 것 같다.

나는 우리 팀끼리 책을 한 권 출판하자고 이미 팀원의 찬성을 얻어 자료를 수집하고 모두가 자기의 여행기를 적어 가고 있는데 닐스라는 노르웨이 공동 여행 작가 한 사람을 잃은 것이 안타까웠다.

너무 더운 날이라 오늘은 바짝 구운 생선이 되었다. 아프리카의 태양과 물과 지상에 반사되는 반사광이 노란 동양인을 발갛게 태워 놓았다. 반사 온도 46℃. 베이스캠프에 도착하자마자 먼저 맥주를 들이켜고 샤워를 했다.

오늘은 강변의 모래밭에 텐트를 쳤다. 하마가 지나간 발자국이 선명했다. 가이드는 텐트 속에 있으면 해치지 않는다고 한다. 내 새 옷을 넣어둔 보따리를 누군가가 차에 그대로 그냥 두고 내려서 땀에 젖은 옷을 입은 채로 견뎠는데 오늘도 옷은 갈아입지 못했다.

은게피에서 피부병으로 델타 탐험을 빠졌던 임 사장 부부와 합류했다. 건강하고 더 활발해 보인다. 남아프리카 공화국 출신인 요리 담당 숀은 영어가 불편한 부부를 우리가 오카방고로 갈 동안 돌보아 주러 이곳에 남아 있었다. 그동안 한국어를 익혔다.

"안녕하세요. 감사합니다."

남미 볼리비아 마녀 시장에서
코카잎을 사다

여행기념품: 마녀 시장에서 산 볼리비아 전통 술병.
600원으로 값은 쌌으나 집에 와서 풀어보니 주둥이가 깨져 있었다.
– 일러스트: 앤서니 페리[Anthony Perri(Canada)]

　우리나라에서는 양귀비, 아편, 코카인은 마약으로 분류되어 사용이
엄격하게 금지되어 있다. 그러나 이곳 볼리비아 고산 지대에서는 코카
인이 주성분인 코카잎은 서민들의 생필품이다. 코카잎을 씹으면 배고

픔과 피로감을 잊을 수 있다.

비행기가 볼리비아의 수도 라파즈에 착륙하고 입국 절차를 밟는 동안 속이 메스껍고 머리가 아픈 고산증을 느꼈다. 겨우 호텔까지 찾아가서 방에 체크인하자마자 우리 부부는 그대로 침대 위로 쓰러졌다. 고산병이 우리를 덮친 것이었다. 한 걸음도 내디딜 수가 없었다. 머리가 어질어질하고 메스껍고 구토가 나며 세상이 빙빙 돌았다. 고산병을 말로만 들었지 이렇게 심할 줄은 몰랐다.

한 시간 정도 쉰 후에 호텔 프런트에 가서 사실을 말했더니 호텔 직원은 금방 알아차리고 코카잎을 씹어 보라고 권한다. 코카잎이면 코카인이 든 마약 아닌가? 어쨌든 이분들이 권하니 병원으로 가기보다는 우선 코카잎을 씹어 보기로 했다. 언덕길을 따라서 시장이 형성되어 있었다. '마녀 시장'이라 무엇이든 구할 수 있다. 우리는 원주민 할머니로부터 코카잎 한 주머니를 샀다. 잎 서너 개를 입에 넣고 씹기 시작했다. 희한하게도 머리가 점차 맑아 오기 시작한다. 기분도 좋아진다. 야, 코카잎이 특효약이구나.

고산병에 대한 자신감을 얻은 아내와 나는 호텔을 나와서 마녀 시장 골목길을 따라서 천천히 내려갔다. 라파즈의 명물 시장이긴 했지만 우리는 곁눈으로 보면서 오늘의 관광 포인트인 '달의 계곡'으로 향했다. 산 프란시스코 사원 앞의 큰길로 나서자 복작대는 인파 사이로 라파즈 서민들의 발인 합승 봉고 '미끄로(micro, 차비는 한화 약 150원)'의 차 문에 매달린 차장 소년의 쉰 목소리가 들려왔다.

"쁠라자 까또리까(카토리카 광장 가요)!"

마치 "중앙동, 중앙동!"을 외치며 손님을 차 안으로 밀어 넣던 부산의 옛 버스 차장을 만난 것처럼 나는 아내의 등을 밀어서 태운 뒤 현지인들 틈에 비집고 앉았다. 낯선 동양인 부부를 신기한 듯 바라보는 원주민들에게서는 부산의 만원 버스에서와 같은 냄새가 났다.

"라 까토리까, 뽈 파볼(카토리카 광장에 내려주세요)."

"씨(네)!"

시내 관광버스가 출발하는 이사벨 라 카토리카 광장에 도착하여 타고내리는 것이 자유로운 1일 관광 버스표를 샀다. 미화로 6달러였다. 이 나라 경제 수준으로 보아서는 꽤나 비싼 편이었다. 주민이 상용하는 생필품과 서비스 요금은 아주 싼 반면에 외래 관광객이 사용하는 요금은 상대적으로 비싼 이중적인 물가 구조였다. 2,000~3,000원이면 하룻밤을 도미토리에서 잘 수 있고 500원이면 고기가 가득한 곰탕을 먹을 수 있다.

우리 부부의 경우 음식은 주로 시장이나 길거리에서 사 먹고 잠은 중급 호텔에서 잤지만, 하루 평균 지출은 4만 원 미만이었다. 그만큼 돈 걱정 없이 맘 편하게 여행할 수 있는 곳이었다. 간식으로 볼리비아인들이 즐겨 먹는 마니오카(감자와 고구마의 중간으로 카사바라고도 한다) 튀김과 생수를 샀다. 남미에서는 생수를 살 때는 반드시 'sin gas' 표시를 확인해야 한다. 같은 생수라도 'con gas'는 강한 탄산수이기 때문이다.

광장에 앉아 마니오카를 깨물면서 지나가는 사람들을 바라보는 것도 또 다른 재미였다. 볼리비아인들의 몸집은 우리보다 작았고 피부는 까무잡잡했다. 특이한 전통 복장의 인디오 여성들이 자주 눈에 띄었는데 고깔모자에 양 갈래로 머리를 땋아 내리고 펑퍼짐한 치마에 보따리를 짊어지고 있다.

여름옷과 두꺼운 겨울옷을 입은 사람들이 뒤섞여 있어서 입성으로 봐서는 계절을 알 수 없는 곳이었다. 우리도 내리쬐는 한낮의 무더위와 밤이면 뚝 떨어지는 기온을 예측할 수 없어서 옷을 여러 벌 껴입고 다녔다. 마침 우기철이라 오후마다 쏟아지는 비를 피하기 위한 우산 또한 필수품이었다.

2층 관광버스의 맨 앞자리는 관광하기에 더없이 좋았다. 카토리카 중앙로인 앨프가를 지나가니 오랜 스페인 통치로 인해 세워진 스페인풍의 기마상과 영웅상이 나타나 마치 남부 스페인의 어느 도시를 지나는 것 같았다. 잉카 제국의 일부였던 볼리비아는 1532년에 피사로가 이끄는 스페인군에 정복당해 식민지가 되었다가 1824년이 되어서야 독립했다.

버스에서 제공하는 이어폰 해설은 스페인어, 영어, 독일어, 불어, 이탈리아어, 포르투갈어 등 6개 국어와 동양어로는 유일하게 일본어만 들려주었다. 하지만 남미에서는 시내를 굴러다니는 택시 5대 중 한 대가 대우의 구형 티코여서 우리의 국력도 대단하다는 생각이 들었다.

드디어 '달의 계곡(Valle De La Luna)'에 도착했다. '달의 계곡'은 이름 그대로 계곡이 아니라 모래 바위가 안데스 강풍에 풍화되어 기암괴석을 이룬 곳으로 원주민들은 이곳을 황무지라고 불렀다. 첨탑과 단애, 온갖 형상의 바위가 미로와 협곡을 이루고 있었고 태양의 방향에 따라 시시각각 변하는 그림자는 어느 외계의 파노라마를 연출하고 있었다. 라파즈 시내의 혼잡한 인간사를 떠나 마치 달의 표면에 서 있는 것만 같았다. 원주민들은 각 바위에 바위의 모습에 따라 '좋은 할아버지', '골짜기의 벽', '비스카차 명상', '남쪽의 창', '부인의 모자', '어머니의 달', '반사하는 골짜기', '새의 노래', '악마의 전망대' 등의 이름을 붙여놓았다. 달의 계곡에서 한나절을 보내고 라파즈로 되돌아오는 버스에

서 우리 부부는 각자의 상념에 빠져서 말이 없었다. 사람 사는 세상에
이런 곳도 있었구나.

빅토리아 폭포에서
신(神)의 음성을 들으며

여행기념품: 나의 큰 수건과 맞바꾼 짐바브웨 지도자 목상. 이분의 이름은 생각나지 않는다.
– 일러스트: 앤서니 페리[Anthony Perri(Canada)]

빅토리아 폭포로 달려간다. 미국과 캐나다의 국경을 접하고 있는 니
이아가라 폭포의 웅장함에서 뿜어져 나오는 무한대의 그 힘, 브라질과
아르헨티나의 국경을 이루는 이구아수 폭포의 대지를 장악하는 섬세

한 물줄기들, 빅토리아 폭포는 과연 어느 쪽에 가까울까를 상상하면서 차창 밖을 유심히 본다.

보츠와나 초베(Chobe)강 강변의 카사네(Kasane)에서 아침 일찍 출발하여 국경을 통과하여 세계 3대 폭포인 짐바브웨의 빅토리아 폭포(Victoria Falls)에 가기까지는 약 2시간 정도 걸렸다. 나는 사바나 로지 호텔에 여장을 풀자마자 서둘러 빅토리아 폭포로 향했다.

호텔의 정문을 나서자 아이들이 몰려와서 기념품을 사달라고 졸랐다. 비굴하거나 미안한 표정은 없고 당당한 표정에서 짐바브웨의 첫인상을 읽을 수 있다. 다음에 만나자며 손을 뿌리치고 서둘러 폭포로 향했다. 내려가는 길에 '바오바브(Baobab) 초등학교' 정문을 지나가려니 『어린 왕자』 생각이 났다. 신성한 바오바브나무는 5천 년을 넘게 살고 "어른이 되는 건 시시해진다는 것이야."라는 독백을 남긴 어린 왕자가 사는 행성에는 별보다 더 큰 바오바브나무가 있었다. 이 초등학교에도 '어린 왕자'가 있을까? 틀림없이 '바오바브나무'는 있을 것이다.

빅 폴은 북미의 나이아가라 폭포나 남미의 이구아수 폭포와는 달리 건너편 언덕에서 보는 수밖에 없다. 나이아가라 폭포는 엘리베이터를 타고 내려가 폭포 안에서 밖을 내다보거나 '안개의 처녀 호'를 타고 물줄기 가까이 접근해서 관광할 수 있지만, 빅 폴은 거대한 잠베지강 협곡을 향하여 150m의 수직으로 낙하하는 물줄기인데 이렇게 낙하하는 물줄기는 인간의 접근을 아예 차단하고 있기 때문이다.

사람들은 빅 폴은 세 가지 방법으로 보아야 한다고 한다. 짐바브웨에서 본류를 바로 보거나 잠비아 쪽으로 넘어가서 더욱더 가까이 폭포에 접근하거나 리빙스턴시로 가서 헬리콥터를 타고 보는 세 가지이다.

먼 대한민국에서 어렵게 여기까지 온 나는 오늘 하루 만에 이 세 가지 방법으로 폭포를 보고 싶었다. 먼저 잠베지로 가야 한다. 나는 서둘러 잠베지의 이민국이 있는 '레인보우 브리지'로 갔다. 다리 위는 번지점프를 즐기는 사람들로 야단법석이었다. 1회 점프에 90불이었다. 한 여성이 떨어지면서 내는 고함은 약 110m의 계곡 아래로 멀어져갔다. 번지점프는 포기하고 발걸음을 재촉하여 이민국에서 미화 10불을 지불하고 싱글 비자를 받은 후 줄지어 서 있는 택시를 탔다. 운전사는 합승할 사람을 기다렸다가 손님이 좌석을 다 메우자 출발했다. 과거에는 우리도 이랬던 적이 있었지. 잠비아의 빅 폴 입구는 호객에 여념이 없는 기념품 상인들로 붐비는 관광지 입구였다.

날씨가 무더워 우산과 비옷을 대여하지 않고 바로 폭포로 향했다. 작은 물줄기 하나가 나무숲 뒤로 보이더니 이내 폭포의 웅자가 드러나기 시작했다. 수많은 물줄기가 비단 장막으로 떨어져 내리는 위로 선명한 무지개가 몇 개나 떠 있었다. 물보라로 인해서 미끄러운 바닥을 조심하며 길을 따라 설치된 보도와 전망대에 들러서 사진을 찍으며 나아갔다. 물거품 위에 피어난 만들어진 쌍무지개 속을 통과하여 폭포로 더 가까이 접근해 가니 굉음이 귀를 먹먹하게 했다.

폭포에 정신이 팔려서 걸어가고 있는데 갑자기 어깨로 검은 손이 넘어와 내 쌀 주머니를 덮쳤다. 돌아보니 나보다 더 큰 원숭이가 버티고 서있다. 쌀이 쏟아져 길바닥에 흩어졌고 놀란 나는 얼른 그 자리에서 도망쳤다. 나는 해외여행을 할 때 비상식량으로 찐 쌀을 준비해 다닌다. 보존하기도 좋고 오래 씹을 수 있어서 좋은 간식거리이다. 오늘도 찐쌀을 씹으면서 가는 중이었다.

원숭이에게 시간을 빼앗길 시간적인 여유가 없다. 얼른 원숭이를 피해서 다시 보도를 따라갔고 전개되는 폭포의 경이감에 도취하여 연신 셔터를 눌러댔다. 이런 식으로 사진을 찍다 보면 폭포보다는 카메라 렌즈를 쳐다보다가 관광이 끝나겠다. 실제로 여행 후일담에서 나눈 이야기를 보면 카메라 렌즈만 쳐다보다가 귀국했다는 사람들이 의외로 많았다.

날씨가 더워 비옷을 대여하지 않고 와서 계속 떨어지는 물방울로 몸이 젖어 추위가 느껴졌다. 시간이 되어서 돌아 나올 때 아까 그 원숭이가 새끼들을 데리고 앉아서 흩어진 쌀을 한 알씩 주워 먹고 있는 것을 보고 얼른 피해 나왔다. 그 녀석은 폭포 입구에 자리를 잡고서 멋모르고 폭포에만 열중하는 세계의 관광객에게 많은 물건을 탈취했을 것이다. 명당에 자리 잡고 앉아서 세계 각국의 간식을 먹을 수 있는 잠비아 원숭이는 머리가 좋다.

오늘 헬리콥터 투어는 취소해야 했다. 시내의 '바오바브 헬리콥터 회사까지는 거리가 10㎞ 남짓하지만, 폭포를 보는 재미에 빠져 있다가 정신을 차리고 보니 출입국 시간이 촉박하여 짐바브웨로 재입국했다.

황혼 녘, 짐바브웨에서 보는 빅 폴의 본류는 장엄했고 그 소리는 지상의 소리가 아니라 신의 음성이었다. 원주민들도 빅 폴을 '신의 음성'이라고 한다. 안내도를 보며 오솔길을 따라서 걸어가니 탐험가 리빙스턴 동상이 폭포를 보고 서 있었다. 자세히 둘러보니 곳곳에 그의 자취를 기록한 팻말이 보였다. 의료 선교사로 아프리카의 오지에서 전도 사업을 펼치면서 빅토리아 폭포와 잠베지강을 발견했고, 흑인의 노예 매매 실태를 폭로함으로써 흑인의 노예무역 금지에 공헌한 큰 업적을 남긴 리빙스턴. 사람들은 호텔, 거리 외에도 도시에 그의 이름까지 붙여서 그를 기리고 있었다.

리빙스턴 박사를 닮은 백인 남성이 사진을 찍고 있다. 사파리 모자를 쓰고 콧수염을 기른 여지없는 리빙스턴 박사의 모습이었다. 나는 특유의 유머와 장난기가 발동해서 먼저 말을 걸었다. 탐험가 스탠리가 리빙스턴 박사를 찾아 밀림을 헤매다가 박사를 만났을 때 한 그 유명한 대사를 써먹었다.

"리빙스턴 박사가 아니십니까(Dr. Livingston, I presume)?"

"당신은 스탠리 씨이지요(You must be Mr. Stanley)?"

그분도 즉석에서 말을 받아 주어 리빙스턴 박사가 되었고 나는 졸지에 스탠리 기자가 되었다. 주위에 있던 관광객들 모두가 크게 웃었다. 나중에 이 미국인을 다시 만났는데 한국전 참전 용사였고 한국을 다시 방문한 적은 없지만, 뉴스를 통해 한국의 발전상을 잘 알고 있다고 하였고 인천과 문산을 기억하고 있었다.

저녁은 아프리카 야생 동물 요리(game meat)로 유명한 보마(Boma) 식당에서 버펄로, 타조, 영양, 악어 등의 야생 고기 바비큐를 종류별로 조금씩 시식해 보았다. 전통 부족 춤 공연 때는 손님들에게 준비해 준 북을 함께 치며 흥을 맞춰서 놀았다.

내가 사람이 좋다고 애들 사이에 소문이 났는지 내가 호텔 밖을 나서기만 하면 애들이 몰려들었다. 기념품을 쳐들고 뭔가 내 것과 바꾸자고 졸졸 따라다녔다. 이 짐바브웨 아이들의 모습은 어릴 적 나의 모습이었다. 옷과 카메라와 여행 필수품을 제외하고는 모두 다 나눠줘 버렸다. 내 가방은 그들이 준 기념품으로 가득 찼다. 혹시 이 글을 읽는 분이 아프리카로 가시면 여분의 옷이나 생필품 등 가능한 대로 많이 가지고 가서 물물 교환할 것을 권하고 싶다. 공짜로 주면 그들을 멸시하는 것이 되니까.

지금도 우리 집 거실에는 짐바브웨의 이름이 기억나지 않는 지도자의 목상 토르소가 놓여 있다. 이 기념품은 나의 큰 목욕 수건과 맞바꾼 것으로 주위 사람들이 부러워했다. 이 짐바브웨 지도자는 우리 집 거실에 앉아서 매일 나와 일상을 함께하고 있다.

지상에서 가장 복잡한 미로, 모로코 페즈의 메디나에서

여행기념품: 당나귀를 타고 가는 모로코의 모녀.
– 일러스트: 앤서니 페리[Anthony Perri(Canada)]

카사블랑카에서 시외버스를 타고 라파즈, 메크네스를 지나 페즈의
언덕 위에 있는 시외주차장에 닿으니 약 4시간이 걸렸다. 낯선 풍광을
즐기는 것이 여행이지만, 지금은 아내를 동반하고 이곳에 머무는 시간

이 오늘 하루뿐이므로 가이드를 고용했다. 잘생긴 페즈의 청년 가이드는 이름이 모하메드였다.

이곳은 베르베르인이 세운 요새 도시로서 방어가 쉽도록 골목과 건물은 병사들이 한꺼번에 여러 명이 통과할 수 없게 축조되었다. 얽히고 설킨 이 고대 도시에서는 관광객이 길을 잃기 쉽다고 나의 여행 바이블인 론리플래닛에도 설명되어 있다. 또한, 버스도 놓쳐서는 안 된다.

페즈의 메디나(모로코의 도시의 중심지를 부르는 말)는 유네스코의 문화유산으로 등록된 복잡한 고도(古都)였다. 모로코의 이드리스 왕조 때인 801년에 건설된 수도로서 아프리카 대륙의 3분의 1을 차지하고 있는 사하라 사막 북서쪽 이슬람 문화의 중심지였다.

모하메드를 따라 좁은 골목으로 들어서자 먼저 어둠에 익숙해져야 했다. 햇빛이라고는 한 점 들어오지 않게 빈틈없이 들어앉은 점포와 공방, 단순하고 소박한 생필품들과 값싼 플라스틱류를 파는 노점상 등이 빼곡했다. 사방으로 이어진 골목길에는 각종 먹을거리와 짐을 실어 나르는 당나귀, 형형색색으로 차려입은 원주민들에다가 관광객까지 여러 사람이 뒤엉켜서 정신없이 돌아가고 있었다. 이런 곳에도 학교가 있었는데 이슬람 신학대학은 857년에 창립되었고 알 칼라윈대학은 아랍 문예의 중심지라고 했다. 얼핏 초라해 보였던 이들의 삶의 깊은 곳에 역사가 서려 있음에 문득 존경심이 우러나왔다.

한참을 내려가서 큰 장독을 수백 개 묻어놓은 것 같은 가죽 염색터에 도착했다. 이곳은 천 년 이상을 전해 내려오는 유명한 '페즈 가죽' 염색 공장으로, 가죽을 비둘기 똥에 담근 뒤 손과 발로 무두질을 한 후 염료가 든 다른 통으로 옮겨서 염색한다. 염색하는 통에 들어가 염색된 천을 무두질하는 소년들은 허리를 굽힌 채로 묵묵히 일하고 있다. 이들의 꿈은 무엇일까? 혹시나 이들 가운데서도 탕헤르 항의 유럽행 버스 하부에서 돌아가는 타이어 옆에 붙어서 목숨을 내걸고 유럽을 향해 탈출하려는 젊은이가 있지 않을까?

전 세계에서 끊임없이 관광객이 오는 이곳에서 가이드의 생활은 괜찮다고 하며 모하메드는 자기 집을 구경시켜 주었다. 아기자기하게 아랍의 장식과 현대판 전자 기기로 꾸민 집이 아름다웠다. 우리는 골목 안에 자리한 유서 깊은 식당에서 함께 전통 음식을 맛볼 수도 있었다.

요리 솜씨가 좋기로 유명한 모로코인들은 프랑스 식민 통치 기간 동안 프랑스 요리를 적극적으로 받아들였는데 밀가루 전병에 각종 고기를 얹고 과일이나 양파를 덧얹은 음식을 아내는 좋아했고 아프리카 밀을 으깨어 찐 꾸스꾸스(couscous) 역시 좋아했다. 식후에 내온 박하차는 내가 특히 좋아했다.

오늘은 곳곳에 명절 대목장이 섰다. 아랍인들은 라마단 단식이 끝나는 명절(이드 알피트르)을 맞이하면 양을 잡아서 제사를 지낸 후 친척을 만나는 등 우리의 추석이나 설 명절같이 즐긴다. 벌판에 임시로 선 이 시골 장터에도 양을 몰고 사람들이 모여들었다. 양들은 팔려 가지 않으려고 주인의 발아래에 원형으로 머리를 처박으며 몸부림쳤고 사람들은 뒷다리를 들고 떼어내 달구지에 실었다.

명절이 되면 아내가 여럿인 모로코의 남자들은 아내 모두에게 양을 선물해야 한다. 암탉 여섯 마리, 양 여덟 마리, 올리브나무 스물세 그루, 채소밭 두 뙈기에 우물 하나를 가진 무파사드는 몸이 아픈 친구를 돌보다가 얻게 된 둘째 아내에게 통째로 양 한 마리를 사주기 어려워 명절이 되면 저 초원 너머 어디론가 가버리고 싶다고 했다.

우시드는 식육점을 경영해서 둘째 아내에게 줄 양을 이미 준비해 두었고, 모하메드 가이드는 관광객이 많이 와서 올해는 특히 벌이가 좋아서 올해는 세 번째 아내(15세)를 들일 예정이어서 양을 한 마리 더 사야겠다고 오히려 자랑이었다.

우리는 열차보다 요금이 싸고 시간도 잘 지키는 국영 버스 CTM을 타고 4시간 정도 걸려 탕헤르에 도착했다. 탕헤르 항은 지브롤터 해협에 면해 있고 27㎞ 정도 저쪽으로 가면 스페인이니 유럽으로 가는 길목이다. 온몸에 그릇을 주렁주렁 매단 그 물장수들이 전과 같이 우리를 맞이했고 바다에는 물 메뚜기와 숭어 떼가 뛰놀고 있었다. 이번에도 어김없이 스페인으로 밀입국하려고 우리가 탄 버스 밑에 매달려 있던 소년 두 명을 떼어내느라고 버스 출발이 상당히 지체되었다.

모로코의 대도시인 수도 라바트나 카사블랑카와 페즈 등에서는 삼성과 LG의 상품 광고가 자주 눈에 띄었고, 대우자동차의 '라노스'는 경찰차로, 현대자동차의 '소나타'와 '갤로퍼', 기아의 '스포티지'도 심심찮게 눈에 띄었다. 머나먼 외국에서 국산 자동차를 보면 무언가 뿌듯한 기쁨이 있다.

모로코의 물가는 여행자에게는 비싼 편이었고 사진도 맘대로 찍을 수 없었으며 아랍어와 불어가 주로 사용되고 있어서 의사소통에도 어려움이 있었다. 하지만 영화 속의 삶과 중세의 모습이 거의 완전하게 보존된 메디나의 미로에 묻혀 있는 그들의 삶을 언젠가는 꼭 다시 한번 경험해 보고 싶다.

리우 삼바 축제의 무희가 되어

여행기념품: 베야 플로르 삼바 학교의 기념품, 단체 머플러.
– 일러스트: 앤서니 페리[Anthony Perri(Canada)]

　리우의 세계적인 관광 휴양지인 코파카바나 해안은 약 5㎞의 백사장이 이어진다. 파도 문양의 모자이크 보도블록 산책길을 따라 고급 호텔과 아파트 등이 늘어서 있다. 또 동서쪽 거리에는 상점·나이트클럽·바·극장 등이 줄지어 늘어서 있고, 1년 내내 세계 각지에서 몰려드는 관광객들로 북적거린다. 특히 리우의 카니발이 열리는 2월에는 관광객이 절정을 이룬다.

이렇게 아름다운 리우의 뒤편에는 어두운 현실이 있고 관광객에게는 많은 위험 요소가 도사리고 있다. 특히 코파카바나 해안같이 관광객이 많이 모이는 곳에는 항상 경고가 뒤따른다.

"어두워지면 한적한 해안으로는 나가지 마세요."

"카메라 같은 고가품이나 현금은 절대 소지하지 마세요."

"만약의 경우를 대비해서 10R$(4,500원) 정도를 몸에 지니고 다니다가 여차한 경우에는 줘 버리세요. 가난한 사람을 도와줬다고 생각하면 편하실 겁니다."

"차를 타고 갈 때는 절대로 창문을 내리지 마세요."

해 질 녘에 반바지와 슬리퍼의 단출한 차림으로 코파카바나 해안으로 나가 인파 속에 휩쓸렸다. 이곳에서 사람들은 서로를 보고 보여 주는 자연의 일부였다. 시원한 대서양의 저녁 바람을 맞으면서 한참을 걸어가니 석양이 떨어지는 야자나무 숲속에 사람들이 모여서 모래 조각을 구경하고 있었다. 마을의 모습을 모래로 조각했는데 지붕은 진흙 벽돌색으로 채색까지 해서 해변과 잘 어울리는 한 편의 예술 작품이었다. 사진 촬영을 하면 2R$(900원)을 넣어 달라는 안내 표시 아래에 그릇이 하나 놓여있었다.

글을 쓰는 지금도 카메라를 가지고 가지 않았던 리우의 일들이 아쉬움으로 남아 있다. 여행하면서 무엇을 그리 두려워했던가? 카메라를 가지고 다니지 말라던 그 경고문을 꼭 따라야 했나?

오늘은 리우의 홈스테이 호스트인 마르시아(Marcia) 양이 시내의 '문화 센터'로 우리를 안내해 주었다. 문화 센터 박물관에서는 잉카와 브라질 원주민의 문화와 역사를 전시하고 있었는데 스페인어에 약한 우리에게는 여직원 베아트리스(Beatriz)를 만난 것이 행운이었다. 베아트리스는 3시간 동안이나 박물관 전체를 안내해 주며 유창한 영어로 자세하게 설명해 주었다. 이곳의 문화와는 너무나 거리가 먼 동양 문화권에서 온 우리에게는 이들의 도자기와 각종 예술품의 색채감과 섬세한 공예품의 손기술은 지금까지는 보지 못한 새로운 것이어서 경탄을 금할 수가 없었다.

이 고마운 브라질 아가씨를 가까운 레스토랑으로 초대하여 점심을 대접했다. 어머니가 영어 교사라는 이 아가씨는 우리가 사준 점심보다 더 비싼 초콜릿을 우리 부부에게 사주며 작별했다.

호스트 마르시아와 동생이자 변호사인 패트리샤(Patricia)를 통해 브라질인의 따뜻함은 이미 경험했지만, 베아트리스를 통해서 우리는 또 다른 브라질인의 따스함을 느낄 수 있었다.

오늘은 변호사 패트리샤와 하루를 보냈다. 한국에서 온 우리를 위해서 변호사의 일과를 접고 우리에게 시간을 내어 주었다. 먼저 변호사 사무실부터 보여 주었다. 중앙로에 있는 고층 건물 16층을 통째로 사무실로 사용하고 있었는데 잉카의 미술품으로 장식한 사무실은 품격 높은 사설 박물관 같았다. 변호사 패트리샤는 우리 부부에게 브라질의 법률 집행 체계에 대하여 안내해 주었다. 정부 문서 저장고에서 시작하여, 대법원, 검찰청, 하급 법원의 재판 과정까지 법에 관련된 부분을 집중해서 안내해 주었다.

엊저녁에 해변 레스토랑의 불빛 아래서 브라질의 국민주(國民酒)인 까이삐리냐(Caipirinha)를 함께 마실 때는 매력적이고 섹시한 여성이었는데 지금은 더블 정장에 반짝이는 검은 구두, 서류 가방을 들고 진짜 변호사로 변신해서 변호사의 하루를 우리에게 공개했다.

"오늘 변호사 수업을 잘 받았으니 우리도 브라질에서 변호사로 개업해야겠다."

나의 조크에 웃는 패트리샤의 미소가 더욱 아름다웠다. 저녁에는 삼바 스쿨에 참석하기 위해 집으로 돌아와 낮잠을 좀 자 두었다. 한국인의 특권을 누린 하루였다. 우리는 리우 카니발 삼바 축제의 무희가 되기로 하고 계획을 세웠다.

리우 카니발이 열릴 때면 30여만 명의 관광객이 이곳으로 찾아온다고 한다. 화려한 의상의 무희들, 휘황찬란한 각종 퍼레이드, 흥겨운 삼바 리듬과 정열의 삼바 춤… 사람들은 삼바 축제 한가운데에 있다는 사실만으로도 흥분의 도가니에 휩싸이게 된다.

리우 카니발에서는 최고의 삼바 무용수와 팀을 가려내는 경연 대회도 있어 일반적으로 1년 전부터 삼바 학교에 등록하여 연습한다. 브라질을 찾는 전체 관광객의 3분의 1에 해당하는 사람들이 리우 카니발이 열리는 시기에 맞춰서 온다고 한다. 개최 시기는 브라질 정부에서 정하는데, 매년 2월 말부터 3월 초 사이의 나흘 동안이다. 올해에는 2월 25일부터 28일까지 열렸다. 이때는 토요일부터 수요일 새벽까지 밤낮을 가리지 않고 축제가 열린다.

원래 카니발은 사육제(謝肉祭)라고 번역하는 그리스도인들의 축제를 말한다. 라틴어의 "카르네 발레(carne vale, 고기여, 안녕, Good bye meat)!"가 어원이다. 매년 부활절 40일 전에 시작하는 사순절의 40일 동안은 그리스도가 황야에서 단식한 것을 생각하면서 고기를 먹지 않기 때문에 그 전에 고기를 먹고 즐겁게 노는 행사이다. 유럽의 북쪽 지방에서는 크리스마스가 되고, 남국에서는 야외 축제인 카니발이 되었다.

카니발 행사는 가장(假裝)행렬을 하고, 농촌에서는 풍작을 기원하는 축제가 되었다. 리우 카니발은 사탕수수 경작을 위해 팔려 온 아프리카 노예들의 전통 타악기 연주와 춤이 포르투갈에서 브라질로 건너온 사람들의 사순절 축제와 원주민들의 문화까지 접목해서 생겨났다. 이것이 점차 발전하여 삼바 학교들이 설립되고 학교별로 행진하면서 지금과 같은 큰 규모의 축제로 발전하였다.

삼바 학교는 카니발을 위한 학교인데 사람들은 삼바 학교에 등록하여 퍼레이드를 준비한다. 최초의 삼바 학교는 1928년에 리우데자네이루의 흑인 빈민가인 에스타시오데사에 설립되었다. 지금은 대형 삼바 학교만 해도 15개나 된다. 1년 동안 학교의 명예를 걸고 퍼레이드를 준비한다.

리우 카니발의 극치는 단연 삼바 퍼레이드이다. 삼바 퍼레이드 거리인 '삼바드로모(Sambadromo)'는 8만 명을 수용할 수 있다. 또한, 타악기를 연주하는 대규모 밴드를 '바테리아'라고 한다. 삼바 퍼레이드에서 한 그룹(한 학교)마다 삼바 춤을 추는 사람만 어린이부터 노인까지 약 4,000~5,000명에 이른다.

삼바 음악의 대부분은 리우의 일상생활을 배경으로 한 것이 많으며, '삼바'라는 용어는 '잠바(Zamba, 흑인 여자)'에서 유래했다. 이 삼바는 20세기 초에 세계적으로 유행하였으나 일단 잊혀졌다가 해외 관광 여행의 붐에 편승하여 최근에는 세계인의 여행 목적지가 되었고 우리나라에도 기간에 맞춘 여행 상품들이 사람들의 가슴을 설레게 하고 있다.

올해 리우 카니발은 2월 25일부터 28일까지 열렸다. 삼바 쇼를 볼까, 아니면 삼바 학교에 갈까? 나와 아내는 관광객을 대상으로 하는 상품인 쇼를 보는 대신 삼바 스쿨에 등록하여 본격적으로 이들의 삶에 동참해 보기로 했다. 15개 삼바 스쿨 가운데서 작년에 우승한 팀인 베이자 플로르(Beija-Flor, Nilopois 구에 위치) 학교에 등록하기로 했다. 참가비는 10명 이상의 단체일 때 100R$(한화로 약 5만 원)로, 입장권, 음료수, 귀빈석, 경호원, 교통편이 포함된다. 개인이 직접 학교로 가서 입장권을 사면 2,000원에서 5,000원(미화 2~5불)이면 되지만, 대부분 삼바 스쿨이 위치한 곳은 삼바가 태동한 진원지인 빈민촌[파벨라(Favelas)라고 불린다]인지라 안전에 문제가 있고 또 차를 타고 한 시간 반 걸리는 거리였다.

나는 여기저기 수소문하여 베이자 플로르 삼바 스쿨에 갈 한국인 관광객을 모았다. 10명 미만이면 입장료가 150R$나 되기 때문에 겨우 11명을 모아 한 팀을 만들어 관광사에 연락했다. 보통은 삼바 학교에 등록하여 1년 동안 연습을 하여 카니발의 열기로 빠져든다고 한다.

저녁 8시에 가이드가 봉고차를 몰고 왔다. 본격적인 삼바를 공부한다는 들뜬 기분으로 11명이 차에 올랐다. 1시간 30분 정도 달려 도착한 곳은 역시 리우 빈민촌인 파벨라(Favelas)였고 검은 피부의 불량기 있어 보이는 이들이 득시글거려 불안한 마음조차 들었지만, 현지인 가이드인 로베르토(Roberto)만 졸졸 따라다녔다.

입구에서 한참을 기다려 몸을 검색받은 후(아마 무기 소지를 검사하는 듯했다) 입장한 곳은 축구 경기장만 한 체육관이었다. 그런데 입장하고 보니 체육관에는 사람들이 보이지 않고 썰렁했다. 우리가 사기를 당했나? 오늘 저녁에는 5,000명이 참가한다고 했는데. 시간은 이미 10시를 넘었는데도 몇 명이 어슬렁거릴 뿐이었다.

앉을 의자도, 목을 축일 음료도 없다. 가이드 로베르토가 얘기했던 VIP 좌석은 눈을 닦고 찾아봐도 찾을 수가 없었다. 삼바 학교 관광을 주선한 나는 다른 사람들을 볼 면목이 없었고 참으로 황당했다. 아내도 걱정하는 모습이 역력했다.

현지인 가이드 로베르토도 당황해서 여기저기 뛰어다니면서 물어보고 어디서 음료수를 사다가 나누어 주는 등 노력을 했지만, 우리 일행 중 한 명이 항의하기 시작했다.

"이거 사기 아니냐? 11시가 다 되어 가는데 사람들도 없고, 준비도 되어있지 않고…. 우리가 돈을 얼마나 냈는데…."

내게 직접 말은 못 하고 로베르토만 심하게 몰아붙였다. 로베르토는 분명히 삼바 수업이 있으니 좀 더 기다리자며 사정했다. 이후 로베르토는 주최 측에 연락해서 우리를 대형 트로피가 가득 찬 방으로 안내했다. 작년 2005년 우승 트로피를 비롯한 수많은 트로피는 지금까지 이 학교와 리우 카니발의 역사를 나타내고 있었다.

이렇게 시간은 흘러가고 어느덧 자정이 가까워져 왔다. 그제야 사람들이 나타나기 시작했다. 어린이와 노인까지 포함된 5,000명의 수업이 자정에야 시작되다니! 그러나 시간이 되었는지 사람들이 물밀 듯이 밀려들어 왔다. 우리는 중앙 무대 옆의 귀빈석으로 안내되었고 곧이어 경호원이 5명이나 따라붙었다. 사람들과 뒤섞일 때는 반드시 이들 경호원과 함께 움직여야 한다고 로베르토가 주의를 시켰다.

안내 멘트가 있고 난 뒤 음악이 나오고 본격적으로 대오를 맞추기 시작했는데 5,000명이 대오를 정비하는 데도 꽤 시간이 걸렸다. 브라질 국기를 든 삼바 여왕이 등장하고 곧이어 어린이, 청소년, 여성, 남성, 노인, 특정 단체들이 그룹별로 입장하여 춤을 추기 시작했다. 총연

습인 만큼 복장은 평상복에서부터 삼바 댄스복까지 각양각색이었고 이들의 열광적인 몸짓은 단상 옆 귀빈석에 앉아있는 우리에게도 전해져 왔다. 도저히 자리에 앉아서 구경만 하고 있을 수는 없었다.

삼바는 마약이다. 우리도 일어서서 함께 춤추기 시작했다. 처음에는 단순한 반복 정도만 따라 하다가 점차 리듬과 함성에 맞춰 모두와 함께 움직였다. 온몸이 땀에 젖기 시작했고 검은 사람, 흰 사람, 노란 사람, 어린이, 젊은이, 할머니, 할아버지 모두가 땀으로 뒤범벅이 되어 열광했다. 모두 삼바의 세계, 황홀경의 세계, 광란의 세계로 몰입해 들어갔다. 나는 카메라며 소지품조차 잊어버리고 오로지 삼바의 리듬과 율동과 춤사위에 몰두했다. 삼바는 예술이었으며 모두를 삼키는 마약이었다.

새벽 6시가 되어서야 음악이 꺼지고 사람들이 하나둘씩 흩어지기 시작했다. 삼바에 몰입하는 동안 우리 모두에게는 밤과 낮, 아니, 시간의 존재가 무의미했다. 음악이 그치고 새날의 먼동이 틀 때 바람들은 비로소 현실로 되돌아왔고 집으로, 직장으로, 어디론가 각자의 삶의 터전이 있는 곳으로 발걸음을 옮겨 갔다. 이들에게는 삼바가 인생이며 종교이자 삶의 목적이었다. 왜 그들이 삼바 기간에는 일도 하지 않고 잠도 자지 않고 먹고 마시지도 않으며 오로지 삼바에만 열중하는지도 그제야 알게 되었다. 나는 리우인(카리오카)들이 왜 그처럼 리우 카니발을 기다리는지 깨달았다. 지금도 '삼바 카니발' 하면 온몸에 전율이 인다.

한국에 와서 살더니
스위스 뻐꾸기시계가 빨라졌다

스위스 알프스의 흑림(黑林) 속에서 느긋하고 조용한 생활을 즐기던 스위스 뻐꾸기가 한국의 우리 집에 와서 살더니 행동이 점점 빨라져 갔다.

유럽 여행에서 돌아와 벽에 걸어 놓고 매일 아침 시간에 맞춰 줄을 당겨서 아침밥을 주니 "뻐어꾹, 뻐어꾹, 뻐어꾹…" 하고 느긋하게 시간을 알린 후 조용히 창문을 닫고 자기 집으로 들어갔는데, 지금은 "뻐꾹, 뻐꾹, 뻐꾹…" 하고 시간을 알리는 소리가 빨라지더니 최근에는 "뻑, 뻑, 뻑…" 하고 운 다음 '탁!' 소리를 내며 재빨리 창문을 닫고 황급히 사라진다.

"이 스위스제 뻐꾸기시계도 한국에 와서 산 이후로 한국인의 '빨리빨리 정서'를 익힌 것 같다. 이제는 우리보다 더 빨리빨리 한다."

"뻐어꾹, 뻐어꾹, 뻐어꾹…."

"뻐꾹, 뻐꾹, 뻐꾹…."

"뻑, 뻑, 뻑…."

1982년에 우리 부부는 유럽 여행을 갔다. 그 당시 부부가 유럽 여행을 한다는 것은 쉽지 않은 일이었다. 여행비는 물론 해외여행이 허가

제였던 때라 여러 곳에서 허가에 필요한 증명서 제출을 요구했고 반공 교육을 받은 이수증도 제출해야 했다.

그만큼 부부가 유럽 여행을 가기엔 어려웠지만, 우리는 용기를 내어 감행했다. 여행비는 우리는 살고 있던 주택을 은행에 저당 잡힌 대출금으로 충당했고 아이들은 여기저기 친척들에게 맡기고 유럽으로 출발했다. 그렇게 어렵사리 도착한 유럽은 과연 환상적이었다. 프랑스 파리에 도착 후 27일 동안 그렇게 보고 싶던 유럽의 중요한 관광지는 거의 다 들렀다.

사는 집을 저당 잡히고 어쩔 수 없이 남편을 따라나선 아내는 줄곧 불평을 늘어놓았다. 그러던 아내도 여행이 깊어 갈수록 불평의 횟수가 줄어들더니 여행의 막판에 가서는 진심을 고백했다.

"아, 정말 유럽에 잘 온 것 같아요."

그때 우리는 스위스와 독일의 알프스의 국경 도시인 티티제에서 뻐꾸기 벽시계를 하나 샀다. 단독 주택에 살 때는 천장이 아파트보다 높아서 뻐꾸기시계를 걸어 놓을 수가 있었고 매일 아침 줄을 당겨 주었다. 시침과 분침에 에너지를 주는 줄과 뻐꾸기가 문을 열고 나와 시간을 알리는 두 개의 줄을 매일 당겨 올려 주었다.

마치 산 뻐꾸기에게 먹이를 주는 심정으로 매일 빠짐없이 뻐꾸기시계를 보살폈다. 그러다 아파트로 이사를 와서 보니 단독 주택보다 천장이 낮아 뻐꾸기시계를 걸어 둘 만한 곳을 찾지 못했다. 아파트의 천장은 단독 주택의 천장보다 높이가 한참이나 낮아서 시곗줄 길이를 받아줄 만한 공간이 없었다. 아쉬웠지만, 뻐꾸기시계는 상자 속에서 10여 년 동안 잠을 잤다.

"언젠가는 또다시 우는 뻐꾸기를 볼 수 있는 날이 오겠지…."

어느 날, 주방 창문 쪽 커튼 옆에 적당한 공간을 발견하고 뻐꾸기시계를 재설치했다. 나는 뻐꾸기시계가 시간을 알리며 우는 소리를 좋아한다. 바라기로는 처음 우리 집에 왔을 때처럼 지금보다는 좀 더 느긋하게 시간을 알려 주고 울어 주면 좋겠다.

스위스 알프스의 흑림(黑林) 속에서 느긋하고 조용한 생활을 즐기던 그 스위스 뻐꾸기가 처음 우리 집에 왔을 때처럼. 은퇴하고 사는 지금은 정확한 시간은 내게는 큰 의미가 없으니 시간은 좀 틀리더라도 느긋하게 울어주면 좋겠다.

"뻐어꾹."

"뻐어꾹."

"뻐어꾹…."

다대포 해변에서 엽낭게의
우주 쇼를 엿보다

해외를 장시간 여행하다 돌아와서 살다 보면 우리의 것이 새롭게 보일 때가 있다. 나는 우리 아파트 앞 해변에서 장엄한 우주 쇼를 보았다.

그날도 몰운대를 한 바퀴 돌아 나와 등산로 입구에 있는 이탈리아풍 커피 하우스를 지나쳐서 해수욕장으로 향했다. 저녁 어스름에 바닷가를 따라서 걸으면 으레 물새 서너 마리가 앞서거니, 뒤서거니 날 따라나선다. 오늘도 이 녀석들이 나오겠거니 하고 걷다가 나는 발걸음을 멈췄다. 뭔가 수많은 생명체가 모래 위에 쫙 깔려서 움직이는 것이 보였다.

다대포 해변 모래사장에는 마치 사진에서 보는 화성의 표면과 같은 구멍이 하늘의 별처럼 많이 나 있었다. 이 구멍 속에는 다양한 생물들이 살고 있는데 하굿둑을 축조한 이래로 수량이 줄어들고 퇴적 모래가 쌓이면서 지금은 대부분 구멍에 엽낭게(새끼손가락 끝자락만 한 크기의 작은 게의 일종)가 살고 있다. 파도가 들었다 나면 이 엽낭게들이 무기물만 빨아먹고 내버린 모래 구슬이 모래밭을 치장한다. 이 엽낭게는 시시각각 모래의 색과 자신의 색을 맞추고 엄청나게 빠른 속도로 자신을 지킨다.

몸을 굽혀서 자세히 보니 엽낭게 천지다. 한두 마리가 아니다. 몇백 마리가 아니다. 백사장 전체에 엽낭게가 풀밭을 이루고 있다. 혹은 마치 누군가가 일부러 페르시아 카펫을 깔아 둔 듯이 엽낭게가 백사장을 뒤덮고 있다.

엽낭게들은 그냥 나와 있는 것이 아니라 규칙적으로 움직이고 있었다. 집게발을 하늘로 펴들고서 오른쪽, 왼쪽으로 너무나 규칙적으로 움직여서 마치 군인들이 집단 체조를 하는 것처럼 보였는데 자세히 보니 리듬을 타고 있었고 탱고의 군무(群舞)를 추고 있었다. 기괴한 광경이었다.

엽낭게는 특히 주위의 움직임에 민감해서 바람만 불어도, 또 모래만 날려도 구멍 속으로 재빨리 사라져 버리는 속성이 있다. 그런데 오늘은 내가 가까이 다가가도 숨을 생각을 않고 대열에서 이탈하거나 흐트러짐 없이 제자리에서 계속 춤을 춘다. 자기 몸의 위험도 잊고 추는 이 춤은 죽음의 군무(群舞)임이 틀림없다. 이는 환각에 취했거나 세뇌된 집단의 특징이다.

넓기로 유명한 다대포 해수욕장 전역에 수없이 많은, 하늘의 별보다도, 어쩌면 우리 인간들의 수보다도 더 많은 엽낭게가 일시에 몰려나와 춤의 향연을 펼치고 있다. 하나둘, 하나둘, 왼쪽, 오른쪽…

그런데 지휘자가 누구란 말인가? 누가, 어디서, 어떤 신호로 저 많은 게와 소통하여 일사불란하게 지휘하고 저렇게 율동하게 할 수 있단 말인가? 어서 집에 가서 카메라를 가져와 사진부터 찍어 둬야겠다. 사진으로 이 광경을 사람들에게 알려야겠다.

다대포 백사장의 큰 사건이다. 나도 20년 가까이 이 백사장을 거닐곤 했지만 이런 광경은 처음이니까. 이 장엄한 대자연의 쇼를 앵글로 담아야겠다. 그러나 내가 집에 다녀오는 동안 이 춤을 멈추면 어떡하나? 이 우주 쇼를 멈추고 재빨리 모랫구멍 속으로 사라져 버리면 어쩌

163

나. 사진을 찍는 것이 중요한 것이 아니다. 이 장관을 조금이라도 더 보는 것이 중요하다.

나는 살그머니 모래 위에 몸을 눕혔다. 하늘로 솟구치는 집게발이 더 크게 다가왔고 집게발이 뒤덮은 모래벌판은 마치 흔들리는 보리밭의 물결 같다. 집게발 물결 너머로 보이는 저 건너 가덕도와 거제도의 산에는 희미하게 저녁 어스름이 내린다.

"안 돼. 좀 더 봐야 해. 이 엽낭게들의 비밀 우주 쇼를…."

이제는 두 박자의 경쾌한 아일랜드 민속춤으로 옮겨가서 〈리버사이드〉 공연단의 탭댄스 무희처럼 열정적으로 춤을 추고 있다. 잘 훈련받은 몸짓, 빠르고 애절하며 때로는 근엄한 몸짓을 보면서 나는 그들이 들으면서 춤을 추는 우주의 오케스트라 반주를 들을 수 없음이 그저 안타까울 따름이었다.

나는 더 몸을 낮춘다. 그들의 율동은 때로는 어린아이들이 즐겁게 노는 모습이기도 하고 때로는 소녀의 애절한 첫사랑의 몸짓이며 때로는 아이에게 모유(母乳)를 먹이는 어머니의 손짓이며 때로는 고독한 시인이 투고할 송가(頌歌)를 쓰고 있는 손끝이며 때로는 독재자에게 바치는 피할 수 없는 복종의 열병사열(閱兵査閱)식이었다.

그게 아니라면 지금 이 순간의 이 장엄한 몸짓은 누군가를 영원히 떠나보내는 장송(葬送)의 군무임이 틀림없다. 우리가 모르는 이 대우주의 누군가가 서거하셨단 말인가? 이 지상이 아니라 천상의 누구에게 모두가 한마음, 한뜻으로 장엄한 헌시(獻詩)를 몸으로 바치고 있는 것이었다. 운명을 몸으로 표현한다면 이럴 것이다.

어느새 어둠의 장막이 군무를 가려 아무것도 보이지 않는다. 할 수 없이 어둠 속으로 발걸음을 돌려 집으로 돌아왔다. 나는 그날 늦은 저녁 식탁에서 그 광경을 아내에게 얘기해 주었고 다음 날, 그다음 날, 또 그다음 날도 그 시간 즈음에 내가 집에 없으면 아내는 내가 바닷가로 나갔음을 알 것이었다.

그로부터 7~8년이 지난 지금까지도 나는 다시는 그런 광경을 볼 수 없었다. 저녁이면 '꿈의 낙조 분수'라고 이름 붙인 물줄기가 오르면서 휘황찬란한 레이저 불빛과 음악이 다대포를 찾는 사람들을 황홀하게 만들고 있다.

그날 저녁 뉴스에서는 구포 쪽에서 UFO가 나타났다고 야단들이었다. 그때야 나는 그 군무의 총지휘자가 UFO를 타고 온 우주인이었음을 알았다. 만약 아니라면 우리가 볼 수 없는 다른 차원의 세계에서 우주를 통치하시는 절대자에게 바치는 비밀의 제례(祭禮)를 내가 우연히 훔쳐본 것이 아닐까?

온두라스의 해마(海馬) 한 마리에 12만 원을 지불하다

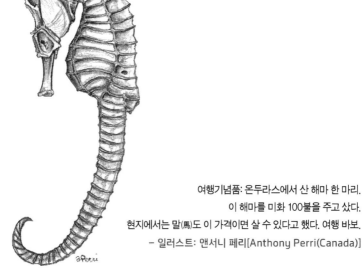

여행기념품: 온두라스에서 산 해마 한 마리.
이 해마를 미화 100불을 주고 샀다.
현지에서는 말(馬)도 이 가격이면 살 수 있다고 했다. 여행 바보.
– 일러스트: 앤서니 페리[Anthony Perri(Canada)]

오늘은 전국의 온도가 영하로 뚝 떨어졌다. 요즘은 거리에서 크리스마스 캐럴을 듣기가 힘든 요즘인데 어디선가 캐럴이 울려 퍼진다. 쇼윈도에 해마(海馬)란 녀석들이 대롱대롱 매달려 핑크빛 가게를 장식해주고 있다.

문득 지난여름에 방문했던 카리브해의 해마가 생각난다. 나는 무더위에 지쳐서 해마(海馬) 한 마리에 100불을 내고야 말았다. 손가락만 한 말린 해마 한 마리에 100불이라니. 물가가 싼 온두라스에서는 100불이면 진짜 말(馬)도 살 수 있다고 했다. 그것은 전적으로 카리브해의 내리쬐는 햇볕 때문이었다.

크루즈 카니발 호는 기항지인 마이애미(Port of Miami)에서 카리브해로 출항하여 멕시코의 칸쿤, 그랜드 케이맨, 자메이카, 벨리스를 거쳐 온두라스의 로아탄섬에 기항했다. 그날도 날씨가 무더웠고 그동안 카리브해의 태양 빛이 얼마나 강렬한가를 몸소 경험했기에 나는 가장 짙은 검정 선글라스를 맨 먼저 챙겼다.

크루즈의 육상 관광객을 태운 버스는 열대우림과 쪽빛 바닷가를 달려 푼타 고르다(Punta Gorda) 마을에 들어섰다. 온두라스의 로아탄섬에 사는 어린이들이 우리 쪽으로 달려왔다. 온몸이 새까만 꼬마 녀석들이 "저요, 저요!"라며 손을 내밀었다. 조개껍데기를 이어서 만든 목걸이나 팔찌 같은 장신구를 손에 들고 있었다. 나는 해마를 들고 있는 눈이 큰 녀석에게 눈길이 갔다. 눈치를 챘는지 다른 애들을 밀치고 내게로 온다. 손에는 해마(海馬)가 들려 있었다. 로아탄섬의 몸집이 좀 나가는 중년 여성 가이드는 "이 아이들은 대부분 관광객에게 기념품을 팔아서 가족의 생계를 이어갑니다. 이 섬에는 특별히 생산되는 물건도 없고 관광객도 그리 많이 오지는 않습니다."라고 설명해 주었다.

가이드의 설명을 듣다가 새까만 손으로 물건을 내미는 그 녀석의 해맑은 눈빛에 매료되어 나는 선뜻 해마를 가리켰다.

"원 돌라, 원 돌라(1달러예요, 1달러)."

나는 해마 다섯 마리를 집은 후 1불짜리 다섯 장을 건네주었다.

저녁에 크루즈 선실로 돌아와 무심코 지갑을 들고 내용물을 확인하니 미화 100불짜리 한 장이 없다. 나는 육상 관광을 나갈 때는 으레 100불 한 장, 50불 한 장, 10불 한 장 그리고 1불짜리를 지갑에 넣고 나간다. 오늘은 해마를 산 것과 가이드에게 20불 팁을 준 것 외에는 돈을 쓴 일이 없다.

가만히 생각해 보니 그 애에게 준 5불 가운데 한 장은 사실은 100불짜리였다. 미국 달러화는 액수와 관계없이 지폐의 크기가 똑같은 데다 카리브의 강한 햇빛을 피하고자 나는 특별히 진한 검정 선글라스를 쓰고 있었다. 그 애에게 돈을 줄 때 나의 어릴 적 이미지를 간직한 그 녀석에게 서슴없이 내가 가진 것을 건네주었던 것이었다. 저녁 식사 시간에 주위의 관광객들에게 낮에 있었던 얘기를 해 주니, "이 나라에서는 진짜 말(馬)도 100불이면 살 수 있어요."라며 동석한 온두라스인이 거든다. 온두라스의 이 로아탄(Roatan)섬 아이들은 조개껍데기를 모아 장신구를 만들고 해마를 잡아 햇빛에 말려 관광객에게 팔아서 가족의 생계에 도움을 주고 있다. 크루즈가 이 섬에 자주 입항하는 것도 아니고 관광객 모두가 이런 기념품을 사는 것도 아니므로 생활이 그리 쉬워 보이지는 않았다.

내 책상 위에는 철삿줄로 받쳐놓은 해마가 키보드를 두드릴 때마다 몸을 흔들며 카리브 이야기를 전해 준다. 나는 이 해마를 볼 때마다 로아탄섬의 그 까만 녀석이 내게서 받은 100불짜리를 앞에 놓고 가족들과 동네 사람들에게 들려주는 영웅담과 무르익어 가는 카리브해의 별빛 찬란한 밤과 그 부모들의 자랑스러운 미소가 떠오른다.

그 녀석은 아마도 동양인을 볼 때마다 해마 한 마리에 100불을 지불한 한 동양인 관광객을 떠올릴 것이다.

유럽 32개국을
한번에 돌아보다

여행기념품: '승리의 여신 니케(Nike)상'.
루브르 박물관 드농관을 향해 올라가는 계단에서 만나게 된다. 박물관 앞의 앤티크 숍에서는
5,000유로를 호가했지만, 나는 사진을 찍어 와서 일본 작가에게 복원을 부탁했고 지금은 거실에서
나와 하루를 같이하고 있다. '사모트라케의 니케상'은 2000년을 인류와 함께했다.
– 일러스트: 앤서니 페리[Anthony Perri(Canada)]

유럽을 단숨에 둘러본 것이 내 홈스테이 여행의 백미였다. 셍겐 조
약으로 유럽 국가 간에 국경이 없어진다는 소식을 접하고 내 가슴은
뛰기 시작했다. 국경 통과의례는 항상 시간을 뺏기에 국경이 없다면

단숨에 유럽을 돌아볼 수 있겠구나. 이런 마음으로 포르투갈의 리스본에서 출발하여 파리에서 렌터카를 돌려줄 때까지 84일간 유럽연합(EU)에 속한 32개국을 방문했고 약 18,057㎞를 달렸다.

고맙게도 유럽의 81개 가정에서 홈스테이를 제공해 주었다. 그분들은 돈을 받지 않았기 때문에 무료 민박 여행이라고 해도 좋겠다. 국제 여행자 간에 상호호혜의 원칙이 적용된다고 할까. 물론 다대포 해변에 있는 우리 집을 찾아오는 외국인들에게 나도 돈을 받지는 않았다. 지금도 받지 않는다. 돈을 주고받지 않고 무료 숙식을 받다 보니 유럽을 속속들이 보아도 국내 여행비 수준이었다. 게다가 한 번 홈스테이를 하고 나면 서로에게 친밀감이 든다. 나는 국경을 넘어 진정한 친구가 되는 것이라고 말하고 싶다. 이 점에 매료되어 홈스테이 여행에 맛을 들였고 홈스테이 배낭여행을 만들어 세계를 돌아다녔다. 다음은 유럽 여행 그 첫째 출발 국가인 포르투갈 홈스테이 3일간의 여행일기이다.

교통편은 차를 리스해서 직접 운전한다. 리스하는 차는 렌터카보다 임대하는 기간이 긴 대신 비용은 렌터카의 거의 절반이다. 마침 프랑스 푸조 자동차에서 유럽 밖에서 유럽으로 오려는 이들에게 '오픈 유로' 특별 프로모션을 제공해 주었다. 공항에서 픽업한 푸조 407은 비닐이 그대로 덮여 있는 새 차여서 더욱 기분이 좋았다.

4월의 따뜻한 남부 유럽에서 출발하여 꽃을 따라 북상해서 올라간다. 포르투갈, 스페인, 안도라, 프랑스, 이탈리아를 거쳐 동유럽을 훑어 올라가서 에스토니아의 탈린에서 크루즈를 타고 발트해를 건너 핀란드의 헬싱키로 간다. 그 후 북유럽 스칸디나비아를 둘러보고 덴마크, 독일, 브뤼셀, 프랑스의 파리를 거쳐서 귀국행 비행기에 오른다. 여정, 계획, 섭외, 책, 노트북, 카메라, 인터넷 정보, 자료, 지도, 호스트와의 연락, 재무, 비자, 일정 체크 및 기록, 캠코더 촬영, 차량 관리 등을 세심하게 준비하고 출발했다. 다행히 푸조에는 GPS가 장착된 내비게 이션이 있어서 여행에 도움을 주었다.

부산 김해 공항에서 탑승하여 홍콩, 파리를 거쳐 런던에서 갈아탔 는데 런던의 히스로 공항에서는 6시간을 기다렸다. 싼 항공권은 이렇 게 환승을 해야 하고 환승 시간도 길다. 이를 즐길 줄도 알아야 여행 의 묘미를 터득할 수 있다. 기다리는 동안에는 느긋하게 영국식 아침 식사를 즐겼다. 삼성이 히스로 공항에 기증한 TV에서는 프리미어 축 구 경기를 중계하고 있었고 삼성 유니폼을 입은 첼시 선수들이 뛰고 있었다. TV 앞에서 나도 모르게 삼성 유니폼을 입은 첼시팀을 응원하 고 있었다.

영국 항공의 BA500기는 영불 해협을 건너 대륙으로 따라붙더니 남으 로 기수를 돌려 프랑스 연안과 이베리아반도를 따라 포르투갈의 리스본 으로 향한다. 이번 여행에서는 저 아래쯤으로 짐작되는 '산티아고 가는 길'의 순례 코스까지 밟을 수 있을까? 상념에 빠져있을 때 비행기가 포르 투갈 리스본 공항에 안착했다. 일찍이 해양을 지배했던 포르투갈은 북 한과 수교가 활발하였고 북한의 유럽 전진 기지였으나 최근에는 우리의 국력 신장으로 우리와의 교역과 교류가 더욱 활발한 나라이다.

홈스테이를 제공해 주기로 한 카알라(Carla) 여사가 약속대로 공항까 지 나와서 나를 맞이했다. 카알라는 내 차가 잘 따라갈 수 있도록 세 심하게 운전하여 내 차를 안내했다. 우리는 리스본 서부 외곽 지대의 자갈로 덮인 골목길을 돌고 돌아 이층집 앞에서 정차했다. 대문을 여 니 개가 먼저 나를 반긴다. 송아지만큼이나 큰 개. 이름은 '굴리트'로 6살이다. 나는 그 녀석이 무서워 선뜻 집 안으로 발걸음을 옮기지 못하고 주저하고 있었다. 어릴 때 개에게 물렸던 트라우마가 되살아났다. 카알라는 착한 녀석이니 걱정하지 말고(He is a good boy. Don't worry) 들어오란다.

카알라 여사는 영어 교사이고 아들 요한은 고교생이다. 딸 수잔나는 서커스 고등학교에 재학 중으로 스페인에서 서커스를 공부하며 기숙사 생활을 한다. 2년이면 영국 서커스단에 입단하여 전 세계 서커스 순회공연을 나갈 예정이란다. 푸짐한 유럽식 저녁 식사를 즐기며 일정을 논의했다.

카알라는 나의 여정 표를 보더니 놀란다. 와인을 곁들인 식사를 하고 나니 피곤이 몰려온다. 깨어보니 아침 10시가 넘었고 카알라는 이미 출근한 후였다. 요한도 등교하고 집 안에는 식탁 위의 메모뿐 아무도 없다. 손님인 나 스스로 냉장고에서 과일, 우유, 치즈, 요구르트를 꺼내서 채소와 고기를 함께 볶아 느긋하게 아침 식사를 즐겼다. 시차극복이 되는 것 같다. 여행에는 먹는 즐거움도 빠질 수가 없다. 내 노트북 컴퓨터에 넣을 이 지역 IP 주소를 물어보지 않아서 스카이프 인터넷 무료 전화 연결은 실패했고 집으로의 전화는 저녁으로 미룬 후 약속한 해변으로 나갔다.

포르투갈은 유럽 대륙의 최남단에 있는 따뜻한 기후와 풍광으로 휴양지가 많다. 그중 하나인 프라이사(Praisa) 해안은 푸른 바다와 하얀 모래, 그리고 많은 일조량으로 특히 북유럽인들에게 사랑받는 휴양지다. 서핑과 파도타기를 하고 뜨거운 해안 모래 위에서 일광욕을 즐기는 사람들로 해안이 북적인다. 약속 시각이 되자 카알라와 아들 요한이 왔다.

오늘 점심은 내가 샀다. 마침 해변을 따라 벼룩시장이 형성되어 사고 싶은 물건이 눈에 띄었으나 지금이 유럽 대장정의 시작이라 사는 것은 포기했다. 저녁에는 카알라의 지인들이 모여 한국에서 온 이방인을 위한 파티를 열었다. 술이 돌고 대화가 깊어지자 우리나라, 특히 남북 관계에 대한 질문이 많다.

다음날에는 유럽 최서단 신트라(Sintra)를 본 후 햇빛이 강렬하고 종려나무가 우거진 남국의 해변 도시 파로(Faro)를 드라이브했다. 이곳 또한 마이클 잭슨과 브라이언 애덤스 등 전 세계 유명인사들의 별장 지대로 유명한 휴양지이다.

첫 3일을 리스본에서 보낸 후 다음 홈스테이인 오스틴의 집을 향하여 스페인 국경을 넘었다. 옛 국경 검문소는 문을 닫은 채 표지만 서 있을 뿐, 국경이라고 해도 그냥 통과다. 셍겐 조약으로 유럽은 이제 명실상부하게 국경이 없는 하나의 국가가 되었다. 스페인 세비야의 오스틴 집으로 가는 길은 마치 해외에 있는 친척을 찾아가는 기분이다. 오스틴은 어떤 사람이며 가족은 누구이고 어떻게 살고 있을까? 지난 3일간 묵었던 포르투갈의 카알라네와 어떻게 다를까?

혹시 유럽 전체를 둘러볼 독자가 있으면 참고하시라고 내 여정 표를 다음에 제시한다.

1. **포르투갈(Portugal):** 리스본(Lisbon-2일), 신트라(Sintra), 파로(Faro).

2. **스페인(Spain):** 세비야(Sevilla-1일), 알헤시라스(Algeciras), 말라가(Malaga-1일).

3. **지브롤터(Gibraltar):** 영국령 지브롤터(UK Gibraltar), 코르도바(Cordoba), 마드리드(Madrid-2일), 사라고사(Zaragoza), 바르셀로나[(Barcelona, 가우디(Gaudi의 날)].

4. **안도라(Andora-1일, 피레네 산록의 아름다움):** 라벨라(Lavela-1일).

5. **프랑스(France) 남부(2일):** 마르세유(Marseille-1일, 프랑스 남부 휴양지의 느긋함) 니스(Nice-1일, 해안).

6. 모나코(Monaco-1일): 몬테카를로(Monte Carlo-1일, 카지노에서 크게 배팅하여 여비를 벌다. 그레이스 켈리 왕비가 살았던 왕궁에 방문하다).

7. 이탈리아(Italy-5일): 제노바(Genova), 피사(Pisa-1일), 피렌체(Firenze), 로마 (Roma-3일), 페루자(Perugia, 안정환 선수가 뛰는 곳), 베네치아(Venice-2일), 밀라노(Milano).

8. 바티칸(Vatican City): 바티칸(Vatican City-1일).

9. 산마리노(San Marino): 산마리노(San Marino-1일).

10. 스위스(Switzerland-4일): 제네바(Geneve-2일), 로잔(Lauzanne), 베른(Bern), 취리히(Zurich-2일).

11. 리히텐슈타인(Liechtenstein-1일): 파두츠(Vadus-1일).

12. 오스트리아(Austria-4일): 인스브루크(Innsbruck-1일), 잘츠부르크(Salzburg-1일), 빈(Vienna).

13. 슬로베니아(Slovenia-2일): 류블랴나(Ljubljana-2일).

14. 크로아티아(Croatia-2일): 자그레브(Zagreb-2일).

15. 헝가리(Hungary-3일): 부다페스트(Budapest-3일).

16. 슬로바키아(Slovakia-2일): 브라티슬라바(Bratislava-2일).

12-1. 오스트리아(Austria, 재입국, 2일): 빈(Vienna-2일).

17. 체코(Czeck-2일): 브르노(Brno), 프라하(Praha-2일).

18. 폴란드(Poland-3일): 브로츠와프(Wroclaw-1일), 바르샤바(Warsaw-2일).

19. 리투아니아(Lithuania-2일): 빌뉴스(Vilnius-2일).

20. 라트비아(Latvia-2일): 리가(Riga-2일).

21. 러시아 연방(Russian Federation, 비자 실패): 유르말라[Jurmala, 리가(Riga)에서 당일 여행].

22. 에스토니아(Estonia-3일): 파르누(Parnu), 탈린(Tallinn-3일, 핀란드행 페리를 타다).

23. **핀란드(Finland-4일):** 헬싱키(Helsinki-2일), 탐페레(Tampere), 투르쿠(Turku-2일, 스웨덴행 페리를 타다).

24. **윌란드섬(Oland, 캠핑).**

25. **스웨덴(Sweden-3일):** 스톡홀름(Stockholm-2일), 웁살라(Upsala-1일).

26. **노르웨이(Norway-3+1일, 서부의 피오르 도시로):** 오슬로(Oslo), 베르겐(Bergen-3일), 예테보리(Goteborg-1일).

27. **덴마크(Denmark-2일):** 코펜하겐(Copenhagen-1일), 오덴세(Odense-1일), 킬(Kiel).

28. **독일(Germany-2일):** 함부르크(Hamburg-2일), 브레멘(Bremen), 오스나브뤼크(Osnabruck).

29. **네덜란드(Netherlands-3일):** 암스테르담(Amsterdam-2일), 로테르담(Rotterdam-1일).

30. **벨기에(Belgium-1):** 브뤼셀(Bruxelles-1일).

31. **룩셈부르크(Luxembourg):** 룩셈부르크(Luxembourg-1일).

32. **프랑스(France-4일):** 노르망디(Normandy-2일), 파리(Paris-2일), 푸조 차 반납 후 대한민국으로.

추가: 핀란드와 스웨덴 사이에 위치한 섬인 윌란드는 핀란드와 스웨덴 측에서 서로가 자국 영토라고 주장하지만, 그곳에 사는 사람들은 독립국임을 강조했다. 독자적인 국기와 법률, 화폐를 갖고 있고 젊은이들은 어느 양국의 군대로 가지 않고 세금도 내지 않는다. 내가 볼 때는 국토와 국민과 주권을 갖춘 독립국으로 보고 싶었다. 러시아 연방(Russian Federation)은 비자 문제로 입국하지 못했다. 따라서 우리의 방문국은 32개국이다.

리히텐슈타인 공국(公國)의
차관 댁에서 국빈 대접을 받다 1

　동유럽 국가 13개국 홈스테이 여행을 출발한다. 아내와 나는 이 여행을 6개월 동안 만들었다. 먼저 우리에게 홈스테이를 제공해 줄 수 있는 가정을 찾아야 했고 이렇게 만들어진 호스트 가정을 연결해서 여행 루트를 만들었다.

　우리가 머문 홈스테이 가정마다 스토리가 다 있지만, 그중에서 리히텐슈타인의 차관 댁에서 2박 3일을 묵으며 겪었던 경험이 지금도 선명하게 떠오른다. 다대포의 우리 집에서 홈스테이한 포르투갈 출신의 잇사(Dr. Issa)는 흥미 있는 얘기를 하나 해 주었다. 자기는 여행자 조직을 통해서 세계여행을 하는 중인데 리히텐슈타인의 홈스테이가 가장 재미있었다는 것이다.

　인구 약 40,000명이 사는 미니 국가. 내가 사는 부산시 사하구 다대동의 인구가 46,000명이니 우리나라의 동(洞)보다 인구가 작고 국토는 약 12㎞의 폭에 약 24㎞의 길이. 라인강 상류가 흐르고 UN에도 가입되어 있다. 군대가 없으니 국방은 스위스에 의존하고 공용어는 독일어를 쓰며 통화는 스위스 프랑을 사용한다. 종교는 로마 가톨릭교회다. 위치는 스위스와 오스트리아와 국경을 접한 중앙 유럽의 내륙국이다.

영토, 국민, 실효적 지배의 요건은 갖추었다. 그러나 리히텐슈타인 국민은 잘살고 있다. 놀라지 마시라. 1인당 GDP는 미화 95,000불로 세계 1위이다. 금융 세탁업, 우표, 힐티 공구 정도가 내가 알고 있는 정보였다. 세금 부담이 가볍기 때문에 수도 파두츠에만 2,000여 개의 외국계 회사가 있다고 한다. 우리나라에는 대사관이 없으므로 스위스 대사관에서 대리 업무를 봐준다.

리히텐슈타인을 국가로 인정하는 사람도 있겠지만, 공국(公國) 정도의 지위는 줄 만하다고 나는 생각했는데 인접해서 사는 스위스 사람들의 말을 들어보니 리히텐슈타인을 국가라고 하는 것은 말도 안 되는 소리라고 코웃음을 치는 것이었다.

나의 관심은 점점 높아져만 갔다. 리히텐슈타인 사람들을 직접 만나보고 그들의 모습을 직접 봐야겠다. 그러나 그 나라에 홈스테이해 줄 만한 가정이 있는지, 있다면 어떻게 연락해야 하느냐는 걱정이 앞섰다. 이 여행은 만들기가 쉽지 않을 것 같다.

인구가 작아서 여행자들을 받아줄 홈스테이 기회를 얻기란 하늘의 별 따기다. 어쩌면 그 나라와 인접한 스위스나 독일, 혹은 오스트리아 여행을 좋아하는 사람들과 연락이 될 수도 있을 것이다. 수소문해 보니 과연 스위스 알프스에 사는 나의 여행 친구와 연락이 되었다.

반가운 마음으로 먼저 스위스의 친구에게 홈스테이를 요청했더니 좋다는 회신을 받았다. 스위스 다음으로는 리히텐슈타인을 방문하고 싶으니 홈스테이 호스트를 좀 구해 달라고 부탁했다.

그랬더니 메일 주소를 주면서 직접 요청해 보라고 한다. 호스트를 요청해 보았다. 한국인 여행자는 처음이어서 관심은 많지만, 사정이 허락하지 않아 우리를 호스트할 수 없다는 정중한 답장을 받았다.

인연이란 참 알 수 없다. 기회는 오스트리아에서 왔다. 체코, 폴란드, 슬로바키아 등 동유럽 3국의 여행이 힘들 것으로 예상하고 오스트리아의 경치 좋은 곳에서 잠시 쉬면서 충분히 휴식을 취한 후 다시 헝가리, 크로아티아, 보스니아, 슬로베니아 등 다른 동유럽 국가로 여행하는 것이 우리의 여정이었다.

영화 〈사운드 오브 뮤직〉으로 우리에게 잘 알려진 잘츠부르크로 갔다. 내가 영화 속에 들어와 있는 듯 잘츠부르크는 천국이었다. 호스트인 게르린테의 집에 머물면서 아름다운 도시와 빼어난 자연경관을 보며 '세계 음악의 수도'라는 분위기에 젖어보았다. 사람들의 삶이 곧 음악이었다. 이곳에 살면 누구나 음악을 할 수 있을 것 같다. 차갑고 신선한 달빛호수(Moon Lake)의 물에서 수영하며 바라본 높고 험한 여름 산이 특별한 느낌으로 지금도 내 기억 속에 남아있다. 잘츠부르크와 작별하고 나서는 도나우강 강변을 따라서 내려갔다.

도나우강 바하우 계곡에 위치한 호스트 뷰헬 가족을 찾아갔다. 강이 내려다보이는 언덕에 있는 곳이 이들의 여름 별장이다. 겉으로 보기에는 개인 주택이지만, 들어가서 생활해 보니 침대 수가 26개나 되는 오래된 성채(城砦)였고 24시간, 일 년 내내 게양된 오스트리아 국기에서 이들의 국가에 대한 사랑과 자존심을 읽을 수 있었다. 산언저리 바위를 깎아서 만든 수영장에 몸을 담그고 유유히 흘러가는 도나우강을 바라보는 것은 큰 즐거움이었다.

푸른 도나우강에서 배를 타고 내려가 빈의 쇤부른 궁전에도 다녀왔고, 영국의 리어왕이 갇혀 있었다는 폐허의 성채들과 또 악명 높은 기사(騎士)가 살면서 도나우강의 통행세를 걷는데 맘에 들지 않으면 그 자리에서 사람을 죽였다는 악스바하성(Aggsbach Castle)은 집에서 강

건너로 볼 수 있었다.

오랜 세월이 스쳐 가 이제는 소리도 낼 수 없는 마을 교회의 종루를 지나 포도밭을 따라 내려가면 어김없이 마을 사람들을 만난다. 이들은 독일어를 쓰기에 정겨운 인사와 손짓, 발짓 몸으로 대화를 나누고 있으면 어디선지 중고등학교 학생들이 나타나 영어 통역을 해 주곤 했다. 독일어가 상용어인 이 나라에서 학생들과 젊은 층은 영어를 잘 구사했다. 모두 자기 마을에 온 아시아인을 좋아했다.

소고기를 미끼로 사용하여 함께 낚시도 해 보았다. 이곳에서는 치즈와 소고기를 적당한 크기로 잘라서 옥수수알과 함께 순서대로 꽂아서 낚시 미끼로 쓰고 있었다. '낚시꾼의 언쟁'은 어디나 있기 마련이다. 나는 줄곧 생지렁이와 새우의 우수성을 강조했으나 그들은 웃으며 내 말을 들으려 하지 않았다. 사람이 좋아하는 것이면 고기도 좋아한다는 논리였다. 그 낚싯대는 고기가 무는 것을 보질 못했다.

도나우강 강변의 바하우 계곡에서 체류하면서 우리는 전설과 역사 얘기도 듣고 그들과 함께 삶을 맘껏 즐겼다. 이곳에서 생산되는 '바하우 백포도주'를 곁들인 강변의 정찬도 잊을 수 없다. 아주 드라이해서 입속에서 어디론가 스며버리는 듯한 뒷맛이 특별했다. 여행 이야기가 나와서 우리의 동유럽 12개국 여정 표를 보여 주자 하랄드와 부인 로즈마리가 놀라워했다.

"감동적이군요(Just impressive)!"

"동유럽의 12개국이 우리의 여정이지만, 리히텐슈타인을 방문하지 못하게 된 것이 이번 여행에서 제일 아쉬움으로 남는군요. 리히텐슈타인에 살고 계시는 한 분과 메일 연락은 닿았는데 홈스테이는 어렵다고 하시더군요. 정말 아쉽습니다."

"그분이 바로 우리 아버지입니다."

"아, 정말 그러세요? 정말 반갑군요. 미스터 뷰헬."

이런 행운이 있나. 바로 우리 앞에 앉아있는 이 하랄드의 아버지가 바로 우리가 방문하고자 했던 리히텐슈타인의 컬트 뷰헬 씨였던 것이다. 하랄드는 아직도 리히텐슈타인 국적을 가지고 있고 이곳 오스트리아에 이민을 와서 살고 있다고 했다. 우연히 성씨가 같을 것이라고 짐작만 하고 있었는데 실제로 부자 관계라니! 참 인연이란 묘하기만 하다. 리히텐슈타인 방문이 갑자기 선뜻 다가온 것으로 느껴졌다.

그동안의 경과를 얘기해 주며 어떻게든 귀국하기 전에 한 번 방문해서 차라도 한잔 나누고 싶고 리히텐슈타인이라는 나라를 둘러보고 싶다는 의견을 피력했다. 그 나라의 우표도 갖고 있고 고등학교 때 영어 교과서에서 그 소국에 대해 배운 이래로 언젠가 한 번은 가 보고 싶었던 나라라는 설명을 곁들였다. 눈치를 챈 하랄드의 대답은 다음과 같았다.

"부모님은 연로하셔서 그들의 생활을 방해하고 싶지 않거든요. 직접 전화를 해 보시지요."

나이 많은 부모를 배려하는 마음이 돋보였고 효성이 깊은 아들이라는 생각이 들었다. 서양 사회에도 이렇게 부모를 생각하는 그런 아들이 있구나. 나도 아들과의 관계는 나쁘지 않은데도 그들의 관계가 부러웠다. 그러면서도 그런 아들의 소개라면 우리의 뜻을 받아줄지도 모른다는 생각과 아직도 3주의 여정이 남아있으니 그동안에 우리의 얘기를 한 번은 해 줄 것이라는 생각이 스쳐 갔다.

오늘은 리히텐슈타인으로 전화를 했다. 그분의 육성을 듣는 것은 처음이었다. 목소리가 쟁쟁하고 매력적이었다. 우리의 일정에 맞춰 3

주 후 일요일 하룻밤의 호스트를 요청했다. 그 주에 노모의 100세 생신이어서 온 가족이 모이는 파티를 가질 예정이어서 우리의 호스트 요청을 거절할 수밖에 없다는 답을 들었다. 지난번에 전자 우편으로 확인했던 내용과 같았다.

100세 생신이 되면 어떤 식으로 모일까? 가족들이 몇 명이나 모일까? 어떤 선물들을 준비할까? 모여서 무엇을 할까? 그 생신 파티에 참석할 수 있으면 좋을 텐데! 작년 여름에 이스라엘을 여행할 때 초대받았던 아랍 결혼식이 생각난다. 레바논과 국경을 접한 북부 산악 지대의 작은 시골의 아랍 결혼식은 우리나라의 결혼식과 너무 다른 준비와 결혼식이었다. 그리고 리셉션의 그 많은 음식. 먹고 마시고 춤추며 일주일씩 흥청대며 즐기던 그 아랍 잔치의 흥겨움이 갑자기 떠올랐다. 아내와 그 얘기를 나누었다.

"우리가 그 아랍인의 결혼 잔치를 즐기고 있던 바로 그 시간에 옆 마을에 미사일이 떨어져 16세 소년이 사망했지. 레바논의 과격분자인 헤즈볼라들이 산 너머 이스라엘을 향해서 미사일을 쏘았던 사건이었지. 이스라엘은 지금은 평온할까?"

우리의 여정도 마지막인 스위스로 들어간다. 여기서 4박 5일간 푹 쉬면서 귀국 준비를 할 참이다. 취리히 공항에서 그리 멀지 않은 곳에 있는 홈스테이 호스트인 펠릭스의 집으로 갔다. 이미 많은 메일을 주고받아 서로가 상당 부분 알고 있었지만, 알프스의 소녀 하이디가 살았음 직한 토겐부르크(Toggenburg) 산록의 초원에 있는 전형적인 스위스의 목조 건물이었다.

정원에는 각종 유기농 채소와 과일, 양 4마리, 토끼들, 자연 발효 치즈, 집 안에서 딴 커런츠와 딸기로 만든 잼과 주스, 집에서 구운 검은 보리빵, 산에서 내려오는 생수 등이 있었다. 오후에는 갓 짠 신선한 우유를 초원을 걸어 올라가 언덕 위의 집에서 가져다 먹는다. 내년에는 젖양을 사서 양젖을 직접 짜서 먹겠다고 한다. 그들의 삶은 자연 속에서 자연의 일부가 되어 있었다.

펠릭스는 중학교 사회 교사지만, 정식 교사가 아니고 시간 강사로 하루 두 시간씩 수업하러 출근한다. 정규직이 되면 종일 매여 있어야 해서 2살짜리 딸 레일라와 놀아줄 시간도 없고 자연과 접할 시간이 부족하다는 것이다. 석사학위 논문을 준비하고 있지만, 그리 급할 것도 없으므로 천천히 하고 싶을 때 한다고 했다. 도무지 욕심이 없다. 그러나 그의 해박한 지식과 정교한 논리, 서재에 쌓인 책들을 보면 그의 정신세계가 얼마나 풍요로운지 알 수 있다. 부인 리즈벳도 독일어와 러시아어 교사 자격을 가진 교사지만, 집에서 가사에만 분주하다. 철 따라 거두어야 하는 먹거리를 추운 겨울에 대비해서 저장해야 하고 각종 열매도 부지런히 따서 냉동 저장하고 잼을 만든다. 가끔 방문하는 여행자나 친척들이 그들의 생활에 큰 활력소가 된다.

2살짜리 레일라의 손을 잡고 초원을 걸어 올라가 저 위의 목장으로 간다. 이 어린아이는 꽃만 보면 코를 갖다 댄다. 키 작은 들꽃에서부터 해바라기까지 꽃이란 꽃에는 다 코를 들이대고 향기를 맡는다. 아직 말도 하지 못하는 어린아이가 꽃향기를 알까? 해바라기에 얼굴을 대어 온 얼굴에 해바라기 꽃가루를 묻히고 웃는다. 이곳에선 어릴 때부터 전원의 일부가 된다. 아이의 발목에 길게 난 상처는 별문제도 되지 않는가 보다. 약을 바르거나 하지도 않고 그냥 내버려 둔다. 언젠가는 낫겠지.

여행도 이제 마지막 3일을 남겨두고 있다. 아직도 리히텐슈타인에 대한 미련을 버릴 수 없다. 우리가 스위스에 머무는 동안 기회가 닿을지도 모른다. 그동안 바하우의 아들 뷰헬이 우리에 관해서 얘기했을지도 모르지. 에라, 마지막으로 전화나 한 번 더 해 보자. 여행할 때는 강심장이 되어야 한다. 세 번째 접촉이다. 자동 응답기의 독일어 안내와 함께 '삐-' 하는 녹음 개시음이 들린다. 용기를 내어 전화 메시지를 남겼다. 여차여차하고 우리는 이제 한국으로 돌아가야 하는데 내일 저녁 하루만 호스트해 주면 고맙겠다. 내일 아침 10시경에 다시 전화를 드리겠다.

아침에 레일라의 손을 잡고 우유를 가지러 초원을 걸어 올라가 언덕 위의 농장으로 갔다. 64세의 이 농장 주인아주머니는 혼자서 소 15마리를 기르고 우유를 짜며 치즈를 가공하고 집을 7채나 관리하고 있단다. 우리 한국의 농가에서는 소 한 마리를 사육하는 데도 얼마나 힘든 일인가를 아는 나로서는 인간적으로 존경심이 우러나온다. 억척스럽게 보이는 시골 아주머니다. 이 농장에서 금방 짠 우유를 받아와서 먹는다. 우유의 소독 여부 질문에 별로 신경을 쓰지도 않으며 우유를 신선하게 먹어서 생긴 문제는 없다고 한다.

어제 자동 응답기에 남긴 약속대로 10시쯤 리히텐슈타인에 전화했다. 뷰헬의 어머니가 응답한다. 아들의 얘기와는 달리 영어가 너무 능통하다. 몇 시쯤 올 것이며 찾아올 수는 있겠느냐? 무엇을 먹느냐? 채식만 먹느냐? 달걀은 먹겠지. 무슨 고기를 먹느냐? 오후에 도착하는 것으로 알고 기다리겠다. 아, 인생이란. 드디어 리히텐슈타인으로 가게 되었다.

리히텐슈타인의 유일한 홈스테이 가정은 뷰헬 박사 부부댁인데 나이가 70세가 넘은 분들이지만 아직도 활발하다. 특히 특허 변호사로서 업무를 아직도 계속하고 있고 리히텐슈타인 각료(이 나라엔 수상을 빼면 장관이 모두 4명이다) 차관을 지내고 지금은 고문역으로 일하고 있다. 교회의 성가대를 운영하고 각종 사회단체에서 왕성하게 사회 활동을 하고 있다. 올해로 100세가 되는 노모를 모시고 사는 특별한 분임을 알게 되었다. 어서 빨리 만나 보고 싶다.

리히텐슈타인 공국(公國)의
차관 댁에서 국빈 대접을 받다 2

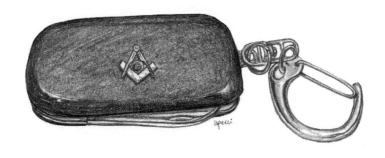

여행기념품: 기네스북에 나이프 수집가로 등재되어 있는 차관님은 내가 프리메이슨 멤버인 것을
아시고 메이슨을 상징하는 컴퍼스와 자가 각인된 나이프를 선물로 주셨다.
– 일러스트: 앤서니 페리[Anthony Perri(Canada)]

알프스 생활을 즐기고 오늘은 리히텐슈타인으로 간다. 그동안 머물
렀던 스위스의 펠릭스 가족은 리히텐슈타인이 국가라는 데 대해서 꽤
나 냉소적이었다. 돈 세탁업이나 하며 먹고 사는 한 단체에 불과하다

는 것이다. 그동안 내색하지 않았던 펠릭스 부부의 이런 태도는 스위스인들의 자부심 같은 것을 느끼게 해 주었다.

그러나 우리가 떠날 때는 들릴 만한 곳을 지도에 자세히 표시해 주었다. 리히텐슈타인에 가면 해발 2,000m가 넘는 토겐부르크의 일곱 봉우리 중 한 봉우리인 쌍츠(Sants, 해발 2,502m)봉을 스키 리프트로 올라가면 주위 전체를 조망할 수 있다고도 했다.

스위스에서 출발하여 달려가며 스위스의 전통 목조 건물 마을인 바트빌(Wattwill)에 들렀고 산림과 초원을 지나 빌트하우스(Wildhaus), 감스(Gams)를 지나서 부흐(Buchs)에서 라인강을 건너갔다. 라인강만 건너가면 바로 리히텐슈타인의 수도인 파두츠(Vaduz)이다.

다리를 건너 분명히 파두츠에 도착했는데 국경 표시도 없고 세관도, 이민국도 없다. 셍겐 조약을 맺은 유럽 대부분의 나라가 국경은 무사 통과지만, 국경의 표시는 있었다. 어디가 국경인지, 어디까지가 스위스인지 알 수가 없다. 현금 인출기에서 돈을 찾기 위해서 가까이에 있는 은행에 들렀다. 스위스 프랑이 통용되므로 프랑화를 인출해 나오면서 보니 은행인 'VP Bank'가 바로 리히텐슈타인의 수도인 파두츠(VP Band Fondsleitung Vaduz)에 있는 것이 아닌가? 이미 우리는 리히텐슈타인의 수도에 들어와 있었던 것이다.

작은 나라여서 집을 찾기가 쉬울 것 같다는 우리의 예상은 완전히 빗나갔다. 우리는 스위스 지도의 한 편에 붙어있는 파두츠라는 도시의 표시만 보고 출발했고, 상세 지도를 사지 않고 주소만을 들고서 집을 찾기 시작했다. 트리에센의 레짜나백 스트리트 25번지. 분명히 거리는 맞는데 집을 찾을 수가 없다. 몇 사람에게 길을 물어도 모두 고개를 내젓는다. 우리는 돌고 또 돌아서 두어 시간을 더 찾았지만, 집을 찾을 수가 없었다.

도착 예정 시간은 훨씬 넘었고 어느덧 어둠이 다가온다. 난감하다. 지금까지 어느 나라에 가더라도 지도를 보고 가면 아무런 문제도 없었다. 그런데 나라가 작다고 지도를 사지 않은 것이 실책이었다. 우체국에 가면 잘 알 수가 있다고 누군가가 알려 주었지만, 우체국도 이미 문을 닫은 시간이었다. 방법이 없다. 우리는 다시 원점에서 출발하여 파두츠성(城) 옆길을 차근차근 따라서 올라가기 시작했다. 길은 인적이 드문 언덕 위의 절벽을 배경으로 이어진다. 이 위에는 집이 있을 것 같지 않다.

언덕길에 레짜나벡 23이라는 도로 표지판이 보여서 반갑게 들어갔으나 23, 24번지의 사유 도로이고 25번지는 없다. 23, 24번지의 도로는 분명히 개인 사유 도로였으나 별다른 방법이 없어서 들어가서 초인종을 눌렀으나 응답이 없다. 그 집을 지나서 무턱대고 들어갔다. 이런 저택에 무단 침입하면 총이라도 맞지 않을까. 약간 으스스하게 느끼면서도 대안이 없고 시간은 촉박하므로 무조건 길을 따라 들어가 보았다. 길의 막다른 저택 앞에서 노신사가 환한 미소로 우리를 맞이한다. 뷰헬 씨였다. 우리가 도착할 시간이 늦어지자 밖에서 기다리고 있었던 것이다.

방을 안내받고 짐을 내려놓은 후 거실로 나와서 창밖을 본다. 고성(古城)의 어느 방에 들어온 느낌이다. 저 아래로 도시 파두츠가 보이고 도시를 관통하여 라인강이 흐른다. 이 집은 레짜나벡 왕궁과 해발 위치를 같이한다. 오른쪽으로 3㎞ 남짓 떨어진 절벽 위에는 현재 파두츠 2세가 거주하는 파두츠 고성(古城)이 있다. 여름인데도 머리에 흰 눈을 이고 있는 먼 산들이 무성한 도시의 푸르름 위에서 숨 막히는 전율을 보내 준다. 몸이 떨린다. 어느 가정집에 이런 아름다움이 또 있으랴!

마이클 잭슨 가족은 엽서에서 본 리히텐슈타인의 아름다움에 반해서 리히텐슈타인으로 이주해서 살기로 하고 리히텐슈타인의 변호사를 선임하여 적당한 집을 물색하도록 의뢰했다. 그 변호사는 먼저 미국의 캘리포니아에 있는 잭슨 가의 초청을 받아 집을 방문해 보고 놀랐다. 잭슨 가의 집은 리히텐슈타인 전체의 반을 넘는 거대한 면적이었기 때문이다. 가장 적당한 저택으로는 파두츠를 내려다보는 산 중턱에 있는 파두츠성을 생각해 볼 수도 있겠으나 이곳은 현재의 국가 원수인 한스 애덤스 2세 군주(君主)가 거주하고 있어서 이를 매입하기란 사실상 불가능했다. 결국, 잭슨 가의 리히텐슈타인 이주 계획은 물거품이 되었다.

뷰헬 부인은 미소가 상냥한 백인 노부인이었다. 집 소개를 자세하게 해 주신다. 이 집은 독일의 유명한 배우가 살던 집으로 그 배우가 미국 이민을 결정했을 때 이 집에 눈독을 들이는 사람들이 많았다고 한다. 들어올 때는 차량 3대 정도의 주차 공간이어서 그렇게 크게 보이지는 않았는데 막상 집의 소개를 받고 보니 마치 성(城)안에 들어온 느낌이었다. 방은 독립 구조로서 방마다 프라이버시가 보장되고 저 아래로 보이는 라인강과 파두츠 시내, 멀리 눈을 인고 있는 알프스 산록의 저녁놀(영어로는 'alpenglow'라는 용어가 있다)은 가슴이 찐한 감동이었다.

그중에서도 실내 수영장을 안내받고 아내와 나는 손뼉을 치며 좋아했다. 여행에 지친 우리에게는 활력을 찾을 수 있는 곳이다. 전자식 풀장의 커버를 올리니 맑은 물이 가득 차 있는 20m 레인의 수영장이다.

"이 수영장 물이 저쪽 문 앞과 이쪽의 깊이가 어떻게 될 것 같아요?"

"바로 이 앞쪽은 1m 80㎝ 정도이고 갈수록 깊어져서 2m도 될 것 같은데요."

"1m 80㎝로 깊이는 똑같아요. 착시 현상이죠. 식사가 준비될 때까지 수영하실래요? 식욕을 좀 북돋우시고…"

내가 수영을 마치자 아내도 용기를 낸다. 귀국을 위해서 우리는 스위스로 되돌아가야 하기에 가방 안에 수영복을 넣어두고 갔으므로 내 트렁크 팬티를 입고 물속에 뛰어든다. 아무도 보는 이도 없이 우리 둘만 있어서 용기를 낸 것인데 아내가 그렇게 용감해 보이기는 처음이었다. 수영을 마친 나는 2층으로 먼저 올라갔다.

"뷰헬 씨, 수영장 들여다보지 마세요. 아시아의 미녀가 수영하고 있으니까요. 내가 알기로 그녀는 수영복을 갖고 오지 않았어요."

"하하, 들여다보지는 않고 문만 닫고 올게요."

정작 몸을 일으키지는 않고 웃음만 흘린다. 뷰헬 씨의 컬렉션 룸에는 종이 자르는 칼(paper knife)이 전시되어 있었다. 기네스북에도 '종이 자르는 칼 수집가로 등재되어 있다며 책까지 보여 준다. 그가 모은 칼은 자그마치 15,000여 종류로 일본, 중국, 인도 등의 동양의 제품은 물론이고 프랑스의 유명한 예술가가 인체 모양에 금과 다이아몬드를 사용해서 제작한 수만 달러를 호가하는 것, 인체를 묘사한 것 등 그 종류만 해도 너무나 다양하다. 종이 자르는 칼 외에도 각종 그림과 조각 컬렉션이 온 집 안을 가득 채우고 있어서 박물관에서 사는 느낌이다. 이들의 생활의 풍요함을 잘 반영해 주고 있다.

뷰헬 차관 댁에서 만찬을 대접받았다. 영화에서나 봄 직한 세팅과 식사 코스를 나는 꼭 '국빈 만찬'으로 부르고 싶다. 우리 부부는 아시아 대표로 리히텐슈타인에 온 것 같았다. 샴페인을 한 잔씩 들고 페이퍼 나이프 컬렉션실로 옮겨서 대화를 즐겼다. 인체 모양의 스페인 특제 장식용 칼에 대화가 집중됐다. 어느 왕실에서 왕이 사용하던 칼이라고 한다. 스낵을 먹으면서 얘기는 깊어만 갔다. 곧이어 다이닝 룸으로 돌아와 리히텐슈타인산 와인 애피타이저로부터 시작해서 샐러드, 각종 요리가 나와 눈을 즐겁게 해 주었는데 오늘의 메인은 생선요리였다. 양파와 각종 향기 나는 약초, 치즈 등을 넣고 오븐에서 푹 익힌 쥬트 부인의 특식이라고 한다. 우리가 오기 전에 전화 대화에서 부인은 우리가 뭘 먹는지 물었고 아마도 처음 맞이하는 아시아인에게는 생선요리가 적당하다고 생각했을 것이다. 우리는 국빈 대접을 받았다.

식사가 거의 끝날 때쯤, 뷰헬 씨가 우리에게 술 저장고를 한번 보는 것이 어떠냐고 제안한다. 아래로 두어 층을 내려가서 방을 여러 개 돌고 돌아가 술 저장고의 문을 연다. 각종 술이 벽면에 가득 꽂혀 있다. 왼쪽에는 백포도주, 오른쪽에는 적포도주, 가운데에는 샴페인과 강한 술로 채워져 있다. 그중에서 한 병을 꺼냈는데, 남아프리카산 코냑인데 특별히 귀한 손님이 왔을 때만 대접한다고 한다. 우리는 더욱 상기되었고 분위기에 어울려서 약간 취하게 되었다. 남 아프리카산 코냑은 우리에게는 퍽 낯선 술이지만, 설명에 의하면 진짜 술맛을 아는 세계의 애주가들에게 인기가 있다고 한다.

나는 피아노 연주는 잘하지 못하지만, 가끔 우리 민요를 친다. 〈양산도〉와 〈노들강변〉과 〈아리랑〉을 주로 치는데 이것은 나의 주벽이랄 수도 있다. 기분이 아주 좋을 때면 자주 피아노 앞으로 간다. 그랜드 피아노를 보니 호기가 발동을 해서 피아노를 두들긴다. 〈양산도〉

에 〈아리랑〉을 섞었다. 모두 술과 대화에 취해 있으니 내 연주의 곡조나 음정에 연연해하지는 않겠지. 한참 몰두해서 곡을 끝내자 박수 소리가 들리고 뷰헬 씨가 곁에 와서 있다.

나는 자리를 양보했고 뷰헬 씨는 라흐마니노프의 협주곡을 연주했다. 피아노 독주의 협주곡도 멋있다. 노신사가 어깨를 약간 굽히고 연주에 몰두하는 모습이 아름답기만 하다. 교회에서 성가대를 지휘한다고 한다. 내 연주는 번데기 앞에서 주름잡는 격이었다. 그러나 우리가 피아노 연주를 요청한다고 해서 그가 과연 응했을까? 내 연주 솜씨에 감격해서 자기도 인사를 한 거다. 이렇게 생각하자. 마치 이스라엘의 피아니스트 집에서 내가 먼저 그 서투른 솜씨로 동양의 곡을 연주하여 그 피아니스트의 독주를 끌어내 감상한 적이 있지 않았던가.

이 집은 두 채를 연이어 지은 집으로 손님방만 15개가 넘는 저택이다. 집의 오른쪽으로 3㎞쯤 가면 지금의 통치자인 애덤스 2세 군주가 사는 파두츠성이 나온다. 생각해 보면 이 집도 충분히 개인의 성(城)이다. 나는 레짜나벡 23번지에 있는 이 집을 '성(城)'이라고 부르고 싶다. 레짜나벡성(城).

리히텐슈타인에서의 마지막 날. 오늘은 리히텐슈타인의 알프스를 오르는 날이다. 뷰헬 씨는 저택 사무실에서 자세한 지도를 크게 복사하여 정확하게 안내해 준다. 말분산을 우리는 말똥산이라고 이름을 붙였다. 말똥산[馬糞山, Mt. Malbun(말분-마분(馬糞)-말똥?)], 지도상에서는 정확하게 해발 2,000m이다. 1,602m까지는 차를 타고 올라가서 스키 리프트를 타고 오른다. 우리에게 안내해 주는 솜씨 또한 섬세하며 한 치의 빈틈도 없다.

아침은 차, 커피, 뮤즐리(시리얼의 일종으로 말린 곡류와 씨앗 등을 바로 우유 등에 타서 먹는다), 부인이 구운 사과 빵(사과와 여러 가지를 넣어 집에서 직접 구운 것으로 견과류와 씨앗의 씹히는 맛이 일품이다), 블랙베리 잼, 자두 잼, 소시지류 등으로 든든하게 챙겨 먹는다. 여행자들에게는 아침 식사가 무엇보다도 중요하다.

"작별 인사 좀 짧게 하세요."

아내에게 바라는 나의 바람이지만, 그동안 정이 들어 뷔헬 부인도, 아내도 선뜻 헤어지기가 아쉬운가 보다. 정이 많은 한국인은 작별 인사를 길게 한다. 아쉬워서 금방 돌아서지를 못한다. 안녕을 말하고 또 잘 있으라고 한다. 악수했다가, 손을 잡았다가, 포옹을 했다가, 형식도, 양식도 없는 인사가 끊임없이 계속된다. 잠시 만났다가 이처럼 다시 만날 기약 없이 헤어지는 경우, 특히 은혜를 좀 입었을 때는 작별 시간이 더 길어진다. 여정을 항상 생각하는 나의 맘은 조급하기만 하다. 작별 인사 좀 짧게 해라.

트리에센에서 출발하여 실름(Silm), 쉐카(Suecka), 스태그(Steg)를 지나 사라이스(Sareis)에 도착해서 스키 리프트를 타고 말분산의 정상으로 올라갔다(1인 왕복 11.9프랑). 여름이지만, 바람이 제법 차갑고 저 아래로 펼쳐지는 산림과 나무들의 낯선 풍경들이 스쳐 간다. 발아래로 보이는 발뤼나(Valuena) 계곡은 크로스컨트리 스키어들에겐 천국으로 알려진 곳이다. 4개의 코스가 끊임없는 설경의 환상 속으로 여행자들을 이끌어 가는 곳이다.

스키 리프트를 타고 말분산 정상에 올라가 사방을 둘러본다. 높은 산들이 저마다의 얼굴로 우리를 맞이해 준다. 험악한 바위산, 진한 색상의 흑림(黑林)으로 뒤덮인 산, 초록 상록수와 침엽수를 입고 있는 산, 여름인데도 눈을 이고 햇빛에 반짝이는 산, 산, 산…. 멀리 쉐사플라나(Schesaplana, 해발 2,859m) 봉우리도 보인다.

해발 2,000m의 사라이샐록(Sareiserjock) 산장에서 커피를 시켜서 전망대로 가지고 나와 천천히 마신다. 커피를 마시면서 천천히 보는 산은 또 다른 느낌이다. 집에 걸려 있는 달력 속의 풍경이 현실이 된 것이다. 이럴 때 커피는 따스함과 주위의 환경, 감명까지 녹아들어서 제값을 한다.

여행에서 돌아와 한 달이 넘은 9월에 뷰헬 씨로부터 편지가 왔다.

친애하는 한국 부부에게

우리는 이탈리아의 지중해에 있는 큰 섬인 사르데냐섬에 와서 해변에 앉아있습니다. 여동생의 집에서 며칠을 머물며 섬 주위를 여행하고 있습니다. 3000년 전 석기 시대에 지어진 유명한 누라그헤 건축물도 구경했고요.

당신이 보내 준 메일을 받고 우리는 너무 기뻤습니다. 당신은 우리가 지금까지 맞은 손님 중에서 가장 재미있는 분이었습니다. 우리는 아직도 우리가 나눴던 높은 수준의 대화, 당신으로부터 배운 그 유머러스하면서도 지적인 표현들을 아직도 기억하고 있습니다.

우리는 당신들이 우리를 좋아했다니 기쁘고 앞으로도 좋은 일들이 있기를 바라며 귀국 후 댁에서 훌륭한 시간을 갖기를 바랍니다.

- 쥬타와 컬트

Dear Korean couple

We are sitting in Sardegna(a big island of Italy in the Mediterranean Sea) and are spending a few days in the house of my sister here and travelling around the island visiting the famous Nuraghe buildings from the stone age(3000 years old!).

Your e-mail and 'Ode' reached us here and pleased us very much. You were amongst the most interesting visitors for us we ever had, and we still remember our high level discussions, including so many humorous but intelligent remarks we learnt from you.

We are glad you liked us too, and we wish you all the best for the future – have a nice time back in your homes!

– Jutta and Kurt

노부부가 이탈리아에서 휴가를 보내며 보내온 메일이다. 정겨운 사람들이다. 인사치레의 수사(修辭)만으로 넘기기엔 우리가 함께했던 분위기를 너무나 잘 표현했고 또 우리와의 만남이 특별히 즐거웠다니 여행이 가져다주는 또 다른 기쁨이다.

나는 사실 이 두 분의 삶의 모습에 경탄을 넘어서 완전히 빠져 있었다. 노부부에 대한 외경(畏敬)이라고나 할까. 그 작은 나라에서, 내가 사는 다대동보다 더 작은 나라의 환경, 이런 약소국에서 어떻게 그러한 풍요를 누릴 수 있나. 내가 그렇게 갖고 싶어 했으나 한국적 여건에서 마음도 낼 수 없던 소장품들과 그 나이에 교회의 성가대를 이끌어가는 믿음…. 특히 컬트 그분의 지적인 세계와 아직도 소년 같은 호기심과 유머러스한 대화술은 오래도록 내 마음속에 남아있다.

나는 마음에서 우러나오는 찬사를 한 편의 시(英詩)로 그들에게 느낌을 전달했던 것인데 그에 대한 답장이 온 것이다. 이왕 나의 속내를 드러내는 것이니 시가 되었든, 뭐가 되었든 그들에게 보낸 글은 다음과 같다.

뷰헬 부부에게 드리는 헌시

저녁 되어 산 그림자 어둡게 퍼질 때
어김없이 높새바람[2] 치불어 올라와 화분에 심은 나무를
깨뜨린다.
왕자님은 그 전날 동아줄로 꽁꽁 묶어서
왕녀를 즐겁게 해야 했는데
위엄을 갖추어 온 세상의 종이 자르는 칼을 수집하느라
종종 임무를 게을리한다.
저녁 높새바람 사람들에게 레짜나벡 궁전을 보라고 안내

---

2) 높새바람(푄, Foehn, Fohn): 유럽에서는 알프스를 넘어 북쪽 경사면으로 불어 내리는 고온 건조한 바람을 지칭하는데, 이곳 리히텐슈타인에서는 지형적인 영향으로 저녁이면 어김없이 이 바람이 마치 태풍처럼 불어 올라온다. 이 집은 언덕 위에 있어서 태풍처럼 강한 바람이 몰아쳐 올라오면 나무들은 꺾일 듯이 휘어지고 꽁꽁 동여매지 않은 것들은 순식간에 날아가 버리지만, 살아 있는 자연에 대한 신비감을 느끼게 한다. 우리가 머물던 그날 저녁에도 높새바람에 화분이 쓰러졌다. 우리 모두 힘을 합쳐서 다시 세웠고 밧줄로 꽁꽁 묶었다. 이런 바람 때문에라도 건물들을 이렇게 튼튼하게 짓는가 보다.

하면

주님의 아름다움이 라인강에 흘러 북해까지

그리고 영원한 약속의 땅으로 흘러간다.

사람들은 알지는 못해도

느낌으로 안다.

세월은 이 노부부에게도 손길을 대지만

더 우아하게, 더 겸손하게 주님 앞에 설뿐

왕족으로 이 세상을 살다가

저세상에선 주님의 궁전에서 산다면

얼마나 멋진 일인가?

이곳에 유명한 한 배우가 살았더라고 전설은 말하네.

그렇다면 바로 뷰헬 씨를 말하는 거지

비록 하룻저녁을 이곳에서 보낸다고 하더라도

잊어버리는 사람은 아무도 없다네!

리히텐슈타인의

레짜나벡 궁전[3]을.

---

3) 독일 배우가 직접 지었고 매년 그의 팬클럽 회원들이 전 세계로부터 이 집으로 방문하러 온다. 그의 얼굴이 담긴 엽서와 기념품도 비치되어 있고 정원에는 그 배우의 청동 토르소가 세워져 있다. 그 독일 배우는 이름이 갑자기 생각이 나질 않는다. 60여 편의 영화에 출연했고 1,000편을 거절했다는데….

An Ode to the Buechels

Evening comes and the mountains spread their
alpenglow,
The foehn wind blows up to destroy the potted plants
as ever.
Prince should've tied them up with a rope the day
before,
To please the princess
Nevertheless he himself is so dignified
to collect the paper knives around the world,
Often times he neglects his duties.
When the evening wind orders people to look up
to see the palace of Letzanaweg of the fairy tale,
Beauties of the Lord floats down on the streams of
River Line to
the North Sea and to the eternal land of promise.
People do not know, but simply they perceive it.
Time and tide touches the couple too,
Only to make them more graceful and humbler,
How wonderful living a royal family in this world,
And living in the Lord's palace after world.
Legendary says that lived here a great actor.
Aha, that must be the Buechels.

Nobody was ever forgotten,

even one evening in this palace,

the palace of Letzanaweg

in Liechtenstein.

August, 2004

스웨덴인들의 주말농장과
아바(ABBA)의 음악 연구실

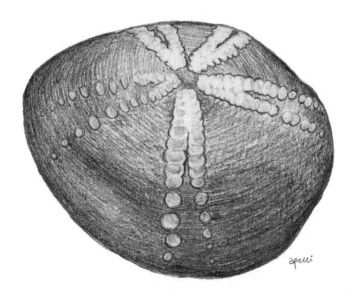

여행기념품: 스웨덴 바닷가에서 주운 고생대의 어류(갑주어)의 화석.
– 일러스트: 앤서니 페리[Anthony Perri(Canada)]

스톡홀름에 사는 사람들은 푸른 나무로 둘러싸인 단독주택(hus)에
서 사는 것이 꿈이다. 이곳도 서울과 같이 단독주택은 집값이 비싸므
로 자연히 아파트나 연립형의 공동 주택에 사는 경우가 많다. 하지만

꿈은 포기할 수는 없는 것. 단독주택에 대한 대안으로 주말농장에 작은 오두막을 지어놓고 주말마다 농사일을 즐기며 스스로 채소를 길러 먹는 것을 사치로 여기면서 즐기는 사람들도 있다.

이곳의 여름은 돌아서면 가버린다고 했다. 여름이 짧은 까닭에 채소가 자랄 수 있는 시기인 6월부터 9월까지 집중적으로 돌보고 가꾸어야 하기에 여름 휴가를 버리고 선뜻 나서서 도전하는 주말농장 마니아들이 많다고 한다.

스톡홀름 홈스테이 호스트인 비욘의 집에서 묵는 동안에 '농장 파티'에 몇 번 초대받아서 갔었는데 가기 전에 했던 생각과는 달리 농사짓는 규모가 작았다. 밭 한 뙈기를 열 집 정도가 나누어서 농사를 짓는데 우리나라의 작은 주말농장을 연상케 한다. 자기 땅 옆에 작은 컨테이너 집을 지어놓고 농기구를 넣어 두거나 가족끼리 그 안에서 식사를 하기도 한다. 비욘이 내게 물어본다.

"킴, 아바(ABBA) 알아요?"

"아, 그 보컬 그룹 말이지요. 물론 알지요. 세계적인 가수들인 데다 한국에서도 인기가 아주 높아요. 나도 그들의 노래를 좋아하고요."

"그룹의 음악 연구실이랄까, 뮤직 아틀리에(Music Atelier)가 우리 집 뒷골목에서 아주 가까운 곳에 있어요. 한번 가 볼까요?"

"아무나 들어갈 수 있을까요?"

"어쨌든 가 봅시다."

비욘은 스톡홀름 시청이 건너다보이는 언덕 위의 아파트에 산다. 비욘과 나는 스웨덴의 국민 가수인 아바(ABBA)의 사무실로 갔다. 아틀리에는 아파트를 나와서 길을 건너 조금 내려가니 바로 나온다. 몇백 미터 거리의 아주 가까운 곳에 있다. 아바는 4인조 보컬 그룹으로서 스웨덴 음악을 일약 세계 주류 음악의 반열에 올린 신화 같은 그룹이다. 골목길에 있는 2층 건물이었다.

비욘과 관리인이 인사를 나눈다. 가까운 곳에 사니 서로가 잘 아는 사이인 것 같았다. 온 이유를 묻더니 오늘은 휴일이어서 문을 닫았으니 다른 날에 오면 자세히 안내해 주겠다고 한다. 아쉽다. 아바 사무실의 문 앞에 와서 들어가지는 못하고 유리문을 통하여 안을 들여다보다가 돌아섰다. 다시 오기로 하고 비욘은 자기의 일정을 설명해 준다.

"킴, 저분에게 얘기해 놨으니 다음에 혼자 오셔도 음악 연구실 안내를 받으실 수 있어요. 내 일정이 바빠서 미안한데, 오늘 농장 파티까지는 나와 같이 다닐 수 있지만, 나는 내일 12시 비행기로 런던에 가야 해요. 우표 전시회가 열리거든요. 여기 열쇠가 여기 있으니 당신이 머물고 싶은 만큼 머물다가 가세요. 떠날 때는 열쇠함에 넣고 가면 돼요. 만약에 문제가 생기면 위층의 스칸센 부인에게 문의하세요. 이미 다 말해뒀으니 잘 도와줄 겁니다."

비욘은 부산 다대포에 있는 우리 집에 와서 뜨거운 여름 햇빛을 마음껏 즐기고 간 사람이다. 그렇다고 하더라도 자기가 집을 비울 때인데도 집 열쇠까지 맡기면서 마음껏 머물다 가라니 고마울 따름이다.

비욘은 아파트 건물 아래층의 슈퍼마켓에서 파티용 준비물을 샀다. 각종 빵과 스낵류, 술, 안주 등을 잔뜩 샀다. 술은 대부분 독한 양주 계열이어서 나는 포도주를 한 병 사서 보탰다. 상자에 담아서 차에 실은 후 약속한 공원으로 향했다. 한국에서 내가 왔다고 친구들을 특별히 초청했단다. 이슬비가 내리고 있었지만, 비를 맞으며 농장 파티는 예정대로 진행되었다. 한 뙈기가 여러 줄로 세분되어 있다. 그 끝에는 소박한 주말농장의 작은 별장이 줄지어 서 있다. 그중 하나의 문을 열고 들어갔다.

벽에는 농기구가 가지런히 걸려있고 다른 편에는 취사도구와 간이침대까지 갖춰져 있다. 스테레오가 눈에 띄었고 아바의 CD가 보였다. 음악을 신청했더니 아바의 곡을 틀어 준다. 마침 비가 그쳐서 테이블과 의자를 밖으로 내고 음식을 차리고 파티 준비를 했다.

곧이어 초대 손님들이 도착했다. 존 시구르드손(Mr. Jon Sigurdson, 스톡홀름대학교 경제학과 교수) 씨, 비르깃타 허트그렌(Mrs. Birgitta Hult-gren, 50대의 전형적인 스웨덴 여성으로 사설 연구소 연구원) 씨, 뱅트(Mr. Bangt, 전시 예술가) 씨, 군나르(Gunnar Trygelius, 부동산 회사 사장) 씨 등이 왔다.

대화는 무르익어 갔고 모두 술을 즐기는 것 같았다. 아마도 추운 날씨의 영향인 듯 여기서는 식사 때 강한 독주를 마시는 것이 일반화되어 있다. 모두가 술 몇 잔으로 몸이 훈훈해지고 대화는 깊어 가며 점점 술은 취해 온다.

단연 모두가 채소 가꾸기에 대하여 열을 올렸다. 여기 모인 사람들은 농장을 함께 가꾸는 구성원들인데 자기들은 여름 휴가를 포기하더라도 직접 농사지은 채소를 먹는 것이 큰 낙이라고들 자랑한다. 이곳의 여름은 돌아서면 가 버린다고 했다. 채소 농사에 대한 자부심이 느껴진다.

한국에 대해서는 월드컵으로 많이 알려졌고 한국의 발전상과 한국의 상품에 대해서 이미 많은 것을 알고 있었다. 몇 년 사이에 우리의 위상이 많이 높아진 것을 이들의 입을 통하여 확인할 수 있었다.

나는 한국을 떠날 때 여름옷을 그대로 입고 갔다. 여행안내 책자에는 9월의 평균 온도가 10℃라고 되어있었지만, 짐이 무거운 게 싫었고 필요하면 현지에서 구할 수 있다는 평소의 신념 때문이었다. 하지만 비가 내리다 그치고 바람이 몰아치니 이곳 스톡홀름의 여름은 완전히 부산의 겨울 날씨였다.

오들오들 떨면서 대화를 계속해 나가니 군나르(Gunnar) 씨가 눈치를 채고 자기 덧옷을 벗어 입혀주며 입으란다. 자기는 자전거를 타고 왔다며 옷을 충분히 입었다는 것이다. 이곳에서 나는 비록 날씨는 춥지만, 따뜻한 이곳 사람들의 정을 느끼기 시작했고 갑자기 스웨덴이 더 좋아졌다.

군나르(Gunnar) 씨는 자기 집에 나를 초대했다. 내 여정이 허락하면 언제까지나 머물러도 좋다고 집에서 홈스테이까지 제안해 주신다. 이렇게 여행의 인연이 이어진다. 이분은 스웨덴 국왕의 별장으로 함께 낚시하러 가자고 은근히 좋은 조건을 제시한다. 불감청(不敢請)이언정 고소원(固所願)이라고, 내가 호시탐탐 기회만 노렸던 스웨덴에서의 낚시가 성사되기 직전이다. 드디어 스웨덴 국왕의 고기를 낚으러 가는구나.

핀란드의
자연인 야리(Jari)와 염소

　헬싱키 시외버스 정류장에서 내일 버스 시간과 요금을 확인한 후 가까운 인터넷 카페에 들렀다. 내일 방문 예정인 서부 도시 투르쿠(Turku)의 야리(Jari) 씨에게 도착 시각을 이메일로 알려주기 위해서다. 헬싱키에는 이미 어둠이 깔렸기에 식당을 찾기보다는 가까운 바닷가의 노점상으로 가서 생선튀김과 감자칩으로 저녁을 해결했다. 열차를 타고 홈스테이 가정으로 귀가했다.

　헬싱키의 홈스테이 토이보(Toivo) 가족과 작별하고 열차로 헬싱키 버스 터미널로 갔다. 이 집은 역이 가까워 퍽 편리하다. 오늘은 헬싱키에서 약 300㎞ 정도 떨어진 서해안의 도시 투르쿠의 야리 씨 집으로 가는 날이다. 버스표를 사니 한 시간쯤 시간이 남아 인터넷 카페에서 커피를 마시면서 메일을 체크했다. 이곳은 인터넷 카페가 한국만큼 그렇게 많지도 않고 드물게 있다. 이용자 또한 그리 많지 않다. 인구가 적은 탓이리라. 이 분야에선 우리나라가 단연 앞서가는 것 같다.

　헬싱키(Helsinki)-살로(Salo)-카메오(Cameo)-니버랙스(Niverax)로 이어지는 풍광을 보니 숲과 호수와 황금색의 풍요한 들판이 아름답다. 남해안 고속도로를 타고 서해안의 가장 큰 도시, 옛 핀란드의 서울인 '투르쿠(러시아가 합방 이후 통치를 쉽게 하려고 가까운 헬싱키로 옮기기 전까지의 수도)'로 달려갔다. 이곳도 일조량이 짧아서 재배 작물이 정해져 있고 한 해에 한 번만 재배할 수 있어서 농산물은 대부분 수입에 의존할 수 밖에 없다.

니버랙스(Nirvex)에 도착하니 야리 씨가 마중을 나왔다. 수염이 덥수룩한 건장한 백인으로 34세의 총각이다. 염소 두 마리와 살고 있고 사람들이 요청하면 대장간 일도 해 준다고 한다. 우리 앞으로 밴(봉고)이 다가오더니 어떤 아가씨가 내린다. 야리 씨의 친구라고 한다. 앤(Ann)-마리(Mari) 양이다. 그녀는 28세로 크지 않은 이 섬의 반대편에서 살고 있다고 한다.

친구라는데 어떤 친구인지? 가는 길에 슈퍼에 들러 먹을 것을 샀다. 야리 씨와 앤-마리 양은 각자 배낭을 꺼내더니 산 물건을 넣었다. 쇼핑할 때는 매번 이렇게 하는 것 같았다. 나는 선물로 줄 좋은 포도주를 한 병 샀다. 밴을 타고 오솔길과 비포장 길을 달려갔다. 사슴이 지나갔다. 오래된 목조 건물 앞에서 차가 섰다. 앤-마리의 집이다.

마당에 쌓아둔 나뭇잎을 밴에 싣고 야리의 차에 타기 직전에 앤-마리가 내게 요트를 타 봤느냐고 묻는다. 내가 아니라고 했더니 가기 전에 요트를 타 보자고 한다. 집 뒤로 난 오솔길을 길을 따라서 바닷가로 가니 자그마한 요트 한 채가 닻을 내린 채 파도에 흔들리고 있다.

우리는 닻을 올리고 불어오는 바람에 실려 잔잔한 수면 위를 미끄러져 나갔다. 잠시 후에 인가가 보이지 않는 가없는 바다에 떠 있다. 파도에 떠밀리며 순항하는 기분은 어디에 비할 바가 아니다. 핀란드인들은 요트를 한 척 갖는 것이 로망이라고 한다. 나에게도 돛과 닻을 조종하는 법을 가르쳐 주어 내가 요트를 움직여 나갔다.

저녁이 다가와 앤-마리와 작별하고 비포장 길을 따라 40여 분을 달리니 야리 씨의 집이 나타난다. 전형적인 농촌 목조 가옥이다. 대장장이 일보다는 쇠붙이로 온갖 예술 작품을 만들고 있다. 벽에는 각종 연과 직접 만든 만돌린과 그림이 걸려 있다. 그는 인터넷을 항상 열어두고 바깥 세계와 접하고 있다. 이 사람의 삶은 자연 예술인이다. 여행자를 위해 홈스테이를 제공해 주지만, 정작 자기는 한 번도 여행을 가서 호스트를 받아 본 적이 없다고 한다. 그냥 좋아서 여행자들을 안내하고 대접해 주는 것인데 여행자를 통해서 세상과 연관을 짓고 살아가는 것 같다.

"감자 좀 캐 올게요. 저녁 식사를 준비해야지요."
장화를 신고 양동이를 들고 밭으로 간다. 뒤따라가 보니 채소밭이 나타난다. 주위에는 사과가 흐드러져 떨어져 있다. 저녁거리용 채소를 뜯어와 감자를 삶고, 채소 샐러드, 햄, 소시지를 요리했다. 내가 가져간 포도주로 식탁은 더욱 풍성해졌고 얘기의 꽃은 깊이 피어났다. 동양 사람과 직접 이렇게 가까이서 대화를 나누고 식사하고 생활하기는 처음이라고 한다.

내일은 다도해(archipelago)로 가서 낚시도 하며 지금 사는 섬을 처분하고 더 깊은 바다 쪽에 있는 작은 섬으로 이사를 하려는데 그 섬에도 가 보자고 한다.

밤공기는 맑았고 따라서 하늘이 너무나 청명하여 별들이 주먹만 하게 보였다. 내가 먼저 북극성 찾기를 제안했다. 지난해 뉴질랜드에서 남십자성을 보며 하룻저녁을 즐겁게 지낸 기억이 떠올랐기 때문이다. 나는 큰곰자리(북두칠성)를 찾기 시작했으나 찾을 수 없었고, 또 카시오페이아자리를 찾아보았지만 찾을 수 없었다. 북쪽 하늘을 계속 주시했기에 찾을 수가 없었다.

"당신은 지금 북국(北國)에 와 있다는 사실을 명심하세요."

야리 씨의 말을 듣고서야 북쪽이 아니라 머리 위의 하늘을 쳐다보니 북두칠성과 북극성이 바로 머리 위에서 반짝이고 있지 않은가. 야리 씨는 천체에 관해서 해박한 지식을 가지고 있었다. 이번에는 인공위성을 찾아보라고 했다. 인공위성을 어떻게 찾나? 힌트를 준다. 움직이는 큰 별을 찾아보라는 것이다. 그렇다. 가만히 주시하니 움직이는 별들이 보인다. 바로 이 자리에서 다섯 개의 움직이는 인공위성을 보았다. 이외에도 수만 개의 인공위성이 떠 있다고 한다. 우리나라의 인공위성도 하늘에 떠서 선회하고 있겠지. 하늘이 너무 맑으니 떠다니는 인공위성까지 볼 수 있다.

3박 4일의 길지 않은 시간이었지만 핀란드 자연인의 삶을 공유한 귀중한 경험을 한 후 작별을 고했다. 야리 씨는 두 시간을 운전해서 나를 투르쿠(Turku)의 다음 홈스테이 가정으로 데려다주었다.

자기가 대장간에서 손수 만든 단도(칼)를 내게 선물했지만 받을 수가 없었다. 나는 작은 배낭 하나만을 기내까지 들고 여행하는 스타일이고, 뉴욕의 9·11 사태 이후 항공기의 보안 검색이 강화되어 칼은 가지고 다닐 수가 없다는 사실을 설명했다.

나는 야리 씨에게 한국의 방패연과 큰 고기를 잡기 위한 새끼 고기를 잡을 수 있는 여러 개의 낚시를 묶어 놓은 묶음 낚시(카드 낚시)를 보내 주기로 약속했다. 핀란드인들은 큰 고기만 인공 미끼(루어)로 노리는 방법을 사용했으므로 낚시가 언제나 잘 되는 것은 아니었다. 그러나 생미끼를 여러 개 끼워서 사용하는 카드 낚시가 자원이 풍부한 이곳에서는 거의 실패 없는 낚시 방법이라는 것이 나의 생각이었다. 그들은 그런 것은 잘 모르는 것 같았다.

북극광(北極光)을 보았느냐고 묻는다. 과거 한국 국적의 비행기는 소련 영공을 통과할 수 없었다. 으레 알래스카를 거쳐 유럽으로 날아갔다. 이스라엘 가는 길에 앵커리지 공항에서 4시간을 머물 때 밖으로는 나갈 수가 없고 공항 건물의 창밖으로 오로라를 본 적이 있다. 야리 씨는 내 얘기를 듣더니 진짜 오로라를 보러 가잔다. 우리는 숲을 지나 하늘 전체를 볼 수 있는 들판으로 나갔다. 인적이 없는 이곳은 석양만 떨어지면 검은 숲(黑林)속에서 적막한 밤이 괴물처럼 나타난다. 이 흑림 괴물의 눈이 바로 북극광이란다.

곧 흑림은 검은 밤을 토해내어 칠흑의 하늘에 형광등이 어른거리더니 형광등은 곧 형형색색의 LED 조명으로 바뀌고 하늘을 휘감는 커튼으로 펄럭인다. 변덕이 심한 처녀가 새 치마를 들어 올려 자랑이라도 하는 것처럼 온갖 변덕을 하늘에 수놓는다. 마녀의 춤사위다.

차가운 아침 서리를 밟으며 숲속을 산책했다. 우리 한국인들이 밭을 경작하듯이 이들은 숲을 마치 밭처럼 나누어 나무를 키우고 잘라서 상업화한다. 따라서 숲속을 조금만 걸어가다 보면 나무를 베어버린 거대한 공지의 밭이 나타나곤 한다. 숲이 가장 큰 천연자원인 이 나라에서는 숲을 매우 잘 관리하고 있다.

아침을 먹고 다도해(archipelago)로 나갔다. 모터보트를 타고 섬과 섬 사이를 달렸다. 길고 모진 겨울을 이기며 살아온 바위나 나무들은 짙은 색상을 입고 강건하게 제자리를 지키고 있다. 갑자기 나는 따뜻한 남쪽 나라 출신으로서 향수에 잠시 젖는다. 극한의 대비. 나는 좋은 기후를 가진 나라에 태어났다.

마른 풀과 나무를 모아 불을 피우고 감자를 굽고 아까 낚은 농어 세 마리를 나뭇가지 꼬치에 구웠다. 인적이라고는 없는 외딴 섬에서 감자를 구워 낯선 핀란드 청년과 먹으니 색다른 행복감이 느껴진다.

"야리 씨, 꿈이 있어요?"

"지금보다 더 작은 섬으로 가서 사는 겁니다."

아아, 이 핀란드 청년의 꿈은 좀 더 작은 섬으로 가서 사는 것이란 다. 황량한 발틱의 바다에는 생명이 없다. 섬 주변의 바다를 유심히 살펴보고 물속의 돌도 뒤집어보았지만 가늘고 긴 푸른 이끼 외에는 생명체라곤 찾을 수가 없다. 부산 앞바다와 대비된다. 돌 한두 개만 뒤 져도 조개, 새우, 게, 물고기 등 각종 작은 동식물이 어울려 사는 우리의 바다와는 너무나 대조적이다. 황량한 바다이다. 그도 그럴 것이, 9월부터 날씨가 추워지면 곧 얼기 시작하여 내년 6월이 되어야 비로소 얼음이 녹고 바다의 생명체가 기지개를 켜기 시작한다. 짧은 여름 동안에 자란 동식물은 곧 닥치는 기나긴 겨울을 견딜 수 없어 다 죽고 마는 것이다. 북국의 거친 황천(荒天), 얼음, 어둡고 긴 밤…. 나는 여기에 살고 싶지는 않다.

우리의 바다를 생각해 보자. 얼마나 큰 축복이자 혜택인가? 우리의 자연은 이 지구에서 가장 아름다운 부분을 부여받았다. 고난의 역사 속에서 가난과 전쟁에서 살아남은 우리 민족이 일궈 놓은 자연의 아름다움은 이제 그 빛을 발하고 있다. 이 글을 쓰는 이맘때쯤 부산 연안에는 여름 동안 서남해안에서 자란 감성돔, 고등어, 갈치, 전갱이 떼가 동해안으로 회유해 가면서 부산 근교 연안으로 붙어 어디서건 바다낚시를 즐길 수가 있다. 전국 어디서건, 어느 철이건 낚시를 할 수 있는 축복의 바다를 가진 우리는 행복하다.

핀란드 처녀와
발가벗고 사우나를 즐기다

3일을 함께 지내는 동안 야리 씨와 정이 들었다. 여자 친구 앤-마리 씨와도 정이 들었다. 앤-마리는 자기의 요트를 운전해서 다도해의 섬과 섬 사이를 누비면서 항해의 즐거움을 제공해 주었고 야리 씨도 나를 마치 가족같이 대해 줬기에 나는 두 분에게 저녁 식사를 대접하고 싶다고 말했다.

"그동안 여러 가지로 즐겁게 지냈어요. 두 분에게 저녁을 대접하고 싶은데 어떠세요?"

"물론 좋지요. 레스토랑에 가본 지 너무 오래되었네요. 레스토랑이 있다는 것도 잊고 살고 있었어요."

우리는 야리 씨의 봉고를 타고 숲속 길을 오랫동안 달렸다. 선창에 도착해서 도선으로 갈아타고 해협을 건넜다. 이윽고 이 섬의 맨 남쪽 끝머리에 있는 이 지역에서 하나뿐인 레스토랑에 도착했다. 국토와 비교하면 인구가 적다 보니 레스토랑조차 거의 없다.

음식은 좋았다. 애피타이저, 와인, 메뉴는 발틱 정어리구이, 으깬 순무, 채로 썬 당근(이곳 핀란드인들은 채소가 귀해서 그런지 어디서나 채로 썬 당근이 주 채소로 나왔다), 오이 피클, 빵 그리고 디저트와 커피가 나왔다. 두 분은 너무 맛있게 먹고 나도 낯선 곳의 음식이어서 맛있게 먹었다.

28세의 처녀 앤-마리는 부끄러운 줄도 무르고 배를 내밀고 두드리며 너무 맛있게 많이 먹었단다. 자연인의 자태가 엿보인다. 집으로 돌아오는 길에 앤-마리가 제안한다. 저녁에 자기 집에서 사우나를 할 것인가를 묻는다. 나는 당연히 좋다고 했다.

"Do you mind if we unclothed all things(옷을 죄다 벗고 사우나를 하는데 괜찮겠어요)?"

"Of course not. We have public baths in Korea too. People all naked there(물론 괜찮고 말고요. 우리나라도 공중목욕탕에서는 모두가 발가벗고 목욕하는걸요)."

나는 일부러 남녀를 구분해서 지칭하지는 않았다. 여행의 의외성(意外性) 축복이라니! 글쎄 핀란드 처녀와 나체로 사우나를 하게 될 줄이야. 마리의 집에 약속 시각에 정확하게 도착했다. 이곳은 인구가 적은 외딴곳이라 길에 다니는 차가 거의 없어 약속 시각은 정확하게 지킬 수 있다. 이 두 사람은 약속 시각을 그리 중요하게 여기는 것 같지는 않다. 주어진 대로 살아가는 자연인의 삶이다.

마리는 이미 숲속의 외딴 사우나 집에서 불을 지피고 있었다. 장작 타는 매캐한 냄새와 연기가 숲속에 사람이 살고 있다는 것을 알려주었다. 나는 야리 씨를 따라 옷을 훌러덩 벗고 사우나실로 들어갔다. 이미 숯은 벌겋게 달아오르고 있었고 물을 끼얹자 확 하고 더운 열기가 숨을 막히게 한다.

둘이서 사우나를 즐기고 있는데, 문이 열리더니 앤-마리가 들어오는 것이 아닌가. 맙소사, 그것도 실오라기 하나 걸치지 않은 채였다. 나는 눈 둘 곳을 몰라 대단히 불편했다. 그러나 자연스럽게 이 사실을 받아들이려 노력했다. '옷을 벗고 사우나를 한다.'는 것을. 나는 야리 씨와 나만 하는 한국식 남자 목욕탕을 상상했다. 처녀까지 이렇게 나체로 들어올 줄은 몰랐다.

재미있다. 곧 더운 열기에 빠져들어 한창 땀을 흘리던 중에 야리 씨가 바람 좀 쐬고 계속하자고 한다. 밖으로 나가 바닷물에 들어가 첨벙거렸다. 모두 실오라기 하나 걸치지 않은 채로 맥주를 마시며 북국(北國)의 찬바람을 맞고 또다시 바닷물에 들어갔다가 추위를 느끼면 다시 사우나실로 들어왔다. 사우나실의 뜨거운 열기가 좋았다. 이렇게 뜨겁고도 차가운 목욕을 세 번을 번갈아 하고 나니 밤이 이슥해졌다. 춥고 적막한 숲의 요정이 우리와 함께했지만, 우리의 훈훈한 얘기는 깊어만 갔다.

장모와 나체로 사우나를 하는 장면을 상상해 보라. 나는 헬싱키에서 기차로 두 시간을 달려 올라가 내륙의 공업 도시인 탐페레(Tampere)의 대학에서 개최된 국제영어교사학회에 참가한 후 주최 측이 준비한 사우나를 즐긴 적이 있다. 사우나실의 자욱한 연기 속에서 한 남자가 나의 얼굴을 보더니, 자기소개를 한 후 핀란드에서는 장모, 처제, 동서의 부인 등 모든 가족이나 친척이 함께 사우나를 한다고 했다. 모두가 나체로 사우나를 한다는 말을 덧붙였다.

그 말을 듣고 생각해보니 이 북국의 매섭고 추운 겨울을 보내려면 한 번 달궈 놓은 불도 아끼고 나누면서 함께 살아가는, 즉 자원도 아끼며 가족 간의 유대를 강화하는 오랜 전통인 '나체 사우나 문화'를 이해할 수 있었다.

나 자신도, 야리 씨도, 마리 씨도 함께 사우나를 하고 나니 훨씬 친밀감이 커졌고 어떤 일이든 함께 해낼 수 있을 것 같았다.

아이리시 커피는
아일랜드인의 농주(農酒)다

여행기념품: 번라티성(城) 중세의 만찬에서 사용했던 전통 아일랜드 술잔.
– 일러스트: 앤서니 페리[Anthony Perri(Canada)]

"'아이리시 커피'는 아일랜드 더블린 공항 로비 라운지에서 고객 서비스 차원에서 추운 승객들에게 제공해주던 칵테일이다. 먼저 글라스 테두리에 황설탕(Brown Sugar)을 묻힌 뒤에 아이리시 위스키 1온스를 붓고, 글라스를 알코올램프에 데워 불이 붙으면 커피를 부어서 생크림을 씌운 후 계핏가루를 약간 뿌려 준다. 베이스가 브랜디이면 로열 커피가 되고, 아이리시 위스키 대신에 베일리스를 넣으면 베일리스 커피가 된다."[4]

이 글에서는 아이리시 커피를 세련된 셰프의 낭만적인 레시피로 묘사하고 있지만, 내가 그들과 함께 생활하면서 살펴본 바로는 아일랜드인들이 마시는 커피는 오히려 토속 농주라 하는 것이 더 적당하다.

척박한 농토에 감자가 주 농업인 아일랜드에서는 남편이 들일을 하러 나가기 전에 부인이 큰 그릇에 블랙커피를 가득 담아 설탕을 듬뿍 친 후 아일랜드산 위스키를 부어서 남편에게 건네준다. 남자들은 이 커피-술을 마시고 얼큰한 기분으로 들에 나가서 감자를 심고 가꿨다.

한국의 막걸리처럼 아이리시 커피는 아일랜드인들의 어려운 삶과 함께해 온 토속 농주로 그들의 역사와 함께해 온 것이다. 이 토속 농주 커피가 상술과 접목하여 윗글과 같은 '아이리시 커피'라는 낭만적인 미각으로 세계에 알려졌다.

아일랜드 수도인 더블린에 있는 더블린대학교의 트리니티 칼리지에

---

4)   어느 커피 레시피에서 발췌.

서 연수를 받으면서 틈틈이 아일랜드를 여행한 적이 있다. 더블린과 서부 중심 도시인 골웨이를 잇는 더블린-골웨이 메인 고속도로가 단선 도로였을 정도로 인프라가 현대화되지 못했던 때였다.

더블린에는 한 집 건너 선술집(pub)이 있고 선술집은 생활의 근거이기에 "아일랜드인들은 펍에서 출생하여 펍에서 죽는다."라는 말도 있을 정도로 펍을 빼면 아일랜드에 대해 할 이야기가 없어진다. 펍에서 식사하고, 술 마시고, 책을 읽고, 교제하고, 사업하고…. 나도 펍에 들리지 않는 하루는 뭔가가 중요한 것이 빠져버린 느낌까지 받았다.

펍에서는 아이리시 커피와 아일랜드 특산 기네스 흑맥주를 즐겼고 펍의 한편에 으레 마련되어 있는 스포츠 코너에서는 간이 농구나 당구, 다트를 던지면서 그들 속에 자연스레 섞여 들어가 어울릴 수 있었다. 일부러 제임스 조이스가 자주 가던 펍에서 많은 시간을 보내면서 그의 문학의 향기를 현실에서 느껴 보았다. 그가 쓴 『더블린의 사람들(Dubliners)』이 사는 현실 속으로 내가 들어가 그들과 함께 앉아있는 것이다.

문학을 좋아하는 이들이 더블린에 가면 '조이스 펍 크롤링(Joice Pub Crawling)'에 참가해 보는 것도 좋을 것이다. 우선 더블린 가이드의 안내 지도를 보고 조이스가 자주 들러서 집필했던 펍에 들러 보자.

그 펍 어딘가에는 조이스의 사진이나 조이스에 대한 소개 글이 붙어 있다. 한 잔의 아이리시 커피와 바이올린과 셀틱 피리로 연주하는 민요에 맞춰서 추는 탭댄스는 흥취를 돋운다. 〈오 대니 보이〉나 〈한여름의 마지막 장미〉 등 우리에게 친숙하고 애잔한 가락이 가슴을 적시면 기네스 흑맥주 한 잔을 시키지 않을 수 없다. 제법 술이 센 사람도 기네스 두 잔이면 취기가 오른다.

나는 비록 낯선 곳에 온 여행자이지만, 대화의 상대를 찾아본다. 펍의 전통대로 저쪽 테이블에서 혼자 독서를 하는 신사에게 술 한 잔을 보내 보자. 바텐더가 처리해 준다. 한참 지나면 술이 한 잔 온다. 그 신사가 보내온 답례 술이다. 술을 좀 더 마시고 싶으면 두세 사람을 더 선택하고 똑같은 방법으로 술잔이 오가게 되면 은근히 취한다.

사람들 중에서 누군가가 큰 소리로 "펍 크롤링 갑시다." 하고 자리를 뜨면 몇 사람이 뒤따르고 다른 펍에서 또 몇 사람이 더 따라붙어 가까운 펍으로 가서 또 술을 나눈다. 더블린에서 펍이 부족한 경우는 없다. 한 집 건너 펍이 있다. 펍을 전전할수록 사람 수는 불어나고 술은 더 취해 가며 모두가 옛 친구가 된다. 술친구란 이래서 좋다. 남녀노소 구별도 없고, 오늘 처음 만났건, 오랜 친구이건 개의치 않는다. 서로 어깨동무가 자연스레 나오고 취중 담론이 거리를 휩쓴다. 자정을 넘기기도 일수다. 그중 어떤 사람이 술이 곤드레만드레 되어 걸음을 주체하지 못하고 기어서(크롤링) 갈 정도가 되면 각자 기어서 집으로 흩어져 가고 '펍 크롤링'의 막이 내린다.

좋은 시 한 편의 힘은 얼마나 위대한가. 윌리엄 예이츠의 발자취를 따라간 이니스프리호수에 있는 작은 섬을(사실은 작품 속의 상상적인 섬이지만) 윌리엄 예이츠는 실존의 섬으로 만들어 놓았고 평범한 한 호수를 세계적인 낭만의 호도(湖島)로 바꿔놓았다.

나 일어나 이제 가려네.
이니스프리로 가려네.
그곳에서 진흙과 작은 나뭇가지로 오두막집을 지으리.

나는 한 편의 시 〈이니스프리 호도〉를 되뇌며 신비와 낭만 어린 호수를 숨을 내쉬며 바라보았다.

또한, 에이레 최북단까지 올라가 만난 거인의 둑길(Giant's Causeway)에서는 거대한 육각형 기둥인 주상절리(柱狀節理)로 형성된 해변의 경이와 마주했다. 거인이 육각기둥을 조각해서 이 둑길을 쌓았다는 전설이 있다. 바다 건너 저쪽은 스코틀랜드이다.

아일랜드인들이 주상절리를 놓고 그렇게 주장한다면 우리 제주도의 주상절리는 '탐라 거인 해녀'가 쌓았다고 주장해 봄직도 했다.

아일랜드는 척박한 땅이다. 전 국토가 바위에 흙이 살짝 덮인 땅이어서 주 농산물이 감자 외에는 되는 게 없었다. 영국의 오랜 압제와 척박한 섬나라의 환경 속에서도 현실의 어려움을 이야기 속에서 풍요와 이상을 실현하는 감정이입으로 풀어냈다.

아일랜드인이 이야기를 시작하면 끝이 없다는 말이 있다. 이야기꾼들이 많아 노벨 문학상 수상 작가가 4명이나 되고 상을 거부한 제임스 조이스까지 합친다면 이 작은 나라가 온통 노벨 문학상 수상 작가로 뒤덮여 있다고 해도 과언이 아니다. 또한, 수상자뿐만 아니라 이와 필적할 만한 작가군이 수없이 많다는 것이 우리를 놀라게 한다. 노벨 문학상 수상자는 그 가운데서 우연히 선택되었을 것이다. 잠시 아일랜드 문학의 세계로 들어가 보자.

- 『고도를 기다리며(Waiting for Godot)』(1953)의 사무엘 베케트(Samuel Beckett).
- 〈이니스프리 호도(The Isle of Innisfree)〉의 시인 윌리엄 버틀러 예이츠(William Butler Yeats).
- 「시저와 클레오파트라(Caesar and Cleopatra)」, 「인간과 초인(Man and Super-

man)」, 「피그말리온(Pygmalion)」으로 우리 곁에 친숙하게 다가와 있고 "유럽인을 교육하기엔 나는 너무 늙었다."라고 대륙을 향하여 독설을 퍼붓던 독설가 조지 버나드 쇼(George Bernard Shaw).

- 〈인간의 사슬〉로 한국의 독자들에게도 사랑을 받았던 시인 세이머스 히니(Seamus Justin Heaney).

- 노벨상 수상 연락을 받고도 수상을 거부했던 『율리시스(Ulysses)』와 『더블린의 사람들(Dubliners)』의 작가 제임스 조이스(James Joyce).

- 「존재의 중요성(The Importance of Being)」의 극작가이며 어린이를 위해 『행복한 왕자』를 쓴 소설가이기도 한 오스카 와일드(Oscar Wilde).

아일랜드인들은 자기네의 역사가 슬프다고 한다. 노래도 슬프고 삶도 슬프며 문학도 슬픔의 한이 지배하고 있다. 골목 어귀마다 영국 수탈 기념비가 있고 한 집 건너 펍이 있다. 매일 한 번은 술집에 들러야 하고 라이브로 연주되는 슬픈 민요를 들으며 이웃을 만나고 낯선 사람까지 허물없이 술친구로 끌어들인다.

불과 바다 하나를 사이에 두고 있는데도 누가 소개를 하지 않으면 옆자리에 앉아서 수백 ㎞를 달려가도 말을 걸 수 없는 영국의 관습과는 이렇게나 다를 수가 있을까. 술을 마시면 으레 노래가 나오고 고함치는 사람이 나온다. 치고받고 길거리에서 싸우는 것이 그리 드문 일도 아니다. 한국인과 정서가 통한다. 나는 세계 여러 나라를 다녀 보았지만, 아일랜드인만큼 한국인과 정서적 일체감을 느낀 나라는 또 없다.

아일랜드인은 한국인과 일맥상통하는 점이 있지만, 이곳의 자연은 다르다. 바위투성이의 국토 위에 비바람으로 풍화된 흙먼지가 얇은 층을 이뤄 조성된 토양은 감자 외에는 별로 되는 것이 없어 자연 상태로 버려둔 곳이 많다. 그런 곳은 으레 푸른 초원이 형성되어 있다.

산재한 고성(古城)은 유럽의 성과는 달리 규모가 작고 대부분은 폐허로 남아있거나 관광용으로 사용되기도 한다. 어쨌든 성채들은 아기자기하고 예쁘다. 어쩐지 정이 간다.

이 중세 고성에서 옛 의식과 정찬을 판매한다는 전단을 더블린에서 보고 티켓을 샀다. 섀넌 문화유산(Shannon Heritage) 중 번라티성(Burnratty Castle)에서는 모든 것을 중세의 그대로 제공해 준다. 중세 만찬 또한 마치 민속 박물관에 온 것처럼 제공해 준다. 더블린에서 예약하고 기다리니, 더블린의 숙소까지 차가 픽업을 와 줘서 편하게 참석했다. 나는 흥에 겨워 아시아인으로서는 처음으로 국빈으로 참석한 한국의 대표라고 크게 소개를 한 후 성주와 귀족들에게 술을 다뤘다.

녹색 자연으로 뒤덮인 척박한 국토, 이야기꾼들, 노래하기 좋아하고 술을 좋아하는 국민성, 한 집 건너 있는 펍을 중심으로 한 대중문화를 이끌어 온 중심에는 아일랜드의 농주인 아이리시 커피가 있다.

일본 오사카의 후미진 농촌에
더치커피가 먼저 들어와 있었네

오사카 시골 마을, 벼가 누렇게 익어 가는 논둑길을 걸어 보며 우리
의 농촌과 비슷하여 너무나도 낯익은 풍경을 유심히 살펴본다. 여름
옷을 입은 터라 비도 내리고 추위에 길이 스산하다.

'어디 일본 전통 찻집이라도 없을까? 몸 좀 녹이게. 그러나 이런 후
미지고 인적이 드문 곳에서 찻집을 찾는다는 건 웃기는 일이지.'

하지만 빗속으로 추위가 파고드니 그 생각이 더 절실해진다.

'이왕이면 차보다는 커피가 더 좋은데.'

마침 논둑길 저쪽 끝머리에 초가가 한 채 보이고 다방의 간판까지
걸려있다. 세워놓은 깃발도 비에 젖어 있었다. 나는 '추위는 좀 녹일
수 있겠구나!' 하고 안도하며 격자 밀문을 밀치고 들어갔다. 오사카의
이 농촌 마을 다방은 으레 일본식 녹차와 말차가 주메뉴인 자그마한
시골 다방일 것으로 짐작을 하고 들어갔다.

주인과 인사를 나눈 후에 자리를 잡고 앉아 주위를 둘러보고 먼저
놀랐다. 초가집으로서는 큰 내부에 의외로 커피 시설물이 가득하다.
차를 주문하기 전에 사방에 진열된 각종 커피 제조 장비를 자세히 살
펴본다.

이 세상에 출시된 커피 장비는 모두 다 모아놓은 것 같았다. 손님이 없고 주인만 혼자 있어서 말을 걸어 보았다. 유창한 영어를 구사하는 주인은 일본에서는 더치커피가 대유행이며 전 세계적으로 더치커피가 대세라고 했다. 추천해 주는 더치커피를 마시며 많은 얘기를 나눌 수 있었다.

더치커피란 말 그대로 더치(Dutch, 네덜란드인)들이 마시던 커피를 일본인들이 재빨리 상업화시켰다고 설명을 달아준다. 일본인들은 현재 세계의 고급 커피 농장을 소유하고 직접 재배하여 전 세계의 시장으로 출시한다. 점유율도 상당하여 커피 시장에서 큰손, 즉 메이저로 통한다고 한다.

가장 비싼 커피인 '코피 루왁(사향 고양이나 족제비의 배설물 속에 섞인 소화되지 않고 나오는 커피콩을 상품화한 커피)'이 가장 많이 소비되는 나라가 또한 일본이기도 하다. 일본인들은 취향을 돈으로 연결하여 세계 커피 시장을 석권하고 있다. 내 속에서 은근한 시샘이 인다. 나는 안다. 일본인이 뭘 잘한다고 하면 은근히 시샘하는 심보가 내 속에 있다.

더치커피의 기원은 이렇다. 자원이 별로 없는 작은 나라인 네덜란드인들은 항해와 교역을 통하여 국부를 일궈냈다. 그들은 항해 도중에 바람이 불고 움직이는 배 안에서 불을 피워서 커피를 끓여 먹기가 쉽지가 않다는 것을 깨달았다. 그래서 냉수에 커피 가루를 담가두고 일정 시간이 지나면 커피가 우러나오는 방식을 알아냈다. 이렇게 찬물에 우러나오는 커피는 맛도 괜찮았고 불을 사용하지 않아도 되는 간편함으로 커피를 즐기면서 항해의 어려움을 이겨내며 세계 방방곡곡으로 교역의 폭을 넓혀나갈 수 있었다.

네덜란드를 좋아하는 일본인들은 '오란다자카(네덜란드인 거주 지역)'를 건설하여 일본 내에서 네덜란드 풍광을 즐길 만큼 유럽의 모방을 좋아하고 특히 더치풍을 좋아한다. 따라서 커피 또한 네덜란드인들이 즐겨 마시는 더치커피를 자연스레 즐기게 되었고 한발 더 나아가 이를 상품화하여 세계 커피 시장을 선도하고 있다.

나는 요즘 더치커피에 빠져 있다. 커피콩을 중약 정도로 분쇄하여 10시간 정도 찬물에 내린다. 처음에는 더치커피의 진미를 모르고 이름이 주는 분위기를 즐겼는데 직접 만들어서 먹어보니 차차 그 묘미에 빠져들어 갈 수밖에 없었다. 기호 식품은 아주 작은 미묘한 차이가 사람을 빠져들게 한다.

방울방울 떨어져 내리는 차가운 '커피의 눈물'을 받아서 냉장고에 하루 이상 숙성시킨다. 이 커피는 천천히 음미하며 마셔야 한다. 빨리 마시면 그 진미를 느끼지 못한다. 어떤 커피보다 부드럽고 은은한 뒷맛이 오래간다. 숙성 식품에 익숙한 한국인으로서 더치커피의 익은 맛을 나의 혀와 몸은 이미 알고 있었던 것이다.

인도네시아 고양이 배설물 속에 든 커피,
비싸도 너무 비싸!

　내가 코피 루왁(Kopi Luwak)을 맛보게 된 것은 인도네시아를 여행하고 부산으로 돌아와서다. 정작 이 비싼 커피의 진원지인 인도네시아에서는 그 이름도 몰랐고 '아메리카노'만 마시다가 돌아왔다.

　그러니 코피 루왁은 내게는 벨기에 동화 속의 '파랑새'와 같았다. 행복의 파랑새를 찾기 위해 떠돌아다니다 결국 집으로 돌아와 보니 집비둘기가 바로 그 파랑새였다는 것. 나의 '코피 루왁'은 인도네시아가 아니라 한국에 있었던 것이다.

　나는 한국 사회에서는 비밀결사로 알려진 프리메이슨(Free Mason)의 정회원인데 이 월례회의에서 코피 루왁을 맛볼 수 있었다. 메이슨 중에는 별의별 취미를 가진 사람이 많은데 그중 한 명이 커피광이었다. 회의에 참석할 때마다 다른 기계를 가져와 여러 종류의 커피를 직접 만들었다. 대부분의 미국인은 커피에 그렇게 까다롭지 않다. 그러므로 그분이 만들어 내는 커피를 건성으로 마신다.

　"그래요. 형제가 만들어 주니 내가 마셔 줄게요."

　프리메이슨은 회의와 의식이 영어로 진행되기 때문에 회원은 대부분 미국인이며 군인, 사업가, 기술자가 주를 이루고 한국인들은 외국

유학을 했거나 어쨌든 영어로 밥을 먹고 사는 사람들이 대부분이다. 또한, 회의를 비공개로 진행하기 때문에 비밀결사로 알려졌다. 영화 〈다빈치 코드〉로 한국 사회에 잘 알려진 바와 같이 단체에 대한 각종 음모론이 횡횡하기도 한다.

비즈니스 회의가 끝난 후 친목 시간에 그 커피 애호가 형제는 큰 상자 속에서 번쩍번쩍 빛나는 황금색 커피 제조기를 꺼내서 설치했다.

"형제 여러분, 이 커피는 세계에서 가장 비싼 커피인 '코피 루왁'인데 한 잔에 150불을 받아야 합니다."

"좋아요. 한번 먹어볼까요."

물론 돈을 내는 사람은 아무도 없고 모두 웃으며 커피를 한 잔씩 마셨다. 알고 보니 그 커피는 실제로 비싸게 거래되는 커피였다.

이 비싼 커피를 최초로 즐기던 사람들은 커피 플랜테이션 농장을 경영하는 영국인 부자들이 아니라 농장에서 커피 따는 일을 하던 가난한 일꾼들이었다. 재배한 커피는 영국 상인들이 모두 다 수거하여 판매했으므로 이들은 커피를 마실 기회가 없었다.

그러나 말레이시아 사향 고양이는 잘 익은 커피콩을 골라 따먹지만, 콩은 소화되지 않은 채로 배설물에 섞여 나온다. 숲속에는 이런 배설물이 여기저기 널려있었다. 원주민들은 이 커피콩을 잘 씻고 말려서 주전자에 넣고 끓여 마셨다. 향이 특별하다는 것을 알았지만, 외부에 알릴 필요도 없었고 자기들끼리 호사를 누렸다. 그러나 우연히 이 커피를 마시는 모습을 본 한 영국인이 그것의 가치를 알고 상품화하기 시작했다.

로부스타(Robusta)나 아라비카(Arabica) 커피 열매를 먹은 사향 고양이(Civet)의 자연 배설물은 얻기가 점점 어려워지니 사향 고양이를 우리에 가두어 배설물을 채취하는 행위가 이뤄지는 게 현실이다. 사향 고양이를 학대하고 수명을 단축시킴으로써 일부 동물 단체와 지식인들은 불매운동을 펼치고 있기도 하다.

커피 생두의 생산 과정에서 습식법(Wet Method)에 해당하는 과정을 사향 고양이의 소화기관에서 거치게 되므로 독특한 향과 맛을 지니게 되고, 화학적 변화로 인해서 생두의 색이 더욱더 짙어지고 단단해진다. 향미는 캐러멜, 초콜릿, 곰팡내 등의 특성이 있고 씁쓸하며 신맛이 적절히 조화된 시럽 같은 중후한 맛을 가지고 있다는 것이 전문가들의 견해이다.

세계에서 가장 비싼 커피의 가격은 얼마나 될까? 현지 가격으로 1파운드(453g)에 120불에서 600불까지 한다. 최근 우리나라에서는 50g에 45~70만 원 정도로 거래되고 있다. 호주에서는 한 잔에 50호주달러, 런던에서는 50유로로 팔리고 있고 한국에서는 고급 커피숍이나 호텔 커피숍에서 한 잔에 50,000원에 맛볼 수 있는 곳이 있다.

영화 〈버킷 리스트: 죽기 전에 꼭 하고 싶은 것들〉에서 억만장자 에드워드(Jack Nicholson)는 폐암을 선고받고 병실에서 누워서 죽음을 기다리면서도 비서가 설치한 황금색 커피 제조기에서 나오는 커피인 코피 루왁을 즐긴다.

평생을 자동차 수리공으로 살던 같은 병실의 카터(Morgan Freeman)는 에드워드가 즐겨 마시는 코피 루왁이 고양이의 배설물에서 추출했다는 사실을 알고, 그 커피를 그렇게 좋아한다는 사실에 놀란다. 그러나 카터는 다음과 같이 말해서 에드워드를 놀라게 한다. 버킷 리스트에 따라 이집트를 여행할 때 어떻게 죽겠느냐는 물음에 카터는 다음과 같이 답한다.

　"내가 죽으면 화장을 해 줘. 그리고 커피 캔에 담아서 경치 좋은 곳
에 묻어줘요."

"죽느냐, 사느냐? 그것이 문제로다!"
-햄릿 왕자의 성(城)에 올라

덴마크의 왕자였던 햄릿은 덴마크의 크론보르성(城) 위에서 해협 건너 스웨덴의 헬싱보리 쪽을 바라보며 이 대사를 내뱉는다.

"죽느냐, 사느냐? 그것이 문제로다(To be or not to be, that is the question)!"

인생살이는 선택의 연속이므로 오늘 하루도 우리는 수많은 선택을 하며 살고 있다. 영국의 대문호(大文豪)인 셰익스피어는 일찌감치 삶의 진수를 꿰뚫어 보는 안목으로 이런 명언을 남겼다. 햄릿 왕자의 입을 통해서였다.

"죽느냐, 사느냐? 그것이 문제로다!"

아버지를 시해하고 왕위에 오른 숙부, 시해 한 달 만에 어머니와 결혼한 숙부에게 복수의 염원만 간직할 뿐, 우유부단한 성격의 햄릿은 독백만 되뇌며 운명적인 결단을 내려야 하는 절박한 순간에도 행동으로 옮기지 못한다. 우유부단의 대명사가 된 햄릿은 고민하고 고뇌하다가 결국 자기 자신마저 불행하고 비참한 염세주의(厭世主義)로 빠져들고 만다.

"아아, 겨우 한 달 만에, 아버지께서 서거하신 후 겨우 한 달 만에, 어머니가 숙부의 가슴에 몸을 맡기다니, 아버지의 유해에 달라붙어…."

"약한 자여, 그대 이름은 여자로구나(Frailty, the name is woman)!"

세익스피어의 '햄릿'에 등장하는 이 대사는 오늘을 살아가는 현대인들에게도 우유부단한 류(類)의 사람을 '햄릿형'으로 분류하게 만들었지만, 나는 오늘도 햄릿형이 되었다가 정신을 차리고 보통의 상식(常識)인으로 오가기를 얼마나 반복했는가?

우리 부부는 여행의 목적을 구체적으로 정하여 '햄릿'을 찾아가 보기로 하고 또다시 배낭을 꾸려서 덴마크로 출발했다. 나도 보다 '햄릿류'로 기우는 경향의 인간이지만, 여행 결정에서는 누구보다도 결행이 빠르다고 자부한다.

여행을 떠나기 전에 먼저 네덜란드의 홈스테이를 찾는 것이 최우선이다. 세계 여행자 리스트를 찾아보고 코펜하겐에 사는 도널드슨 씨에게 연락했더니 댁에서 홈스테이를 제공해 주겠다는 반가운 답신을 보내 왔다. 우리는 도널드슨 씨의 댁에 머물면서 코펜하겐과 주변을 관광한 후 햄릿 성으로 가보기로 했다.

아내는 코펜하겐을 몹시도 좋아했다. 낭만의 도시, 자그마하고 앙증맞은 '동화의 나라'라고 극찬하며 그만 코펜하겐에서 놀다가 귀국하자고 조른다. 나는 아내를 설득했다. 출발할 때의 초심으로 돌아가자고.

대학 시절에 영문학을 전공할 때 셰익스피어는 필수 과목이었고 그중에서도 『햄릿』에 시간과 노력을 쏟아야만 했다. 셰익스피어 담당 교수님은 우리 영문과 학생들에게는 너무나 생소한 셰익스피어 시대의 영어로『햄릿』을 강독해 나갔고 내가 이해하기엔 너무나 난해했다.

셰익스피어 시대의 영어는 영어가 아니라 마치 라틴어 같았다. 그러나 어려운 과정을 거치며 나도 모르게 셰익스피어와 그의 작품에 더 애정을 갖게 되었나 보다. 몇 년 전에는 나 혼자서 영국으로 가서 셰익스피어의 고향에 다녀온 적도 있다. 런던에서 출발하는 시골 열차를 타고 덜컹거리며 4시간 동안 달려 셰익스피어의 고향인 스트랫퍼드 어폰 에이번(Stratford-upon-Avon)에 도착하였다. 지붕이 두꺼운 초가로 덮인 셰익스피어의 고향 집과 지금은 박물관으로 개관해서 일반인에게 공개하는 관련 시설을 둘러보았고 저녁에는 전용 극장에서 공연 중인 〈햄릿〉을 관람했다.

그러니 셰익스피어에 빠진 나로서는 이곳 네덜란드에 와서 햄릿성을 보고 가는 것은 숙명이었다. 아내를 설득해서 코펜하겐에서 헬싱보리로 가는 시외버스에 몸을 실었다.

셰익스피어의 4대 비극 중 하나인『햄릿』의 무대가 되었던 엘시노어 성은 실은 덴마크의 북쪽 스웨덴과 해협을 마주 보고 있는 엘시노어(헬시뇨르)의 요새인 크론보르성(Kronborg Castle)이다. 셰익스피어는 영국 왕 제임스 6세와 덴마크 앤 공주의 결혼 축하차 이곳 크론보르성에 들렀다가 이곳에서 전해지는 비극적인 한 이야기를 듣고 이 성을 배경으로『햄릿』을 썼다고 한다.

코펜하겐에서 44㎞ 떨어져 있지만, 해협의 길이가 5㎞에 불과하여 눈앞에 북쪽 해안에 있는 크론보르성이 선명하게 보인다. 이곳은 지형적인 특성으로 인해서 스웨덴과 덴마크에서는 전략적 요충지이며 역사적인 사건이 자주 일어난 곳이다. 처음에는 스웨덴의 침입을 방어할 목적으로 1420년에 축성된 이 요새에서 1429년부터 에릭 7세가 해협을 통과하는 선박들에 대해 통행세를 징수하기도 했다.

프레더릭 왕은 벽난로, 프레스코화, 태피스트리 등 최고의 제품으로 내부를 꾸며 이 성을 유럽에서 가장 뛰어난 성의 하나가 되도록 했다. 성채의 북쪽 날개 쪽에는 왕과 그의 각료들이 거주하는 곳이 만들어졌고, 남쪽에는 예배당과 57m 높이의 나팔 탑이 세워졌다. 성 서쪽의 지상층에는 양조장과 부엌이 설치되었고, 위층에는 여러 개의 손님용 방이 들어섰다.

1629년에 화재가 일어나 성의 대부분이 파괴된 이후, 뒤를 이은 군주들은 호화로운 장식을 복원하려는 노력을 기울였다. 크리스티안 4세는 화려한 외관을 재건해 냈으나, 내부는 완전히 개조하지 못했다. 1658년의 스웨덴 정복 이후에는 새로운 성벽이 덧붙여져 성은 유럽에서 가장 탄탄하게 방어된 요새 중 하나가 되었다. 오늘날에는 왕실의 방, 예배당, 역사적인 손님이 묵는 방, 무도회장은 모두 대중에게 공개되고 있으며, 포벽과 방대하게 얽힌 지하 복도, 성이 포위당했을 때 1천 명을 수용할 수 있었던 방들을 모두 방문해 볼 수 있다.

햄릿 왕자는 인생의 너무 심오하고 어두운 면만을 받아들여 불행하고 비참한 염세주의(厭世主義)로 빠져들고 말았다. 햄릿 시대보다 현대는 과학과 문명이 발달한 것은 틀림없지만 인생이 처하는 불확실성은 더 깊어간다. 오늘을 사는 나는 일과 삶의 균형(Work and Life Balance), 즉 일과 삶의 균형 그리고 소확행(小確幸)의 흐름을 선택하려 한다.

"죽느냐, 사느냐?"

"갈 것인가, 안 갈 것인가?"

"이 물건 살까, 말까?"

선택이 문제로다.

캐나다의 낚시 경찰과
한국의 낚시 문화

로키산맥을 캠핑카로 올라가니 공기는 맑고 깊은 숲의 시원(始原)에 사람은 적었다. 인류가 태어나기 전의 자연 속으로 현대의 캠핑카를 몰고 들어갔더니 시간 착각의 혼란에 빠졌다.

캐나다의 낚시 경찰을 만나기 전까지는 그랬다. 정말 좋았다. 우리 세 쌍의 부부는 이 버스 캠핑카(RV)를 운전하며 차에서 먹고 싶은 우리 음식을 해 먹고, 자고 싶은 곳에서 자고, 관광하고 구경하는 삼박자를 갖춘 여행을 즐겼다. 서울, 대구, 부산에서 세 부부가 이 여행팀을 구성했으므로 지역을 대표하고 한국을 대표하는 여행팀이라는 자부심까지 생겼다. 오늘 식사는 서울식이다. 깔끔한 한식으로 내일은 대구 아줌마가 대구식 곰탕을, 모래는 부산 아줌마가 생선요리를 대령한다.

캠핑카 안에는 가스레인지가 설치된 싱크대, 냉장고와 6명이 잘 수 있는 침대, 샤워 시설에 화장실 등 일상생활에 필요한 것이 다 갖추어져 있었다. 게다가 부부가 함께 다닌다. 남편이 저녁이 되면 놀러 나갈 일도 없다. 부인들도 그 점을 좋아한다. 낯선 곳에 여행 가서 저녁에 남편이 외출하는 것만큼 염려되고 재미없는 일도 없다고 입을 모은다.

차 안에 있을 것은 다 있었다. 음식도 취향대로 조리했고 볼거리가 있는 곳에서는 어디든 차를 멈추고 구경을 했으며 밤이 오면 모닥불을 피워놓고 노래 부르고 하모니카를 연주하며 낭만적인 단잠을 잤다.

로키산맥 위로 올라가는 길인 앨버타주에는 클리어워터강이 흐르고 같은 이름의 마을도 있다. 물이 얼마나 맑았으면 '맑은 물(淸水, Clearwater)'이라는 이름을 붙였을까. 물은 정말 맑았다. 로키산맥의 물은 어디나 맑았다. 교량 입구에서 보니 낚시하는 사람들이 보였다. 어떤 낚시꾼이 다리 아래의 물에서 낚은 물고기를 다리 위로 감아 들어 올리니 오후의 빛을 받아 고기는 번쩍번쩍 버둥대고 있었다. 감이 왔다. 나의 낚시 경험으로 볼 때 이곳은 노다지다.

"여러분. 오늘 저녁 캠핑은 이곳에서 합시다. 오늘 저녁 반찬은 민물고기가 좋겠지요. 이곳은 이름조차 맑은 물 클리어워터인데 물 반, 고기 반이에요. 싱싱한 고기 좀 낚아 올게요."

캠핑카를 가까운 야영장에 주차한 후 나는 주섬주섬 한국에서 가지고 간 낚시 장비를 챙긴 후 택시를 불렀다. 운전사에게 낚시 면허증을 살 수 있는 곳으로 가자고 했다. 언덕 너머 철물점에서 낚시 면허증을 10불에 샀다. 24시간 유용하다. 태양은 이미 흰 눈을 머리에 이고 있는 로키산맥의 스카이라인으로 가까이 다가서고 있어서 이 면허증은 2시간도 채 쓸 수 없는 것인데 10불이라니. 할 수 없지. 아쉬운 쪽은 나니까.

그 택시로 아까 오면서 보았던 다리에 내려서 장비를 푸는데, 아뿔싸, 루어를 두고 왔다. 다시 캠프장으로 되돌아가서 루어를 챙겨 나오려는데 서울의 이 형이 같이 가잔다. 좀 찜찜했다. 이 형은 면허증도 없고 지금 면허증을 사러 가기엔 시간이 너무 촉박했다. 내 속을 눈치

챈 이 씨가 말했다.

"걱정하지 마! 김 형, 지금 시간이 6시 30분이니 경찰들은 다 퇴근해 버렸어. 재미로 낚싯대만 좀 담가 보려고."

다시 택시를 불러 이번에는 택시기사가 추천하는 가까운 호수로 가서 낚싯대를 담갔다. 30여 분이 지나도록 감감무소식이었다. 한 남자가 다가오더니 이곳에는 고기가 없단다. 역시 다리 위로 가라고 한다. 그 남자는 미끼용 지렁이도 한 통 사 준다. 이곳에서 가장 좋은 생미끼라고 했다. 우리는 인조 미끼만 가지고 있었기에 고맙게 받아 들고 뛰다시피 하여 다리 위로 올라갔다.

이 형이 먼저 한 마리 걸었다. 애써서 릴을 감아올린 고기는 엄청나게 큰 송어였다. 입가에 미소가 보였다. 나도 낚싯대를 내렸다. 곧 소식이 왔다. 내려다보니 내 낚싯대 주위로 송어들이 모여들고 있었다. 고기 반, 물 반이라는 말이 실감이 났다. 푸른 등의 고기가 쫙 깔렸다. 이 형이 또 소리를 질렀다.

"나도 한 마리 올렸어."

내가 이 형 쪽으로 고개를 돌렸을 때 그곳에서 이 형을 바라보고 있는 낯선 백인 남자가 있었다. 우리가 낚시하는 모습을 아까부터 지켜본 것 같았다. 그것도 모른 채 이 형은 낚시에 몰두하고 있었다. 방금 올린 고기의 비늘을 빼기 위해서 이 형은 한 발로 고기를 밟고 한 손으로는 바늘을 빼내려고 애쓰는 중이었다. 고기에서는 피가 나와 흘렀다.

"고기 금방 놔줘요. 당장."

그 백인 남자가 소리쳤다. 이 형은 영어를 잘 못해서 그 말을 알아들을 수가 없었고 그 경찰은 화를 내며 더 큰 소리로 말했다. 보다 못해 내가 소리를 질렀다.

"이 형! 고기를 놔주래. 고기를 풀어 줘. 낚싯줄을 끊어."

이 형은 눈치가 빠르다. 사태를 눈치챈 이 형은 이빨로 낚싯줄을 끊고 고기를 다리 아래로 던져 주었다. 다리 위에는 고기가 남긴 핏자국이 선명했다. 그 남자는 배지를 보여주고 낚시 경찰이라고 소개한 후 낚시 면허증 제시를 요구했다. 내가 급하게 서두르는 바람에 내 면허증을 캠핑카에 두고 왔다고 말했다. 그 경찰은 우리의 낚시 장비와 내가 제시한 운전면허증을 몰수하며 말했다.

"내일 아침 9시에 제 사무실로 와 주세요. 여기 주소 있어요. 3일 후에 순회 판사님이 오시면 판결하게 되겠지만, 벌금을 추산해 드릴게요."

이성을 되찾은 그 경찰은 부드러운 목소리로 우리의 죄목을 조목조목 다음과 같이 말했다.

1. 낚시면허증 제시 못 함: 115불(1인당)

2. 물고기에 대한 잔인한 행위: 250불(이 씨)

3. 물고기를 물에 즉시 돌려보내지 않음: 50불(이 씨)

4. 물고기에 상해를 입혀 돌려보냄: 50불(이 씨)

5. 금지된 미늘이 있는 낚싯바늘 사용: 150불(1인당)

"연방법에 의거하여 유죄 선고를 받거나 벌금을 내지 않을 시에는 연방법원에서 구속 영장이 발부됨. 총 880불의 벌금과 법정 출두를 명함."이라고 적은 쪽지를 건네주며 몇 마디 덧붙였다.

"몇 년 전만 하더라도 이 강에는 물고기가 없었습니다. 지역사회의

협조와 낚시 경찰의 엄격한 법 집행으로 지금은 강에 고기가 이렇게 많아요."

나는 사태의 심각성을 깨닫고 어떻게든 이 역경을 벗어나야겠다고 맘먹었다. 한결 말씨가 부드러워진 그 경찰에게 나도 부드럽게 말을 걸었다.

"내 낚시 면허증은 야영장에 있으니 같이 가서 확인해 봅시다. 오늘 철물점에서 분명히 샀거든요."

"그게 분명하다면 가서 확인해 봅시다."

우리는 그 경찰의 지프에 함께 타고 함께 야영장으로 왔다. 오면서 나는 골똘히 생각했다. 3일 후에 법원에 출두하고 재판을 받고 그 결과에 따르자면 우리의 여행 계획은 완전히 틀어진다. 이 낚시 건으로 얼마 동안 여기에 억류당해 있어야 할지 모른다. 돈은 둘째 문제다. 론(Ron)이라는 이 경찰은 말이 통할 것 같았다.

"제가 제안을 하고 싶은데요. 한국의 관광객들이 캐나다, 특히 이 로키산맥 지역으로 많이 오는데 한국인들은 이 내용을 잘 모르고 있어요. 제가 글을 쓰는 사람이니 이 내용을 일간 신문에 기고해서 알리는 조건으로 저희를 방면해 주면 좋겠어요. 그렇게 되면 한국인들은 캐나다의 자연을 규칙에 맞게 즐길 수 있고 더 많은 한국인이 이곳을 찾게 될 거니까요."

"먼저 면허증을 보고 당신이 정직한지 확인한 후에 이야기를 계속합시다."

우리는 말 없이 고개를 넘어 야영장에 닿았다. 기다리던 여자들이 저녁 찬거리를 잡아 왔냐며 반갑게 맞이했다. 우리의 곤경은 상상도 못 하고 경찰과 론에게 반갑게 인사를 열심히들 한다. 나는 캠핑카에 걸려 있는 옷에서 면허증을 꺼내서 제시했다. 론은 면허증을 확인한 후에 말했다.

"내가 오면서 생각해 봤는데, 당신의 제안을 받아들이겠소. 그러면 그 글을 일간지에 싣는 기간은 얼마로 하면 좋겠소."

"지금 여행 중이니 귀국해서 준비하고 해야 하니 넉넉잡고 6개월로 합시다."

"좋소. 신문 카피를 즉시 나에게 보내 주시오. 만약 이를 어길 시에는 캐나다 입국 즉시 수용될 수도 있습니다."

떠나는 론을 보면서 우리는 안도의 한숨을 내쉬었다.

나는 캐나다 여행을 오기 몇 주 전에 한국의 남해안의 어느 섬으로 낚시를 하러 갔었다. 배에서 내린 그 섬의 바위는 온통 비닐봉지, 낚시 미끼, 납추, 음식 찌꺼기, 야광용 궁합, 바위 사이에 꾸겨 넣은 맥주 깡통과 각종 쓰레기 등으로 오염되어 있었다. 나는 깨끗한 자리를 찾아 몇 곳으로 옮겨가 보았지만 제대로 앉을 자리를 찾지 못했다. 멀리서 보면 평화롭고 아름다운 섬인데 막상 다가가 보면 낚시꾼들이 그렇게 자연을 훼손해 놓았다.

한국의 낚시꾼들은 아름다운 자연을 보전하는 데는 아무런 관심이 없어 보인다. 나는 500만 명으로 추산되는 한국의 낚시인들도 이곳 캐나다의 클리어워터 사례를 타산지석으로 삼아 우리나라에도 낚시 면허제를 도입하면 어떨까 하는 생각을 해 보았다. 약 6,000곳의 민물 낚시터와 9,500곳의 바다낚시터를 관리할 낚시 경찰 혹은 산하 감시인을 뽑는다면 많은 직장도 새로 생겨날 것이고 우리 강산은 더욱 아름다워질 것이며 물고기 자원은 한층 더 늘어날 것이다.

내 글 'Canadian Fishery Police and Korean fishermen'을 『The

Korea Times』에 투고하여 실었고 그 기사를 카피하여 론에게 보내주었다. 이 건을 인연으로 론과 나는 친구가 되어 지금도 이메일을 교환하고 있다.

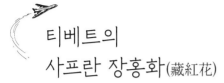

티베트의
사프란 장홍화(藏紅花)

여행기념품: 티베트 라싸의 주민으로부터 직접 구입한 장홍화.
– 일러스트: 앤서니 페리[Anthony Perri(Canada)]

　장홍화(샤프란)는 황금보다 비싼 향신료의 황제이다. 서장(西藏), 특히 테베 지역의 고산 지대 해발 약 4,000m 이상의 고지대의 설산에 자라는 꽃으로서 그 꽃의 암술을 말려서 약재, 향신료 또는 차로 음용한다. 꽃 한 송이에 세 갈래로 갈라진 한 개의 빨간 암술이 있으며 700개의 암술을 손으로 하나하나 따서 말리면 1g이 된다. 암술은 머리카락보다 얇고 길이는 약 1cm이다. 이 말린 암술 3개를 한 잔의 뜨거운 물에 넣으면 황금색으로 진한 색료가 우러나온다.

11월이면 티베트는 겨울이다. 나무로 엮은 눈신발(雪花)을 신고 눈 덮인 산비탈의 꽃을 찾아 이곳저곳으로 옮겨 다니며 장홍화를 채취하기란 세상에서 가장 높은 곳 히말라야의 고산족인 티베트인이라도 쉽지가 않다. 이렇게 히말라야의 모진 바람을 이기며 모은 암술을 말리면 티베트의 장홍화로 비싸게 팔려 이들의 생활에 도움이 된다. 황금보다 더 비싼 장홍화는 고대 중국 황실과 티베트 정부와의 외교에도 등장한다. 다음과 같은 얘기가 전해 온다.

　"승상, 서장(西藏)에서 특사가 와서 뵙기를 청합니다."
　"그래. 그럼 장홍화는 받아놓고 모든 게 다 잘될 거라고 하고 보내버려."
　"그렇게 하겠습니다."

티베트가 중국 황실로 특사를 보낼 때 제일 먼저 챙기는 것이 이 장홍화였다고 한다.

티베트의 수도 라싸에서 며칠을 생활해 보니 이 산악 지대에서의 삶은 너무나 팍팍했다. 의식주가 확보가 너무나 어렵고 삶이 힘겨워 안쓰러웠다.

한국인 젊은 선교사 김 씨와 저녁을 함께할 기회가 있었다. 마침 이곳에 크리스트교 선교 사업차 와서 고생하고 있었다. 한국에서 아내와 어린아이를 두고 혼자서 이 멀고 먼 산악 지대에 와서 자신의 삶은 포기하고 오로지 선교 사업에 매진하고 있었다. 그것도 티베트 불교가 국교인 이곳에서 그리스도의 복음을 전하려고 갖은 고생을 하고 있었다.

나는 김 씨를 좀 도와주고 싶은 생각이 들었다. 티베트의 장홍화가 언뜻 떠올라 나는 김 씨에게 물었다. 진짜 장홍화를 구할 수 있겠느냐고. 장홍화는 값이 고가인 까닭에 이곳 티베트에서 직접 산다고 해도 그 품질을 믿을 수 없다는 얘기를 몇 번이고 들었기 때문에 진짜라는 말을 강조했다. 마침 자기 선교 사업 티베트 파트너가 장홍화 채집가라 품질에는 문제가 없다고 했다.

나는 큰맘 먹고 미화 500불어치를 주문해서 샀다. 김 씨는 이렇게 많은 돈을 받고 팔아 본 적이 없다며 적이 놀라는 눈치였다. 나도 여행을 다니며 이렇게 비싼 물건을 사는 것은 드문 일이었다. 어쨌건 나는 김 씨를 조금이라도 도울 수 있어서 좋았다.

손바닥 안에 쏙 들어가는 작은 상자에 들어 있는 장홍화는 그 내용을 모르는 사람에게는 기실 1,000원도 비싸게 보일 것이었다. 그러나 단 1g을 만들기 위해 700개가 넘는 암술을 손으로 한 개씩 뽑아 말려야 한다는 사실을 알고 나면 생각이 달라질 것이다.

프랑스 식물학자 장 마리 펠트가 쓴 『향신료의 역사』에 따르면 마른 샤프란 1g을 얻으려면 700개의 암술을 말려야 하고 대략 160개의 알뿌리에서 핀 꽃을 수작업으로 따야 한다. 즉, 샤프란 향신료 1kg을 얻기 위해서는 꽃 10만 송이가 필요하다고 한다. 생산량이 극히 적은 데다 일일이 손으로 따기 때문이다. 서양에서 평균 소매 가격은 파운드당 1,000달러가량이다. 사프란 1파운드는 7만~20만 개의 암술대로 이루어진다.

 사프란은 아름다운 황금색을 내는데 향신료나 차, 착색제, 마취제, 직물 염색제로 쓰인다. 생선 요리, 카레 등에 주로 쓰이고 과자나 술, 의료용으로 쓰인다. 술에 들어가기도 한다. 의학적으로도 사프란은 오랫동안 민간요법의 한 부분으로 이용됐을 뿐만 아니라, 현대 의학에서도 항암 작용이나 항산화 작용 효과가 있는 것으로 밝혀지고 있다. 또한, 진정, 진경, 통경, 지혈제로도 쓴다고 한다.

 우리 집 냉장고 맨 위 칸에는 장홍화가 자리 잡고 있다. 집에 손님이 오면 으레 이 장홍화를 꺼내어 차로 대접하면서 그 사연을 설명하면 모두가 좋아한다. 실고추 같은 암술 3~4개를 방금 끓인 물에 넣고 잠시 기다리면 찻잔에 노란색 물감이 번져 나오는 모습을 바라보기만 해도 신비롭다.

 살 때는 멋모르고 사서 집 냉장고에 보관해 두었는데 세월이 가면서 살펴보니 저 작은 장홍화 한 통이면 수십 년간 먹어도 남을 양이다. 남을 도와주면 그 보답을 받는다.

티베트의 하얀 파오는
처녀 혼자 산다는 광고랍니다

티베트의 가을 하늘은 너무나 청명(晴明)하여 흘러가는 구름조차 얼음덩이 같다. 눈이 시리다. 가슴도 시려 오며 두근거린다.

가파른 언덕배기 풀밭에는 야크 소와 양들이 풀을 뜯고 있고 티베트 유목민들의 이동식 천막집인 원형의 파오(包, 몽골식 게르) 몇 채가 여기저기 흩어져 있는데, 그중에서도 하얀색 파오가 유난히 눈길을 끈다.

히말라야 고원 지대의 유목민들은 딸이 성장하여 처녀가 되면 천막집을 지어서 내보낸다. 처녀 혼자 사는 표시로써 하얀 천막을 덮은 이 파오에는 아무 남자나 출입할 수 있다고 한다. 처녀가 아이 둘을 낳으면 시집갈 자격이 되는데 아들을 낳으면 부모 손에 맡기고(부모님께 드리고) 시집을 가게 된다. 딸이면 시집가는 집으로 데리고 간다. 아이의 아버지가 누구인가는 그리 중요치 않다.

나는 남쵸호수로 가는 길에 일부러 차를 세워서 파오를 방문해 보았다. 원형의 천막 방 안 한가운데에 돌 몇 개로 떠받친 냄비가 하나 달랑 걸려 있고 그 아래의 재 속에서는 연기가 모락모락 피어올라 인기척을 느끼게 했다. 한쪽에는 곡식 자루가 두어 개 놓여 있고 그 위에는 옷 몇 벌이 포개어져 있었다. 두꺼운 옷의 소매 끝자락은 닳고 낡은 데다 때가 찌들어 있었고 이불이 보이지 않는 것으로 봐서 밖에서 소나 양을 치던 옷 그대로 잠자리에 드는 것 같았다. 여름철인데도 밤낮의 차이가 심해서 두꺼운 옷을 입어야 한다.

이런 환경에서 딸이 아들 둘을 낳아 부모에게 드리고 시집을 간다고 하더라도 그 아기들이 제대로 성장할 확률이 얼마나 될까? 아이들은 겨우 뛰어다닐 만하게 자라면 야크 소와 양을 돌보고 겨울에 땔 야크 소똥도 모아야 하고 아침 식사로 먹는 '파' 빵가루도 빻아야 할 것이다.

이 유목민 가족들과 사진 촬영을 했다. 히말라야 산록의 거센 바람과 햇볕에 탄 붉은 얼굴에 천진난만한 미소가 매력적인 사람들이었다. 나는 두 손으로 열 명이 넘게 모여든 가족 모두의 손을 한 번씩 꼭 잡아 주었고 연장자로 보이는 할머니 손에 중국 위안화 몇 푼을 쥐여준 후 그 자리를 떴다. 기다리는 차를 향해 개울을 건널 때는 어쩐지 가슴이 찡하고 눈앞이 흐려졌다. 나의 어릴 적 모습을 보아서일까?

남쵸(納木錯, 나무춰)호수는 유라시아 대륙에서 가장 높은 곳에 있는 염호(鹽湖)로서 호수의 면이 해발 4,718m에 자리 잡고 있다. 우리나라의 백두산보다 무려 2,000m나 더 높은 곳에 있는 셈이다. 넓이가 약 1,940㎢로 웅대하며 수려한 경관으로 티베트에 온 관광객을 사로잡는다. 티베트인들에게는 성지(聖地)이기도 해서 순례의 목적지가 된다.

나는 새벽밥을 먹는 둥 마는 둥 하고 남쵸호수를 보기 위해 관광 미니버스에 올랐는데 수도 라싸의 외곽 지대를 벗어나면서부터는 인공 조림한 나무가 없어지고 가도 가도 끝없는 황량한 벌판이 이어졌다.

올해에 새로 개통된 하늘 철도(칭장철도)의 교각 아래를 통과하니 "칭장철도는 티베트 인민을 존경합니다."라고 크게 써 놓은 붉은 글씨가 보였다. 중국 정부가 티베트인을 존경한다기보다는 오히려 이 철도를 이용하여 문화적으로 외진 티베트를 합병하려는 의도를 부각하고 있는 것 같았다.

곳곳에서 날아오르는 독수리 또한 티베트인의 죽음과 직결된다. 사람이 죽으면 도끼로 토막을 내어 이 독수리에게 던져 주고 토막 낸 시체를 독수리들이 다 먹고 나면 뼈들을 빻아서 다시 독수리에게 뿌려 주는 조장(鳥葬)을 치르는 것이다. 티베트는 1년 내내 극단적으로 춥고 건조한 날씨가 이어져 시체를 땅에 묻어도 부패하지 않는다. 또한, 고도가 높아 나무 한 그루 찾아볼 수 없으므로 화장하는 것도 불가능하다.

이러한 자연환경에다가 죽은 사람의 영혼이 새와 함께 하늘로 훨훨 날아 자연으로 돌아간다는 티베트 라마교의 교리가 만나 이런 독특한 의식을 만들어낸 것이다. 많은 독수리가 날아와 깨끗이 먹어줘야 망자가 좋은 곳에서 환생한다고 믿고 가족들은 가족의 주검 앞에서도 울지 않는다.

말라버린 강변과 나무 하나 없는 산기슭을 따라 달려가다 보면 가끔 나타나는 마을의 입구마다 라체(돌 서낭당)를 쌓아 놓았고 라체를 중심으로 늘어뜨린 줄을 따라 불경을 인쇄한 타르초 천 조각들이 세찬 바람에 휘날리고 있었다.

우리가 탄 미니버스의 운전사 루디 씨는 휴게소에서 차를 세우고 길거리에서 팔고 있는 타르초와 향을 사더니 돌무더기 앞으로 다가갔다. 타르초를 줄에 매달고 향을 사르고 불경이 인쇄된 종이 카드를 두 손을 높이 들고 바람에 날려 보내며 기도했다. 달라이라마를 닮은 건장한 루디 씨는 우리의 안전한 여행을 위해 기도하는지, 혹은 현재 티베트에 인접한 인도의 다람살라에서 망명 생활을 하는 달라이 라마의 귀환을 위해서 기도하는 것인지 짐작은 가지 않았지만, 열심히 기도하고 있었다.

드디어 언덕 아래 저 멀리에 남쵸호수의 물빛이 보였다. 남쵸호수는 옥색으로 청명하게 하늘과 맞닿아 있었고 마치 고요한 바다 같았다. 나는 말을 세내어 타고 호숫가로 다가가서 물을 손으로 떠서 맛을 보았다. 세계의 지붕 위에 있는 이 호수가 염호(鹽湖)라니, 어떻게 짠맛을 낼 수가 있으며 이 높은 산악 지대에 어떻게 갈매기가 산다는 말인가? 다대포 바닷가에 사는 나는 바다 갈매기는 친숙하지만, 히말라야 갈매기에는 또 다른 흥미가 생겼다. 내 혀로 감지할 수 있을 만큼 물은 짜지 않았고 물고기는 물론이고 기대했던 갈매기 한 마리도 보이지 않았다. 온종일 내 주위를 맴도는 것은 그 유목민 가족의 미소와 하얀 파오, 이 척박한 산악 지대에 몸을 붙이고 사는 티베트인들의 탄생과 죽음에 대한 생각이었다.

성장하여 하얀 파오를 지어 내보낸 딸에게 어느 건장한 남성이 아이를 낳게 해 주기를 바라는 티베트 유목민의 소망은 건장하고 튼튼한 2세를 바라는 전 인류의 보편적인 소망일 것 같다.

일본인 마음의 고향인 신사(神社)
-오사카에서 벚꽃 놀이를 하다

여행기념품: 간죠 여사가 손수 만든 도자기 컵. 함께 벚꽃 놀이를 갔던 일본 여성들은
저마다 내게 선물을 내밀었다. 아무것도 준비하지 않은 나는 일본 문화에 문외한인 외국인이었다.
- 일러스트: 앤서니 페리[Anthony Perri(Canada)]

벚꽃이 만발할 때 일본 여행자 클럽의 초청을 받아서 오사카로 벚
꽃 구경을 갔다. 이번 여행에서 느낀 것은 벚꽃 놀이는 일본의 국민적
인 행사라는 것과 신사(神社)는 그들 생활 속에 없어서는 안 될 가정집

과 같이 중요한 의미가 있다는 것이다.

일본 총리는 해마다 A급 전범자의 위폐가 있는 신사에 참배하거나 성물(聖物)을 바쳐 한국과 중국, 심지어는 미국을 비롯한 세계 각국에서 비난이 쏟아지고 있는 것이 현실이다. 그러나 그것을 감수하고서도 한 해도 빠짐없이 그렇게 하는 데는 일본인의 의식(意識) 속에 내재한 그들의 확립된 의식(儀式)과도 유관하다는 생각을 하게 된다.

아키코 여사는 해방둥이로 나와 동갑이다. 자동차 사고로 한쪽 발에 쇠를 넣어 걸음이 부자연스럽지만, 활발한 사회 활동을 하고 있다. 하는 일은 영어 교습이다. 미국 유학의 경험을 잘 살리고 있다. 서너 명이 그룹을 짜면 집이건, 학생들의 집이나 공공시설(도서관의 연구실 등)이건 가리지 않고 영어를 가르친다.

일본인들의 영어 열기는 아주 뜨겁다. 여사는 교육청의 허가를 갖고 영어를 지도하지만, 벌이도 꽤 짭짤하고 가르치는 일을 즐긴다. 일본에서 일본어를 유창하게 하면 별로지만 영어를 유창하게 하면 다시 쳐다본다. 영어를 한다는 이유만으로 사람을 다시 보게 되는 것이다. 일본인들 자신들도 이것을 인정하고 있다.

저녁에 영어 교습 시간에 함께 참여를 해 봤다. 성인 영어 시간이었는데 네 명의 성인들이 모여 교재를 중심으로 실용회화를 공부하고 있었다. 내 소개가 있고 난 뒤 내가 한국인이고 또 영어를 구사하므로 영어 학습은 더욱 활기를 띠는 것 같았다.

교습생 중에는 의사가 한 분 있었다. 아키코 여사와 영어를 4년째 계속해서 공부하고 있는데 영어가 잘 늘지 않는다고 고백한다. 술기운이 있어 보였다. 술을 좋아해서 진료가 끝나면 한잔 즐긴 후에 이렇게 빠짐없이 온다고 했다. 젊은 회사원 두 명과 가정주부 한 명도 있었다.

일본인들은 영어 구사 방법으로 볼 때 두 계층으로 나눌 수 있다. 일본어의 특징인 발음을 영어에 그대로 응용하는 일본식 영어 구사자와 이를 벗어나 원어민에 가까운 발음을 구사하는 사람인데, 의외로 이런 원어민 발음을 구사하는 사람이 많다는 것이 일본 사회가 국제화했다는 방증이 될 것이다. 일본 사람들과 어울리는 동안 영어를 한다는 이유로 나는 가는 곳곳마다 과분한 대접을 받았다.

아키코 여사 댁에서 눈을 뜨니 아키코 여사는 아침부터 도시락을 준비하느라 바빴다. 친구 세 명이 더 합류할 예정이라 음식을 여유 있게 준비한다. 약속 시각에 자동차가 도착했다. 인사를 나눈 후 그 차로 오사카역으로 나갔다. 역에 가면 오늘 이 시간 벚꽃의 개화 정도가 퍼센트로 전광판에 소개되고 있으니 그걸 보고 갈 장소를 결정한다.

대합실 전광판 앞에는 사람들이 몰려 있었고 우리도 합류하여 지금 이 시간에 가장 개화 상태가 좋은 청수사(기요미즈데라)로 가기로 했다. 약 80㎞ 떨어진 오래된 고찰이다. 청수사로 가기로 정한 후 다시 아키코 여사의 차에 올라 봄 들판을 달려 청수사로 향했다. 마치 봄 소풍 가는 아이들처럼 마냥 즐거웠고 차 안에서 나누어 먹는 간식 또한 맛있었다.

절의 입구 주차장에 주차한 후 정문을 지나 한참을 걸어 올라갔다. 사방에 벚꽃이 만개하고 있었고 개나리와 푸른 풀과 대비를 이뤄 우리와 같은 상춘객들이 남녀노소 혹은 가족 단위로 올라가고 있는 사람들을 들뜨게 하고 있었다. 벚나무 중에 수양버들과 같이 가지가 아래로 뻗은 벚꽃들은 우리나라에서는 좀처럼 보기 힘든 것이어서 특히 눈길을 끌었고 절 마당의 사방에 핀 벚꽃 가운데에 자리를 잡고 자리를 펴고 앉았다.

마치 초등학교 운동회 때 점심시간에 운동장에 돗자리를 펴고 가족과 함께 앉아서 점심을 먹는 것과 같은 분위기로 주위의 사람들은 전혀 개의치 않는다. 사람이 많으니 사람 구경 또한 쏠쏠했다. 모두 점심 도시락을 꺼낸다. 음식도 푸짐하고 집에서 직접 만든 일본 음식들이라 내게는 외국 음식이 아닌가. 식성이 좋은 나는 네 명의 일본 부인들이 먹는 것을 합친 것만큼 많이 먹었다. 나이가 든 부인들이라 술은 준비하지 않았다고 했다.

아키코 여사의 친구인 간죠 부인이 선물을 꺼낸다. 내가 한국에서 와서 같이 꽃놀이에 참여한다는 말을 듣고 준비를 했단다. 종이에 곱게 싼 것은 도자기 컵이었다. 손수 디자인하고 손수 구운 것이라고 한다. 색상과 형태의 아름다움이 뛰어난 걸작으로 보였다. 다른 두 분도 선물을 꺼내 주었다.

선물을 준비하지 못한 나는 약간 당황했다. 말로 인사치레만 할 뿐이었다. 그 컵을 서로 돌려가며 품평회를 했는데 모두가 후한 점수를 주었다. 꽃 속에서 웃고 웃으며 지내는 모습을 보니 '평화', '행복', '아름다움' 이런 단어들이 떠올랐다. 이스라엘에 있을 때는 모두가 입만 열면 "샬롬, 샬롬." 하고 평화를 외쳐도 평화의 분위기는 영 살아나지 않았는데 이곳은 그와는 정반대이다. 웃으며 즐긴 즐거운 벚꽃놀이를 끝내고 모두가 헤어져 집으로 돌아왔다.

저녁 식사 후에는 아키코 여사가 신사(神社)에 가자고 한다. 나는 기독교인이어서 신사에 대해서 다소 부정적인 생각을 가지고 있다. 일본인은 신의 존재에 대해서는 물신(物神)적이고 다신(多神)적이다. 모든 것에 신이 있다는 식이다. 이런 이야기가 있다. 기독교의 한 선교사가 지나가는 부인에게 기독교를 전파하며 십자가를 선물로 주었다. 십자가를 가지고 집에 간 부인은 방 안에 모셔둔 각종 신상(神像)들 옆에 십자가를 모셔두고 남편에게 말했다.

"여보, 오늘 또 신(神)을 한 분 모시고 왔어요. 오늘 신은 서양 신이에요."

아키코 여사가 신사(神社)에 가 보자고 한다. 손님인 나는 말 없이 아키코 여사를 따라나섰다. 신사란 어떤 곳인가, 일본인들에게 신사란 어떤 존재인가가 궁금하기도 했다. 집에서 그리 멀지 않은 골목길에 동네 신사가 있었다. 자그마한 이 신사는 역사의 흔적이 켜켜이 묻어 있어 다른 주택과 다른 고고한 멋이 있었다.

아키코 여사는 마당 한편에 있는 대나무 조각 위로 흐르는 우물에서 물을 받아 손을 씻은 후 간단한 의식을 치렀다. 내 손을 잡고 안내를 하며 자세하게 설명한다.

아키코 여사는 태어나자마자 이곳 신사에 와서 신생아 축복 의식을 치렀고 돌맞이와 생일을 축하하고 국가의 중요한 날이나 행사가 있는 날이면 으레 부모님과 함께 이곳 신사에 왔다. 학교에 입학하는 해에는 봉물을 더 크게 바쳤다. 봄에 벚꽃 철이 되면 이곳에서 벚꽃 축제에 참여하고 준비해온 음식을 먹으면서 즐겼다.

초등학생 때는 이곳이 방과 후의 놀이터였고 청소년 때는 데이트 장소였으며 성인이 되어서는 이 지역 사회생활과 교제의 중심이었다. 신사를 중심으로 이웃과의 관계가 맺어졌으며 이 신사를 통하여 동네에 사는 사람들에게 일어난 일을 모두가 알게 된다. 일본인들에게 있어서 신사란 제2의 가정이라 해도 과언이 아닌 것 같았다.

유럽의 성(城)을 모방하는
미국인들의 고향 노스텔지어

    대부분 미국의 백인들은 유럽에 대해 야릇한 향수병을 앓고 있다. 유럽에서 신대륙으로 건너온 이민자의 후손이기 때문일 것이다. 혹자는 미국인들은 유럽인에게 열등감까지 느낀다고 한다. 미국의 막강한 힘에 의해 세계평화(Pax Americana)가 유지된다는 현실과 자부심에도 불구하고 일천(日淺)한 역사는 어쩔 수 없는 약점으로 보는 것이다.

    이를 보상이라도 하듯이 미국인들은 유럽식 성(城)을 건설하고 그 속에서 사는 경우가 많다. 어떤 성은 유럽의 어느 것보다 크고 웅장하며 견고하고 장엄함을 느끼게 한다. 그러나 미국의 성은 어느 것도 진정한 성이라고 보기는 어렵다. 유럽 성과 견주어 봤을 때 장엄함과 견고함은 있지만, 대부분 미국의 성과 성채는 시골의 저택이거나 터무니없이 덩치만 크거나, 외양만 성채의 모양을 본뜬 건물들이다. 그럼에도 불구하고 미국인들의 미국 곳곳에 성을 짓고 살며 곳곳에 성채가 널려있는 것은 졸부의 과시욕을 나타내는 것으로 보이기도 한다.

    건축 양식도 고딕 양식이거나 프랑스 르네상스식이거나 소탑(小塔) 모형의 스코틀랜드 양식이거나 영국 엘리자베스 시대의 튜더 아치(虹蜺)식 중 하나로 유럽의 것들을 모방한 것에 불과하다.

나는 미국의 한 가족과 나들이를 갔다. 오늘은 미국의 성을 구경하러 가자고 해서 마차를 타고 가긴 했지만, 내심 웃었다. 왜냐하면, 미국에서 성이란 아무런 존재 이유가 없었고 성을 가질 만큼 미국의 역사가 길지 못하다는 것을 나는 누구보다도 잘 알고 있었기 때문이었다. 그러나 내 생각은 그리 오래지 않아 바뀌었다.

버몬트주의 프록터시에 있는 윌슨성(Wilson Castle)에 도착했을 때 그 고풍스러운 외양에 먼저 압도되었다. 로마네스크 리바이벌 양식 (Romanesque Revival style)의 육중한 정문을 통과하여 입장권을 산 후 입장하여 가이드의 설명을 들었는데 이 건물은 19세기인 1867년에 축조된 건물이라고 해서 다소 놀랐다. 이렇게 오래된 성이 미국에 존재한다는 사실이 경이로웠다. 건물 일부는 5월 말부터 10월까지 박물관으로 일반인에게 개방하고 있다. 이 저택은 버몬트 출신의 의사인 존 존슨(John Johnson)에 의해 거의 8년간에 걸쳐 미화 1,300,000불을 들여 건축되었다고 했다.

부지는 115에이커(0.47㎢), 3층 건물에 방의 개수만 해도 32개이다. 전면부는 영구 벽돌과 프랑스의 대리석 재료로 환상적인 느낌이 나도록 설계되었으며 13개의 벽난로, 84개의 스테인드글라스가 운치를 더해 주고 유럽의 앤티크 가구와 중동의 카펫, 중국제 벽걸이와 병풍으로 장식되었다. 유리 온실과 거대한 새장은 방문객에게 또 다른 볼거리를 선사해 주었다.

존슨은 영국에서 의학을 공부할 때 영국인 부인을 만나 결혼했고 이 성을 건립할 때는 영국인 건축가를 고용했다. 그러나 존슨 부부는 이 건물에 잠깐밖에 머무르질 못했다. 부인과 사별한 후 존슨은 세금도 내기가 어려웠고 그 큰 건물의 유지 보수가 힘들었다. 앤티크 가구와 귀중품들은 경매로 팔리거나 직원들의 보수 대신 지불했고 지방 사람들은 그 건물을 '존슨의 덩치만 큰 건물'로 불렀다. 1939년 이래로 윌슨의 가문이 5대에 걸쳐서 살았고 1962년부터 일반인들에게 박물관으로 공개됐다.

남미의 축소판 볼리비아,
라파즈의 달동네에서 나 자신을 만나다

나와 아내는 무리요의 집을 찾아갔다. '남미의 티베트'로 불리는 안데스산맥의 하늘 닿은 곳에 위치한 볼리비아의 수도 라파즈에서는 고산증으로 숨을 쉬기도 힘들었다. 라파즈는 세계에서 가장 높은 곳에 있는 수도이다. 호텔에서 하루를 쉬면서 어느 정도 피로에서 회복한 우리는 호텔 밖을 나섰다. 그러나 또 숨을 헐떡이기 시작했다. 그러나 오늘은 우리를 호스트해 주기로 한 산동네 엘 알토에 사는 여행자 클럽 회원인 무리요를 찾아갔다. 무리요는 인디헤나(Indigena)로 불리는 볼리비아의 원주민으로서 호스트를 받기에는 특별한 사람이다. 인디헤나들은 낯선 이를 집 안에 들이기를 꺼린다는 얘기를 들었기 때문이다.

아내는 내가 낯선 사람을 찾아서 이런 먼 곳까지 오는 것이 영 맘에 들지 않는지 계속해서 뭔가를 중얼거리며 마지못해 나를 따라오는 눈치다. 아내는 고산증으로 신경이 더욱 날카로워져 가파른 산비탈 길을 몇 걸음 걷지 않아 이내 숨을 내쉬었다.

우리나라에서는 코카인이 법으로 금지된 약물이지만, 이곳 안데스 고산 지대에서 살아가는 볼리비아인들에게는 코카잎이 생활필수품이라고 한다. 우리 부부는 고산증을 이기기 위해 계속 코카잎을 씹으며 걸어갔다. 이렇게 고산병에 단단히 대비해도 해발 4,000m에서 우리의 적응력과 체력에는 한계가 있었다. 한 걸음을 힘겹게 옮겨갔다.

달동네 엘 알토에서 주소를 겨우 찾았지만, 이웃 사람과 손짓, 발짓으로 대화를 나눠 보니 무리요는 이사를 하고 없다는 사실을 알았다. 행방이 묘연한 무리요는 포기하고 호텔로 돌아오기로 했다. 골목길은 진흙 벽이 허물어진 채 담장 아래로 악취를 풍기며 오수가 흘렀다. 당장 오늘 밤 잘 일이 걱정이다. 무리요 집에서 홈스테이를 계획하고 그렇게 승낙을 받고 왔는데 이사를 가 버렸으니 낭패다. 아쉬움 속에 발걸음을 돌리면서 아내가 화장실을 찾으니 집주인은 이곳에는 화장실이 없다고 했다.

이렇게 많은 사람이 사는 곳에 대부분 화장실이 없으니 날이 어두워지면 골목이나 으슥한 곳에서 볼일을 볼 수밖에 없다. '사람 사는 게 그런 거지.' 하고 보니 곳곳에 널린 똥 무더기조차도 남미의 고원 지대 알티플라노의 청명한 하늘과 대조되는 자연의 일부로 보였다. 다행인 것은 이 고원 지대에서는 해가 지면 쌀쌀하게 변하는 기온 차로 벌레가 없고 잘 건조되기 때문에 그나마 위생을 유지하는 것 같았다. 라파즈에는 화산 분지의 고산 지대라서 그런지 이상하게도 벌레도, 모기도 없었다.

상하수도 시설이 없으니 목욕을 할 수도 없다. 우기에는 거의 매일 소나기가 내리고 소나기로 목욕을 하는 경우도 많을 것 같다. 이때 내린 빗물은 경사가 급한 400m 아래의 도심을 향하여 세차게 내려가며 오물까지 깨끗이 씻어 내린다.

가파른 골목길을 또 내려가자니 후덥지근한 날씨에 땀이 물 흐르듯이 흐른다. 혹시라도 똥을 밟아 미끄러질까 조심하며 골목길을 올라가다 보니 허물어진 담장 너머로 알몸의 상체를 드러낸 여성들이 자주 보였다. 우리가 애써 시선을 피하려고 했지만, 그들은 아무렇지 않게 오히려 우리에게 미소를 지어 주었다. 여성들이 벗고 사는 모습만으로 이들의 성문화를 말할 수는 없겠지만, 길거리에서 자주 볼 수 있던 아기를 안고 있던 소녀 엄마들의 모습이 떠올랐다.

볼리비아는 조혼 풍습이 있어서 18세에서 20세에 대부분 결혼한다. 여성의 문맹률도 77%나 되다 보니 피임은 생각지도 못하고 아기 아버지들도 생활 능력이 없기는 마찬가지다. 그래서 아기만 만들어 놓고 도망쳐버리는 경우가 허다하단다. 어린 나이에 어머니가 된 소녀들은 혼자서 동생 같은 아기를 키우며 살기 위해 부득이 노점상이 되거나 남의 집 일을 해 주며 생계를 이어가고 있다.

엘 알토의 원주민뿐만 아니라 볼리비아 인구의 60%를 차지하는 대부분의 원주민은 잉카와 스페인 정복자의 지배 계층의 차별과 착취로 교육을 받을 기회도 박탈당한 채 가난을 이어오고 있다. 그중에서도 '라파즈 드림'을 이루기 위해 몰려온 인디헤나들은 화산 분지의 고지대에 다닥다닥 게딱지처럼 붙어서 살아간다. 이곳 엘 알토 지구만 해도 인구가 40만 명이 넘는다고 한다.

지난 1월에는 볼리비아 역사상 최초로 원주민 출신이 대통령으로 선출되었다. 빵으로 엮은 모자를 쓰고 취임식장에 나타난 모랄레스 대통령은 원주민들의 권익 보호에 최선을 다할 것이며 석유와 천연가스 등의 자원을 국유화하겠다고 선언해서 브라질을 비롯한 이해 당사국의 거센 반발을 샀다. 우리 부부는 이들의 가난을 직접 보았기에 대통령의 정책이 성공을 거두어 이들의 생활이 조금이라도 나아지기를 바랐다.

화장실이 급한 우리는 택시를 탔다. 무조건 시내 중심가로 가서 큰 건물을 찾아 들어가야 화장실을 찾을 수 있다. 1달러면 시내 어디나 갈 수가 있는 택시는 엘 알토에서 계속 내려가 이스마엘 몬테스가, 산타크루즈, 프라도(The Prado)를 지나 내친김에 곧바로 이곳에서 하나밖에 없는 한국 식당으로 갔다.

이곳 교민들 역시 한국인 특유의 부지런함으로 모두 잘살고 있다는 얘기를 들으며 우리는 40여 일 동안 남미를 여행하면서 먹지 못했던 한국 음식을 마음껏 즐길 수가 있었다.

'남미의 티베트'라는 별명이 말해주듯이 해발 6,000m가 넘는 산 11좌를 비롯한 안데스 고산 지대, 스페인과 잉카의 잔재 속에서 느긋하게 살아가고 있는 전통 민속 복장을 한 인디헤나들, 간단한 산포냐 악기 하나로 사람들을 끌어모으는 거리의 악사들, 오루로의 악마의 춤(Diablo)과 세계 최대의 우유니(Salar de Uyuni) 소금 호수, 그뿐만 아니라 저지대로 내려가면 카누를 타고 악어나 원숭이나 아나콘다를 보고 메기와 피라냐 낚시를 하는 루레나바케(Rurrenabaque) 아마존 정글 등을 돌아보니 볼리비아는 남미의 축소판이었다.

우리는 비를 맞으면서도 흐르는 물에 발을 적시지 않게 조심하며 천천히 호텔로 다시 돌아와서 하루를 더 묵었다. 무리요를 만나지 못해 이 사람들의 집에서 먹고 자는 경험은 하지 못했지만, 엘 알토를 둘러보고 그들의 삶을 유추할 수는 있었다.

우리 부부의 남아메리카 배낭여행

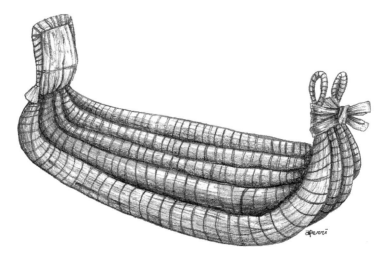

여행기념품: 티티카카의 우로스섬에서 산 발사스 데 토토. 토토라 골풀을 짜서 만든 선박.
– 일러스트: 앤서니 페리[Anthony Perri(Canada)]

아내와 함께 남미로 40일간 배낭여행을 갔다. 비행기를 8번 갈아타고, 배를 6번, 밤을 지새우는 국제버스도 여러 번 갈아타면서 세계 최남단 도시 아르헨티나의 우수아이아까지 갔다. 우수아이아에서 바라보는 남쪽 바다는 이 세상 끝머리의 남쪽 바다여서 그런지 쪽빛 물결이 세게 일었고 배들은 항해가 힘들어 보였다. 낭만의 푸른 바다가 아니라 인간의 접근을 거역하는 황천(荒天)으로 보였다. 바람에 깎인 산과 들과 마을에는 피부색이 진한 갈색인 원주민들이 천하태평으로 행복을 누리고 있었다.

브라질, 아르헨티나, 칠레, 페루, 아마존 밀림, 안데스 고산 지대로 올라가 볼리비아에서 귀국하는 여정이었다.

환갑을 넘긴 부부가 배낭을 짊어지고 남미와 중미를 답사하는 기나긴 여정으로 우수아이아까지 왔다는 자부심이 느껴졌다. 체력과 건강은 받쳐주겠지. 미리 준비를 단단히 하고 출발했으니까. 우리는 체력을 기르기 위해 걷기 훈련에 돌입했다. 규칙적으로 가까운 산을 타고 산에 흥미를 잃으면 지하철역 주위를 도보 여행하는 '도시철도 골목 트래킹'에 몰두하여 부산 지하철역을 거의 다 도보로 여행했다.

남미의 대자연과 명소(名所)를 찾으면서 숙박은 홈스테이에서 주로 묵는 여정을 짰다. 여행 코스는 우리의 몸이 안데스의 해발 6,000m 고산 지대에 적응할 수 있도록 점진적으로 고도를 높여갔다. 이 글을 쓰면서 돌이켜보니 좋은 여정이었다.

마침 같은 코스로 출발하는 전국의 11명의 배낭여행자 동호인들이 힘이 되어 주었다. 항공권을 살 때도 11명이 사면 한 명은 무료여서 싸게 살 수 있었고 중남미 전문인 랜 칠레(Lan Chille) 항공을 주로 이용했다.

중남미 여행도 함께 해 볼까. 멕시코와 쿠바를 거쳐 남미로 가는 중남미 여행도 생각해 보았으나 40일 동안 광대한 남미를 제대로 보는 것만으로도 부족할 것 같아서 이번 여정에서는 빼기로 했다.

다음은 중남미 여정인데 내년 여름이 좋겠다고 맘속에 넣어 둔다. 쿠바를 중심으로 멕시코, 아이티, 도미니카 공화국, 산후안, 산 빈센트, 자메이카에서 파나마로 상륙하여 북으로 올라간다. 코스타리카 니카라과, 온두라스, 과테말라, 벨리스 제국을 헤밍웨이의 발자취를 따라서 느긋하게 움직인다. 올해는 우리나라의 여름이 허리케인의 계절이 아니라면 좋겠다.

이구아수 폭포, 파라과이의 이타이푸와 아르헨티나의 파타고니아, 안데스의 스위스 바릴로체, 남미 대륙의 최남단도시 칠레의 푼타아레나스, 푸에르토 나탈레스, 파이네 국립공원, 칠레의 나스카의 우주인 유적을 비롯한 페루의 잉카와 파라카스 문명, 아마존 밀림에서 아마조나스의 삶의 현장을 체험해 본 후 점차 안데스 고산 지대로 올라갔다.

4,600m의 고산 마을 치바이를 거쳐 세계에서 가장 깊은 계곡으로 통하는 '캐논 데 꼴까'에서 안데스 독수리의 비상을 보았고, 잉카 제국의 수도 쿠스코와 잃어버린 공중 도시 마추픽추, 푸노를 거쳐 세계에서 가장 높은 곳에 있으면서도 항해할 수 있는 티티카카호수에 떠 있는 우로스 갈대 섬에서 사는 사람들의 모습, 우유니 소금 사막과 안데스산맥의 화산 분화구에 있는 볼리비아의 수도 라파즈를 보고 그곳에서 귀국행 비행기에 올랐다.

남미 대륙에서의 이동 방법은 대륙이 워낙 넓어 장거리는 항공(8회)을 이용할 수밖에 없었고 야간 버스도 수십 회를 탔는데 한 번은 18시간을 밤낮으로 달려가 거의 기진맥진한 상태에서 내린 적도 있었다. 마추픽추로 가는 길은 기차(2회)로, 아마존에서는 각종 선박(8회)도 이용했고 도시에서는 시내버스와 꼴렉티보나 삼발이 합승을 이용했다.

빠른 이동이 필요할 때는 택시를 이용했는데 택시비는 아주 저렴했지만, 남미에서는 미터기를 사용하지 않기 때문에 타기 전에 요금을 흥정해야 했다.

대부분의 택시는 한국산 대우의 구형 마티즈였다. 기사와 이야기를 나눠보니 기름값이 적게 들고 5년 동안 고장 한 번 나지 않아 정말 좋은 차라고 자랑이 대단했다. 이곳에서 본 대우, 삼성, LG의 힘은 한국인으로서 가슴 뿌듯한 긍지를 느끼게 해 주었다. 한국에서 구형 마티즈 택시를 타라고 하면 타는 승객이 있을까? 우리 사회는 몰라보게 이처럼 성장해버린 것이다. 국내에서는 느껴볼 수 없는 해외여행이 주는 행복감이다.

항공권 구매는 한국에서 출발하는 11명의 배낭 팀과 단체 구매했으므로 1명분은 공짜로 받을 수가 있어서 생각보다 저렴했다. 장거리 버스 이동은 이들과 함께하되, 일단 목적지에 도착하면 우리 부부는 따로 떨어져서 홈스테이에 머물거나 여관이나 호텔에 묵으면서 숙식과 관광은 따로 했다.

홈스테이는 이미 계획한 대로 떠나기 전에 이미 호스트의 약속을 받아 두었다. 전 세계에 여행자 클럽이 있는 136개 회원국을 최소한 한 가정 이상은 방문해 보겠다는 우리들의 야심으로 이미 반 이상은 달성했지만, 여기에 더해서 남아메리카 회원 7개국의 가정을 방문할 생각을 하니 떠나기 전부터 가슴이 설레었다. 볼리비아만 클럽 회원이 적고 원주민 인디헤나 무리요 집을 찾아갔을 때 이사를 하고 없어서 홈스테이를 받지 못했다.

남미의 물가는 우리와 비교하면 상상도 할 수 없을 만큼 쌌기 때문에 일단 항공 요금을 내고 나니 40일 동안 먹고 자고 다니는 것은 크게 신경이 쓰이지 않아서 좋았다. 여관 1박에 1~2만 원, 식대는 매끼 천 원 정도로 배부르게 먹을 수 있고, 합승 미니버스 한 번 타는 데 80원, 시외버스 이동은 한 시간에 500원으로 10시간을 달려가면 5,000원, 슬리퍼 한 켤레에 700원, 라마(야마) 털 스웨터 1만 원, 구두 닦는 데 30원, 마니오카 칩스 한 봉지 20원….

야자수 그늘에서 40원짜리 달콤한 아이스크림을 핥아 먹고 있는데 원주민 인디헤나 아이가 빤히 나를 쳐다보던 해맑은 두 눈이 떠오른다. 긴 여행이 남겨준 보너스다.

이스라엘 심층 탐방,
유대인 키부츠에 살아 보다

키부츠(Kibbutz, 이스라엘 집단 농장의 한 형태)는 어떤 곳일까? 우리 부부는 이스라엘을 일으켜 세우는 데 지대한 공헌을 한 이스라엘 키부츠 두 곳에서 생활해 보았다. 하나는 예루살렘 근교의 호텔을 운영하는 키부츠이고 또 다른 하나는 농사 위주의 전통 키부츠였다.

오늘 저녁은 키부츠에 사는 만야(Manya)와 예히엘(Yehiel)의 유대인 공동체 키부츠에서 호스트를 받는다. 버스를 타고 키부츠 라마트 라헬(Kibbuts Ramat Rachel)로 갔다. 어릴 때부터 들어왔던 키부츠 생활을 실제로 해 볼 수 있으니 기대가 크다. 약속한 키부츠 호텔의 다이닝 룸 앞에서 만야가 우리를 반갑게 맞이한다. 60세인 만야는 억척스러운 시골 아주머니 같다. 단독 주택들이 언덕 위에 마을을 이루고 있다. 얼핏 봐서는 키부츠인지, 혹은 그냥 마을인지 구별이 어렵다. 새로 지은 만야의 집에서 우리가 머물 방에 짐을 풀어 정리해 놓고 먼저 샤워를 했다.

저녁 식사 시간이 되어 식당으로 갔다. 이 식당은 500여 명을 수용할 수 있으며 집기가 검소해 보인다. 키부츠 회원 모두 흩어져서 일하다가 시간이 되면 모여서 공동으로 식사한다. 공동 식사는 특히 주부들의 일손을 덜어주어 효율적인 노동력의 이용이 가능하다. 메뉴는 키부츠의 밭에서 갓 따온 토마토, 오이, 양상추, 고추 등 각종 채소와 통밀빵, 치즈, 요구르트 등으로 완전한 건강식이다.

전문가가 식단을 짜고 양질의 신선한 재료를 공급받아 즉석에서 조리한 음식을 먹어서 그런지 사람들이 모두 건강해 보인다. 집에서 요리해 먹고 싶으면 재료를 가져다 해 먹을 수도 있다. 밥상 차리는 수고도 하지 않고 맛있고 좋은 음식을 먹으니 아내는 생글생글 웃으며 좋아한다. 한국에도 키부츠가 있으면 좋겠단다.

어제 키부츠로 들어올 때 보니 한 남자가 언덕에 있는 바위 위에 앉아 있더니 오늘도 그대로이다. 명상 중인 수도사인가 했더니 키부츠 안전요원이라고 한다. 이곳이 원래는 팔레스타인 지역이었으나 키부츠를 건설하는 초기에는 분쟁도 많았고 많은 사람이 다치고 죽었다고 한다. 경비는 전문 업체에 외주를 준다고 한다. 저 사람은 명상만 하는 것이 아니라 총을 들고 자기 일을 열심히 하는 중이다. 몸무게가 작게 나가지도 않는 분이 온종일, 한 달 내내, 일 년 내내 저렇게 앉아만 있어도 되는 걸까?

한국의 고추가 맵다고 하지만 이스라엘 고추 앞에는 두 손 다 들었다. 나는 원래 시골 출신이어서 매운 고추를 좋아한다. 크기도 우리나라의 어느 고추보다도 큰 고추를 세 개나 접시에 담아 왔다. 내가 집어 온 고추를 보고 앞에 앉은 만야의 아들 닐(Nir)이 어머니에게 무어라 말하니 만야가 내게 말한다.

"킴, 고추는 꽤 매운데…"

"난 매운 고추를 좋아해요."

"그래도 그렇게 그냥 먹기는 어려울 텐데…"

"어릴 때부터 매운 고추를 먹어 와서, 나는 매운 고추가 좋아요."

"그래도…"

마치 우리나라에서 외국 손님에게 매우니 고추를 먹지 말라는 식이다. 그러나 고추를 된장에 찍어 먹는 맛에 익숙한 나는 큰 고추 한 개를 집어 우적우적 깨물었다. 그러나 오산이었다. 이스라엘 고추는 너무나 매웠다. 재채기가 그칠 줄을 모른다. 물을 마셔도, 우유를 마셔도 안 되고 액상 치즈를 먹어도 점점 더해 간다. 거의 미칠 지경이다. 얼굴은 홍당무가 되고 재채기와 기침이 점점 커지니 식사하는 4~50여 명의 키부츠 사람들은 식사하다가 말고 모두가 나를 지켜보고 있다. 겨우 진정되었을 때는 온몸에 땀이 났다. 나중에 안 일이지만, 이스라엘은 일조량이 많아서 각종 채소류나 과일들이 제맛을 톡톡히 낸다고 한다. 과일 속에 꿀이 흐른다고 하지 않았던가. 그러니 고추 속에는 크기와 관계없이 매운맛이 가득 들었을 수밖에.

전화와 와이파이 도시락과 신용 카드만 있으면 만사 오케이다. 에게드 관광 회사에 전화로 30일 사해 지방의 단체관광을 예약했다. 제리코(여리고)-쿰란-엔 카렌-마사다의 하루 코스다. 집에 앉아서 상품 코드를 선택하고 신용 카드의 번호만 불러주면 여행사를 찾아가지 않아도 되니 참으로 편리한 세상이다. 인터넷 예약은 아직은 여행객들에겐 다소 제약이 있다.

해외여행을 할 때 현금이나 여행자수표 보관은 항상 신경 쓰이는 문제다. 그러나 신용 카드만 있으면 현금 자동 인출기에서 현지 돈을 그 자리에서 뽑아서 쓸 수 있으니 얼마나 편리한가. 요즘에는 어디를 가나 자동 인출기가 있다. 예전처럼 은행이나 환전상을 찾아가지 않아도 된다.

편리한 나의 장난감 디지털카메라도 있다. 필름 카메라의 경우, 보통 한 달 정도의 해외여행이면 필름을 하루에 한 통씩 계산해서 30통은 준비해야 한다. 필름만 해도 짐이 된다. 또 필름은 우리나라가 값이 싸기 때문에 출국 전에 준비해서 가야만 했다. 그러나 디지털카메라는 64GB 메모리 칩 하나만 있으면 대략 1,000장을 찍을 수 있고 동영상까지 촬영할 수 있다. 인터넷과 연결할 수 있어서 그날그날의 사진을 전송할 수도 있으니 얼마나 편리한 세상인가. 노트북과 로밍 핸드폰은 수행비서 역할을 해 준다.

아침에 일어나니 만야는 이미 울판(Ulpan, 국영 히브리어 학원)으로 강의하러, 예히엘은 스포츠 센터 소장이라 관리하러 나가고 우리 둘이서 키부츠 다이닝 룸으로 갔다. 엊저녁에 같이 식사하고 또 내가 매운 고추를 먹고 법석을 떨어서인지 내 얼굴을 마주친 키부츠 사람들은 눈웃음으로 인사를 한다. 아침 메뉴는 요구르트, 치즈, 통밀빵, 토마토, 배추, 시리얼과 우유 등으로 아무리 봐도 건강 식단이다. 아침 메뉴도 아내는 좋아한다. 차려주는 밥에 맛있고 건강까지 고려한 식사니 어련할까. 게다가 공짜니.

한 사람이 약 600명이 먹는 키부츠 식당의 식기를 기계를 이용해서 처리하고 조리 준비를 한다. 씻어야 할 식기류를 먹은 사람 각자가 컨베이어 벨트 위의 플라스틱 상자 안에 엎어 놓기만 하면 자동 식기세척기 안으로 들어가서 깨끗이 세척되어 나온다. 15m 정도의 원형의 컨베이어 벨트는 계속 돌고 있다. 씻은 그릇은 손수레(Cart)에 순서대로 엎어서 벽에다 밀어다 붙여놓으면 식사하는 사람들이 바로 가져다 사용할 수 있는 효율적인 시스템이다.

호텔을 운영하는 키부츠도 있다.

키부츠 라마트 라헬(Kibbuts Ramat Rachel)은 예루살렘시의 동쪽에 위치하여 베들레헴과 헤로디온을 바라볼 수 있다. 언덕에 있고 팔레스타인 자치구와 인접해 있다. 이 키부츠는 호텔을 운영하는 예루살렘 유일의 키부츠이다. 건강 센터, 미용 연구소, 수영장 등의 부대시설도 운영하고 있다. 베들레헴과 헤롯왕의 옛 궁전과 유대 사막을 바라보는 언덕 위에 있다. 뒤로 눈을 돌리면 예루살렘을 조망할 수 있어서 경관 좋은 언덕에 자리 잡은 입지 조건을 잘 이용하고 있다. 이 불모의 땅에 희망과 피와 땀으로 건설한 키부츠인들의 왕국이다. 만야는 남편 예히엘을 왕이라 부르기를 좋아한다. 왕이라고 불릴 때마다 예히엘은 빙긋이 웃는다. 현대의 자수성가한 왕이다.

키부츠는 '10대들의 집'을 운영하여 다음 세대에게 사교와 교육의 장을 제공한다.

이 키부츠는 식당, 세탁소, 매점, 공구실, 차고, 회의실, 유치원 등 기본 시설 외에도 특이한 것이 있는데, 바로 '10대들의 집'을 운영하는 것이다. 자녀가 성장하여 10대가 되면 이곳에 와서 생활할 수 있다. 스스로 규율을 정하여 생활한다. 키부츠가 그리 큰 사회는 아니니까 집과는 멀리 떨어져 있지도 않고 식사할 때는 가족과 함께할 수 있으며 언제든지 집에 가거나 부모를 만날 수 있다. 비슷한 나이 또래끼리 생활함으로써 독립하고자 하는 청소년기의 심리를 충족시키며 가족 외의 사람들과 집단을 이뤄 사는 방법을 배우는 좋은 교육의 장이다. 그러나 만야는 이곳을 항상 문제를 일으키는 '문제의 집'이라고 한다. 어른들이 보기에 청소년들은 어딜 가나 문제아인가 보다.

성지 이스라엘의 바람은 다르다. 이곳 바람은 다른 나라와의 바람과는 달리 전해주는 이야기가 있다. 고요히 귀 기울이면 바람이 하는 이야기를 들을 수 있다. 하루의 기온이 바뀌고 시간이 가면 은근히 바람이 기다려지고 그럴 때면 어김없이 바람이 불기 시작한다. 히브리어로 'Ruach'는 바람(wind)과 성령(spirit)을 의미한다. 성령은 바람과 함께 오나 보다. 이 바람 속에서 그리스도인들은 성령을 맞이했고 이슬람교도들은 모하메드를 말을 태워 하늘로 보냈으며 유대인들은 메시아가 오기를 아직도 기다리고 있다. 이미 오신 메시아를, 친숙한 이웃의 얼굴로 오셨기에 보지 못하고 인정하지 않는 것이 안타깝다. 우리 같은 이방인도 금방 알 수가 있는 것을 그들은 수천 년을 지나면서도 깨닫지 못하고 있다.

킹 조르지(King George)와 벤 예후다(Ben Yehuda)의 번화한 거리에서 오가는 사람들을 보는 것도 흥밋거리 중의 하나다. 약속한 시각이 훨씬 지나자 수수하고 평범한 만야의 모습이 나타난다. 여러 사람 사이로 걸어오는 만야는 그냥 수수한 초로의 할머니의 모습이다. 아들 다섯, 딸 한 명을 성장시킨 어머니이자 히브리어 교사이며 오늘날의 키부츠 라마트 라헬 호텔을 이루어 낸 인물이다. 울판에서 히브리어 강의를 마치고 지금 나타난 것이다. 그러나 작년 팔레스타인과의 국지전(局地戰) 때 셋째 아들을 잃은 슬픔을 가슴에 담고 살아가고 있다. 이 거리를 오가는 사람들의 내력을 들어보면 개개인 모두가 만야처럼 가슴 속에 사연을 안고 살아가는 사람들이 아닐까?

1) 유대인 가족 연구: 요엘과 만야

만야와 요엘

예히엘 요엘(Yehiel Yoel)

1946년생, 남, 현재 거주하고 있는 예루살렘의 키부츠 라마트 라헬에서 탄생하여 성장하고 오늘에까지 이른 키부츠의 산증인이다. 현 라마트 라헬 호텔 스포츠 센터 소장이다. 8년 전에 직장암 판정을 받았으나 '자연요법사'의 처방대로 식이요법으로 좋은 건강을 유지하고 있다.

- **취미** 예술, 자연, 역사, 정치.
- **구사 언어** 영어, 히브리어.
- **여행한 국가** 미국, 캐나다, 이집트, 요르단, 영국, 프랑스.
- **애완동물** 개.
- **부모**

  예히엘의 아버지: 나탄(Natan, 1930년에 폴란드에서 귀환하여 키부츠를 건설하기로 하고 7명으로 시작하여 모든 것을 자신의 손으로 일구어냈다).

  예히엘의 어머니: 쇼샤나(Shoshana, 1930년에 폴란드에서 귀환하여 남편과 함께 키부츠 운동에 참여하였다).

- **자녀**

  유리[Uri, 남, 1969년생, 의사, 아내 미할(Michal), 아들 2명].

  엘란[Elan, 남, 1970년생, 선장, 아내 파스칼(Pascal), 프랑스 출신, 딸 2명].

  에얄[Eyal, 남, 1973년생, 2002년 테닌(Tenin) 전투에 예비군으로 참여해서 사망함].

  학개[Haggai, 남, 1975년생, 키부츠에서 함께 살고 있음, 키부츠 동물원에서 일하고 있음, 동물 병리학 석사 전공, 아내 노아(Noa)는 수영장에서 근무, 범죄학 전공 석사].

  닐[Nir, 남, 1979년생, 아시아 여행 1년 후 돌아옴, 아시아 관련학 공부 예정].

  누리트(Nurit, 여, 1981년생, 1년 전에 2년간의 군대 복무를 마침(여성은 2년간 의무 복무) 현재 키부츠 유치원 교사, 남미 여행 출발 예정].

만야 요엘(Manya Yoel)

1946년생, 여, 이스라엘의 아훌라(Afula)에서 탄생, 울판의 히브리어 교사다.

- **취미** 정원 가꾸기, 물고기 기르기, 예술품 수집, 자연 감상.
- **구사 언어** 영어, 히브리어.
- **여행한 국가** 미국, 캐나다, 이집트, 요르단, 영국, 프랑스.
- **애완동물** 개.
- **부모** 제2차 세계대전 직전에 독일에서 영국으로 갔다가 1945년에 팔레스타인으로 귀환하여 키부츠에 참여하지 않고 개인 사업을 시작했다. 만야와 요히엘은 군대에서 복무할 때 서로 만났고 키부츠에 투신하기로 의기투합했다. 외국에서 귀환한 다른 젊은이들이 미처 키부츠 운동에 참여하기 전에 가장 먼저 키부츠 운동에 참여했다.

예히엘의 건강관리

예히엘은 직장암을 앓고 있다. 의사의 처방대로 식이요법 위주로 건강을 관리해 온 지가 올해가 8년째다. 암 환자라 얼굴은 다소 창백해 보이지만, 일하는 데는 아무런 지장이 없다. 지금도 새벽 일찍 일어나서 호텔의 스포츠 센터로 나가 새벽 운동하러 오는 사람들을 위하여 제반 시설 점검도 하고 특히 풀장을 돌아보며 살피는 등의 일과를 충실하게 한다. 우리가 지켜본 바로는 건강에 아무런 문제가 없다.

271

예히엘의 암 치료법

예히엘의 암 치료법과 투병 생활은 우리의 생각과는 좀 달랐다. 직장암으로 판정받은 후 자연치료요법사(Naturopathist)를 찾아서 그의 병과 몸의 상태에 따른 다음과 같은 식단 처방을 받아 식이요법으로 치료를 해 오고 있다. 건강한 사람들도 평소의 식사로 좋겠다.

- **아침**: 과일과 귀리를 기본으로 철분이 많이 든 음식.
- **점심**: 상치, 당근, 고추, 봄 양파(scallion) 등의 채소와 올리브유로 버무린 샐러드를 가능한 한 많이 먹는다. 야채죽, 약간의 단백질원으로 생선, 육류, 두부를 먹는다.
- **저녁**: 점심과 같은 샐러드, 곡류와 콩을 넣어 삶은 것과 비타민제.

만야는 앞마당에 만든 연못 앞에 앉아서 연못을 바라보며 청승스러운 노래를 부르고 있다. 만야는 얼마간의 유산을 상속받았다. 그 돈으로 새로 지은 이 집의 앞마당에 작은 연못을 만들었고 잉어를 몇 마리 사다 넣었다. 이곳 날씨는 덥고 비가 오지 않아 물을 자주 갈아 줄수가 없으니 이끼가 끼었다. 이끼 먹는 검정 고기를 세 마리씩이나 사다 넣었지만 역부족이었다. 이 녀석들조차 이 더운 물에서는 맥을 못춘다. 이끼가 자라 연못을 파랗게 뒤덮더니 이제는 물보다 이끼가 더 많다. 이끼 먹는 고동을 넣으면 도움이 될 거라고 했더니 오늘은 고동을 몇 마리 사 와서 넣는다. 연못가에 걸터앉아서 이끼를 걷어내고 있는 만야는 마냥 신세를 한탄하는 촌부이다. 그 숱한 고생을 이겨내고 이 키부츠 호텔을 이뤄낸 만야가 아니다.

"아버지, 하늘에서 저의 연못을 보고 계시겠지요. 이렇게 미끼가 끼어도 어쩔 수가 없네요."

예히엘은 바쁜 와중에도 다음 홈스테이 집인 미키 박사의 집까지 태워다 주었다. 버스를 타고 가면 1시간 이상 걸리지만, 자기 차로 가면 20분이면 가니까 그냥 보내면 죄책감 때문에 안 될 것 같다고 한다. 정이 많은 사람이다. 마이클은 하다사 대학병원의 치대 교수이면서 개원한 치과 의원 일로 바쁜 몸인데 우리의 호스트까지 해 줘서 고맙다. 예루살렘 종합 경기장과 예루살렘에서 가장 큰 캐년 쇼핑몰이 보이는 신흥 주택가의 아파트에 살고 있다. 이곳 아파트는 복층을 사용하므로 3개 층을 다 사용하는 대저택이다. 우리에게 1층을 통째로 쓰라고 한다. 2층은 거실과 주방, 마이클의 연구실이고, 3층은 방 세 개의 침실로 아들이 가끔 와서 사용한다. 가구는 중후하고 집에서 바라보는 바깥 경치가 뛰어나다. 그러나 부인을 암으로 3년 전에 사별하고 이 대저택에 혼자 살고 있으니 안주인이 없는 집 안은 어쩐지 분위기가 썰렁하다. 대저택이어서 더욱 그러한 느낌이 든다.

오늘부터는 갈릴리 하마디아 농촌 키부츠의 메나켐(Menachem) 영감님과 네오미(Neomi)의 집에서 묵는다. 우리가 탄 버스가 벳세안(Beit Shean)을 지나 하마디아(Hamadia)에 도착하니 메나켐 영감님이 차를 대기하고 기다리고 있다. 인상 좋은 시골 노인이다. 반갑게 인사하고 짐을 차에 실었다. 푹푹 찌는 더위다. 이곳의 더위는 거의 살인적이다. 이 갈릴리 지역은 해수면보다 낮아서 마치 냄비 속에 들어와 있는 격이다. 버스에서 같이 내린 키부츠에서 사는 군인 두 명의 배낭도 싣고 같이 타서 1㎞쯤 떨어져 있는 키부츠 하마디아(Kibbuts Hamadia)로 갔다. 우리 차는 거대한 두 개의 동물 사료 저장 탱크인 사일로(Silo) 곁을 지나간다. 농업을 위주로 하는 키부츠인가 보다.

짐을 풀자마자 풀장에 수영하러 가자고 권한다. 아마도 이곳 사람들이 가장 즐기는 여가활동인가 보다. 사막에서 이룬 키부츠에 무슨 도락이 있으랴 싶기도 하다. 수영복을 챙기고 맨발로 잔디를 밟으며 키부츠 수영장으로 갔다. 25m 길이의 6개의 레인이 있는 큰 규모의 수영장이다. 지금은 저녁 6시쯤이다. 기우는 햇살 아래에서 사람들이 수영을 즐기고 있었다. 수영을 좋아하는 나는 몇 바퀴를 돌았다. 아내는 수영을 못하므로 물가에서 맴돌고만 있으니 네오미 할머니가 수영을 지도해 주었다. 메나켐도 가세해서 같이 수영을 지도해 주었다. 메나켐 노인은 힐난하는 투로 내게 꾸중을 했다. 꼭 고향의 시골집에 돌아온 느낌이었다.

"부인에게 수영도 가르쳐 주지 않고 그동안 뭘 했어요?"

"본인이 안 하려는 걸 내가 어떻게 해요."

이스라엘은 얼핏 보면 전쟁터이다. 곳곳에 군인들이 상주하고 있다. 그 군인 중 많은 수가 외국에서 자원해서 온 젊은이들이다. 수영하면서 얘기를 나눈 두 명은 러시아 출신이다. 외국에 사는 유대인들은 이스라엘군에 자원할 수 있다. 이렇게 군대 생활을 하면서 고국을 배운다. 복무가 끝나면 다시 본국으로 되돌아가기도 하고 이곳에 안주하기도 하며 30% 이상이 미국으로 간다. 이스라엘 정부는 가족과 멀리 떨어져서 봉사하는 군인들에게 키부츠나 일반 가정에 연고를 만들어 주어 주말이면 자기 집처럼 쉬게 하고 있다.

유대인과 드루즈교도는 의무 복무지만, 프로테스탄트와 이슬람교도는 자원제로 아랍인과 기독교인들은 본인의 의사에 따라 군대에 갈 수도 있고 가지 않을 수도 있다. 자격은 18세 이상이다. 남자는 3년, 여자는 2년을 복무한다. 54세까지 예비군으로 복무해야 한다.

메나켐과 네오미는 행복한 노인들이다. 아들, 딸이 모두 이 키부츠 안에서 살고 있다. 메나켐은 74세인데도 이곳 플라스틱 공장의 공장장으로 일하고 있고, 네오미는 66세의 할머니지만 다른 키부츠로 출근해서 경리 일을 보고 있다. 은퇴한 후에 일하면 일정한 돈은 키부츠로 들어가지만, 수입 일부가 개인 계좌에 입금되므로 소득이 높고 일하는 즐거움을 누릴 수 있다. 두 분 다 건강하고 메나켐은 천성이 낙천적이다. 장수할 것 같다.

이 키부츠 하마디아에서는 금요일 저녁 한 끼는 키부츠 전체 만찬을 갖는다. 그 외에는 개인이 집에서 각자 요리해 먹는다. 다이닝 룸 앞에서 줄을 서서 차례를 기다렸다. 많은 사람이 줄을 서서 기다리고 있다. 호텔 뷔페 수준의 음식이 준비되어 있다. 음식을 담아 계산대에서 계산한다. 손님인 우리 식사는 메나켐 가족이 계산한다. 아마 우리를 금요일 이 시간에 맞추어 오라고 한 것도 이런 좋은 음식을 대접하기 위한 배려인가 보다. 따뜻한 인간애가 느껴진다.

오후가 되니 바람이 일기 시작한다. 해수면보다 평균 200m나 낮은 지역인 이곳은 바람이 불면 기분이 바뀌기 시작한다. 마치 어떤 큰 모터를 돌려서 순식간에 일으키는 인공 바람처럼 갑자기 바람이 불기 시작하여 저녁 내내 불어온다. 바람은 습하게 불기 시작하여 점차 습기가 적어지고 시원하게 변한다. 이 시원한 바람은 삶에 변화를 준다. 이 바람 때문에 사람들이 이곳에서 살 수 있나 보다.

이웃에 사는 네오미의 딸과 손자들, 이웃들이 몰려왔다. 집 앞 잔디밭에 테이블과 의자를 내어놓고 앉아서 이야기꽃이 핀다. 메나켐은 정원에서 포도, 무화과와 선인장 열매를 따온다. 우리나라에 대해 궁금

한 것이 많은가 보다. 질문들이 많다. 아내도 이제는 영어에 대한 두려움이 해소되어 영어로 얘기를 이끌어가고 가끔 어휘가 부족하면 나에게 도움을 청하곤 한다.

나는 꼬마들과 축구를 시작했다. 의자로 임시 골문을 만들어 놓고 신나게 축구를 했다. 잔디 위의 축구라 넘어지면서도 마음껏 뛰어다녔다. 비록 꼬마들이지만 체력이 보통이 아니다. 무더운 여름날 저녁의 운동으로 온몸은 금방 땀에 흠뻑 젖었다. 얘기하는 사람들은 나의 도움이 필요하면 큰 소리로 묻고 나는 축구하면서 대답해 주었다. 꼬마들보다 내가 먼저 지쳐 나가떨어졌다. 여름 저녁 잔디 위의 축구는 대상이 누구건 간에 나이와 성을 초월하는 대단한 스포츠이다.

딸 안나는 키부츠의 컴퓨터 담당자이다. 결혼하여 두 집 건너서 살고 있다. 키부츠에는 어느 집이나 컴퓨터가 있고 초고속 인터넷으로 연결되어 있었다. 우리가 자는 방에도 컴퓨터가 있어서 인터넷을 사용할 수 있지만, 그동안 우리가 찍은 사진을 고국으로 보내려니 카메라와 컴퓨터를 연결하는 USB 케이블을 가져오지 않았다. 안나의 집에 가서 그동안 찍은 사진을 고국의 아이들에게 보냈다. 그러나 사진의 용량이 너무 커서 제대로 전달되지 않은 것으로 판명됐다. 한꺼번에 100장이 넘은 사진을 이메일 한 번 클릭으로 전송했으니 당연히 무리였다. 무슨 일이든 너무 욕심을 내서는 안 된다.

한국은 인터넷 사용자 수로 보면 세계적으로 선두 그룹에 속한다고한다. 이스라엘도 마찬가지다. 그동안 우리가 체류한 집들은 모두 인터넷을 집에서 사용할 수가 있었다. 빠른 전용 회선이 집마다 깔려 있었다. 특히 키부츠는 공동 시설이라 24시간 인터넷이 연결되어 있다. 통신 분야의 인프라는 대단히 잘 구축되어 있다.

아침에 일찍 일어나니 메나켐이 차를 대기해 놓고 기다리고 있다. 양어장에 가잔다. 여자들은 아직도 자고 있다. 자동차는 우리를 위해 며칠 전에 이미 신청해 두었다. 차량은 키부츠의 공동 재산이기에 미리 배차 신청을 해 두어야 한다. 정문을 통과하여 키부츠 밖으로 나가려니 정문 근무자가 출입을 통제하고 있다. 암호를 말하니 문을 열어준다. 한 20분 정도를 달려 요단강(Jordan River)으로 나갔다. 강의 저쪽 편이 요르단 왕국이다. 이 철조망이 이스라엘-요르단 국경이다.

마치 우리나라의 논처럼 구획을 갈라 만들어진 인공 연못에는 고기 떼가 파도가 되어 움직이고 있다. 한 양어장에서 어느 정도 자라면 다음 양어장으로 옮기기 때문에 크기가 같은 물고기 떼가 몰려다닌다. 메나켐은 양어장에서만 26년 동안 일을 했다. 치어 양식장에서부터 점차 성어가 되어가는 과정을 볼 수 있었다. 수차(水車)가 계속 돌면서 산소를 공급해 주고 있다. 날씨가 더워 산소량이 부족해지기 쉽기 때문이다. 고기를 거둔 후에는 일정 기간 물을 빼서 말리는데, 물을 뺀 양식장 바닥에는 하얀 백로가 수백 마리 앉아 있다. 검은 양어장의 바닥과 하얀 백로의 색의 대비는 한 폭의 아름다운 이스라엘의 동양화였다.

키부츠 하마디아에서는 양과 소를 치고 우유를 짠다. 적당히 자라면 내다 판다. 비교적 좋은 풀밭을 소유하고 있으므로 경쟁력에서 다른 지역보다 유리하다고 한다.

메나켐 영감님은 오래전에 은퇴했지만, 플라스틱 사출 공장에서 공장장을 맡고 있다. 새벽 일찍 공장으로 나가서 남들이 출근하기 전에 작업 준비를 해 둔다.

이스라엘에는 나무마다 호스를 연결해서 물을 공급해 주고 있다.

가로수도, 정원의 나무도, 농장의 작물도 마찬가지다. 요르단강 연안과 골란고원, 에즈렐 평야 등 몇 곳을 제외하고는 모든 식물에 인공 급수를 해 준다. 온대 하계 사막 건조 기후인 이스라엘은 물 한 방울이 피 한 방울이다. 플라스틱이나 고무를 재료로 해서 만든 호스를 나무 밑에 깔아서 매일 아침 30분, 저녁 30분씩 컴퓨터 제어기로 자동으로 물을 준다. 스프링클러의 분수처럼 물을 공중에 뿌려주면 수증기가 공기 중으로 증발해버리므로 호스에서 방울방울 떨어져 바로 땅으로 스며들게 한다.

관개 및 급수 시설은 이스라엘이 세계 정상의 기술을 보유하고 있다. 사막 지역에서 생존해야 하므로 그럴 수밖에 없다. 필요한 시간에 필요한 양만큼 수분을 자동으로 공급해 주는 컴퓨터 급수 조절 시스템은 크기가 어른 팔뚝만 한 급수 파이프에 연결만 하면 원하는 시간에 원하는 양만큼 물흐름을 자동으로 조절해 준다. 우리 집에 있는 꽃과 나무에 필요하다 싶어서 대형 매점에서 하나를 골랐더니 'Made in China', 즉 중국제다. 중국 제품은 종류와 국경을 가리지 않는다.

세계 최첨단을 자랑하는 이스라엘의 관개 급수 시스템은 수출하여 외화를 벌어들이기에 좋은 품목이다. 그러나 실제 이를 필요로 하는 나라는 사막이 많은 아프리카의 저소득 국가이므로 수익에는 크게 도움이 되지 않는다.

차량도 키부츠 재산의 일부이다. 키부츠 이사회에서 구매 결정을 하고 공동 관리, 공동 배차한다. 미리 배차 신청을 해야 한다. 연료도 키부츠에서 운영하는 키부츠 주유소에서 넣는다. 차량의 시동을 걸기 전에 주어진 번호를 입력하고 카드를 읽어야만 시동이 걸린다. 모든 운행 데이터는 이 카드에 저장된다.

메나켐은 한참 차를 달리다가 무화과나무 옆에 멈추더니 무화과를 딴다. 아내에게 줄 것이라고 한다. 아내는 아직도 자고 있다. 무화과는 한 나무에 달린 열매가 일시에 익지 않고 점차 몇 개씩 익기 때문에 오랫동안 꾸준하게 신선한 과일을 제공해 준다. 아내가 일어나면 기뻐하겠다.

오늘은 토요 안식일이다. 아침 식사 후에는 벳세안(Beit She'an)으로 관광을 나갔다. 유서 깊은 에즈렐(Jazreel) 평야의 중심 도시인 벳세안은 옛날부터 교통의 요지였다. 로마의 유적지가 잘 보존되어 있다. 로마 시대의 원형 극장(Amphitheater)은 약 8,000명을 수용했던 규모로 아직도 원형이 그대로 보존되어 있고 이스라엘은 보존 상태가 가장 양호한 것으로 유명하다. 오늘 저녁에도 공연이 있어서 사람들이 성장하고 몰려들 것만 같다. 로마인들은 가는 곳마다 원형 극장과 욕탕을 건설했나 보다. 원형 극장 옆에는 텔이라 불리는 인공 산이 있다. 한 문화가 멸망하고 세월이 가면 그 도시는 파괴되어 유적으로 남는다. 시간이 지나서 파괴된 도시 위에 다시 새로운 도시가 세워지고 무너진 위에 또 새로운 도시가 세워지다 보니 자연히 산이나 언덕이 형성되는 텔은 뜨거운 햇볕에 옛 모습을 드러내며 그 역사를 말해 주고 있다.

키부츠의 병폐

사람들의 소유욕은 어느 사회나 전체의 이익보다 우선한다. 공동생활을 하는 키부츠에도 흔히 공산주의의 병폐라고 일컬어지는 시간 보내기나 소극적으로 업무에 임하는 등의 병폐가 있다고 걱정하는 사람들을 보았다. 이를 보상하는 방법으로 개인의 소득을 늘리고 저축액을 늘리는 다양한 방법들을 연구하고 있다. 네오미와 메나켐도 키부츠에서 정한 은퇴 나이가 되어 은퇴했지만, 지금도 일을 하고 있고 수입 일부는 키부츠로, 일부는 개인의 통장으로 입금되어 개인 수입이 있다.

네오미는 눈에서 자꾸만 눈물이 난다. 슬퍼서 나오는 눈물이 아니라 그냥 눈에서 눈물이 나온다. 얘기하면 눈물이 흐르기 시작하고 손수건을 적실 정도로 자꾸만 눈물이 나온다. 다른 사람들이 보면 슬픈 여인 같지만, 사실은 아니다. 그냥 눈물이 흐르는 병인가 보다. 이 세상에는 마음은 슬퍼도 겉으로는 웃는 사람들도 많은데 네오미는 그 반대의 경우이다. 히죽히죽 헛웃음이 나오는 사람보다는 진실해 보인다.

벳세안의 원형 극장

2) 유대인 가족 연구: 메나켐 영감님과 네오미

메나켐 제이라(Menachem ZEIRA)

- 1929년생, 남, 키부츠 하마디아의 플라스틱 공장장.
- 취미: 우표수집.
- 구사 언어: 영어, 독일어, 히브리어.
- 여행한 국가: 미국, 유럽, 모로코, 터키.
- 애완동물: 개와 고양이.

네오미 제이라(Neomi ZEIRA)

- 1937년생, 여, 키부츠 경리, 가정주부.
- 취미: 그림 수집, 자연 관찰하기.
- 구사 언어: 영어, 독어, 히브리어.
- 여행한 국가: 미국, 모로코, 터키, 유럽.
- 애완동물: 개.
- 부모: 제2차 세계대전 발발 직전에 독일에서 영국으로 갔다가 1945년에 팔레스타인으로 귀환했다. 키부츠에 참여하지 않고 개인 사업을 시작했다.

네오미와 메나켐, 우리 부부

이틀을 묵었으니 우리는 또 짐을 싸서 정든 시골집의 메나켐과 네오미와 이별하고 나사렛으로 떠났다. 메나켐은 새벽부터 플라스틱 공장 직원들이 출근하기 전에 작업을 준비하러 갔고 네오미도 다른 키부츠의 경리로 일하러 이미 출근했다. 우리 둘이서 준비해 놓은 식사를 마치고 다이닝 룸 앞에 있는 키부츠 주차장으로 갔다. 8시 15분이면 키부츠 밖으로 가는 사람들을 위해서 키부츠의 셔틀 밴이 운행되고 있다. 우리 둘만 태운 밴이 떠나려 할 때 인정 많은 메나켐은 근무복을 입고 자전거를 타고 와서 우리를 배웅한다. 우리는 벳세안의 버스 정류소에서 내렸다. 여기서 교통 중심도시인 아훌라(Afula)에서 버스를 바꿔 타고 나사렛으로 향했다.

이스라엘의 대중 교통수단인 버스, 열차, 합승 택시 셔루트 등은 서로 유기적이고 효율적으로 잘 연결되어 있어서 자기 차가 없더라도 여행하는 데 큰 불편이 없다. 어떤 곳이든 운행 시간표를 볼 수 있고 대부분 시간을 잘 지킨다. 아무래도 자가운전을 하는 것보다야 못하겠지만, 이 나라에서는 이러한 대중교통을 이용해서 어디든지 갈 수 있다. 여행자들은 그 지방 사람들과 함께 잠을 자고 함께 그들이 먹는 음식을 먹으면서 대중교통을 타고 그 지방을 걸어 다녀 보아야 그 지방의 진수를 볼 수가 있다.

볼리비아의
어린 소녀 엄마들

볼리비아를 여행하다 보면 어린 소녀들이 아기를 안은 채로 길거리에서 물건을 파는 모습을 종종 보게 된다. 정식 노점상도 아니고 값이 나갈 것 같지도 않은 물건 몇 개를 땅바닥에 내놓고 행인이 행여나 하나 사 줄까 하고 기대에 찬 눈길로 바라보기도 한다.

이 소녀가 안고 있는 어린이는 마치 언니가 동생을 돌보는 것 같지만, 이 어린 소녀들이 바로 그 아기의 엄마이다. 이 소녀들은 몸집조차 작아서 우리의 초등학생 정도로밖에 보이지 않는데 아기를 돌보느라 그 모습이 더욱더 힘겨워 보였다. 자기들도 어린이를 막 벗어난 소녀로 자기 몸도 주체할 수 없는데 벌써 다음 세대인 아이의 삶의 짐까지 떠맡고 있다.

볼리비아에서는 조혼 풍습이 아직도 남아있어서 18~20세에 대부분 결혼한다. 아기의 아버지조차 또래일 경우가 많아 세상 모르는 청소년 아버지는 아기만 만들어 놓고 도망쳐버리는 경우가 대부분이다. 여성의 문맹률도 77%나 되다 보니 피임은 생각지도 못하고 사회 여건이 피임할 수 있을 만큼 준비되어 있지도 않다. 어머니가 된 소녀들은 자신이 먹고살고 아기를 키우기 위해서 부득이 노점상이 되거나 남의 집에서 일을 해 주며 생계를 이어가고 있다.

볼리비아는 1,000명 탄생 시 57명이 사망하는 곳으로 영아 사망률이 세계에서 가장 높은 나라이다. 여성의 출산율은 여성 1인당 3.3명으로 아주 높은 편이다. 평균 수명도 45세를 넘기지 못한다.

사회 전체가 조혼을 인정하므로 고등학생들도 아기를 부모에게 맡겨두고 학교에 다니는 등 임신과 출산이 아무런 흉이 되지 않는다.

수도 라파즈의 빈민가 엘 알토(El Alto) 지역의 지인을 찾아갈 때만 해도 허물어진 담장 너머로 상체를 드러낸 여성들이 자주 보였는데 낯선 우리들의 시선도 아랑곳하지 않았다. 여성들이 상체를 드러내는 것은 관습이라고까지 말할 수 있어서 수치심이라는 단어는 이곳에선 오히려 사치로 느껴지고 이들의 벗은 모습이 오히려 자연에 순응하는 모습으로 비쳤다.

이렇게 조혼에 관대한 것은 기후와 평균 수명과도 밀접한 연관이 있는 것 같다. 기후가 무덥고 평균 수명이 짧아 2세의 생산을 사회적 규범보다 중시하는 것이다. 볼리비아에서는 세대 간 생명(生命) 전이(轉移)의 주기가 어느 사회에서보다도 빠르게 돌아가고 있었다.

아프리카 배낭여행,
강변의 캠핑 1

　우리 배낭 여행객을 태운 사파리 트럭 '지미'호는 남아프리카공화국의 시트루스달 인근의 객코(Gekko) 캠프장에서 아침에 출발하여 가리엡강까지 약 550㎞를 달려왔다. 왼쪽으로는 대서양의 해골 해안(Skeleton Coast)을 멀리 끼고 나마쿠아 사막 지대를 횡단하여 북쪽 나미비아의 칼라하리 사막을 향해 달려왔다. 오후 3시에 밤을 보낼 펠릭스 유나이티드 캠프장에 도착했다.

　가도 가도 끝없는 사막의 평원인 사바나는 초원도, 강물도 온통 회색이다. 동물들도 떠나버린 황무지는 풀 한 포기조차 자랄 수 없는 붉은 맨살을 드러내고 있었다. 이어지는 사바나 초원을 지나갈 때는 그 회색의 눈부심으로 숨이 막힐 지경이었다. 듬성듬성 서 있는 녹색을 잃어버린 사바나의 나무들은 나무라기보다는 차라리 서 있는 화석이었다. 일생에 한 번이라도 다시 올 수 있을까? 떨리는 가슴으로 나는 이마에 흐르는 땀을 훔쳤다. 지금 기온은 46℃였다.

　남아공과 나미비아를 잇는 고속도로는 광대한 사막에 그어놓은 한 줄의 선 같았다. 도로는 대부분 비포장으로 가끔 보이는 시속 100㎞라는 표지판이 사막에 휘날리는 문명의 깃발처럼 다가왔다 스쳐 지나갔다. 우리는 표지판이 무색하게 달렸다. 모래 위에 건설된 도로라서 그렇게 진동이 심하지는 않았다. 가끔 질주해 오는 차량과 초라한 초가 몇 채로 이루어져 있는 원주민 마을, 소 떼와 목동들을 스쳐 갈 뿐, 너무나 한적한 국가 간 고속도로였다. 도로변을 걸어가는 사람들이 태워 달라고 손을 내밀었지만, 우리도 손을 흔들고는 계속 달렸다. 터덜터덜 도로를 따라 땀을 흘리며 걸어가는 그들의 피부는 더 검게 보였다.

우리는 강가의 잔디 위에 캠프부터 쳤다. 오늘이 이틀째로 두 번째로 쳐 보는 텐트지만 모두 제법 익숙한 모습이었다. 서양인들은 아주 자연스럽게, 한국인들은 우왕좌왕하면서 텐트를 쳤다. 머물고 싶은 곳에 자유롭게 잠자리를 만드는 것이 이 여행이 주는 또 다른 즐거움이다. 날씨가 너무 덥다고 불평하는 노르웨이의 의사 아네트도, 영국의 사업가 아이어스도 상상을 초월하는 이곳의 호텔비를 절약하기 위해서가 아니라 아프리카를 몸으로 체험하기 위해서 이런 캠핑 여행을 한다고 했다.

저녁 식사까지 시간이 꽤 남아서 모두 가리엡강으로 수영을 하러 갔다. 강물은 짙은 회색이었다. 아마도 건조한 대륙을 오랫동안 흘러 왔기 때문이리라. 우리는 자외선 차단 크림을 잔뜩 바르고 햇볕 속을 걸어 나갔다. 발아래 자갈이 델 것같이 뜨거워서 거의 발을 들다시피 하여 뜀박질을 하면서 강으로 갔다.

수영을 즐긴 후 캠프로 돌아오니 고기 굽는 냄새와 연기가 진동했다. 갑자기 허기가 돌았다. 식사 담당 숀은 소고기와 소시지, 게임 미트(스프링복이나 쿠두 등의 아프리카 야생 동물 고기)를 바비큐 하며 눈물을 흘리고 있었다.

강가의 풀밭에 친 텐트 뒤로 붉은 석양이 가리엡강 강물 위로 떨어지기 시작할 때 동서양에서 몰려온 우리 아마추어 모험가들은 수영으로 허기진 배를 먼저 맥주로 달랬다. 더운 날씨 속에 8시간 동안 사막을 달려왔고 또 수영까지 했으므로 맥주는 특별히 더 시원했다.

우리는 '지미'에 비치된 간이 의자를 들고나와 잔디 위에 원형으로 둘러앉아 운전사 요한의 설명을 들었다. 앞으로 가야 할 남아공, 나미비아, 앙골라, 보츠와나, 짐바브웨와 잠비아의 빅토리아 폭포까지의 여정과 각자가 분담해야 할 임무에 대해서였다.

도착하면 제일 먼저 각자의 텐트를 스스로 쳐야 하고 식사 준비와 설거지는 하루에 두 명씩 리스트의 명단대로 돌아가며 한다. 차의 지붕에 마련된 매트리스를 올리고 내리는 일과 텐트를 제자리에 넣는 일은 그때그때 서로 돕기로 했다. 앉아가는 좌석은 매일 한 칸씩 앞으로 이동하여 시곗바늘 방향으로 돌아가면서 앉기로 했다. 또한, 높은 기온으로 일어날 수 있는 탈수증을 예방하기 위해 하루에 3ℓ 이상의 물을 수시로 마셔야 하는데, 마실 물은 쇼핑을 위해 정차할 때 각자가 확보하기로 했다.

고속도로변에서 인형을 만들어 팔고 있는 나마쿠아 사막지대의 헤레로 부족 부인과 함께 한 컷 찰칵 사진을 찍었다. 이곳에서는 손으로 돌리는 재봉틀 한 대만 있으면 제법 큰 사업가 축에 든다. 재봉틀은 중국제로 우리는 여행을 위해 이곳에 왔지만, 중국인들이 이미 사업을 위한 포석을 깔아 놓은 걸 보고 내심 놀랐다. 아프리카의 많은 국가가 이미 중국 의존형 경제를 영위한다고 한다. 중국인이여, 아프리카인들의 눈에서 눈물이 흐르지 않게 해라. 역사의 명령이다.

아프리카 배낭여행, 강변의 캠핑 2

여행기념품: 하라레 부족 여성 인형.
– 일러스트: 앤서니 페리[Anthony Perri(Canada)]

가리엡강 강물 위로 어둠이 내리기 전에 서둘러 모닥불을 피웠다. 모닥불을 피울 때는 동양인, 서양인 할 것 없이 손을 내밀어 거든다. 불을 향하여 내미는 손길에는 언제나 불을 향한 존경심이 깃들어 있다.

아프리카에서의 폭식과 폭음은 다른 대륙에서 그렇게 할 때보다 윤리적으로 비난의 소지가 있기도 하지만, 우리는 야생 동물의 바비큐로 포식을 한 후 불 주위로 모여들었다. 한국인들은 주로 캔 맥주를, 여행 일정을 잘 아는 서양인들은 언제 어떤 술을 마시면 좋은지를 알고 있는 듯 배낭에서 포도주를 꺼내서 건배한다.

나는 동양인들 가운데서 유일하게 영어를 좀 하는 편이었는데 이를 계기로 내가 사회를 맡게 되었다. 평소에도 사회 보는 것을 즐기던 나는 양 팀을 위해 봉사할 좋은 기회라는 생각이 들었다. 먼저 돌아가며 자기를 소개한 후 어떻게 해서 아프리카로 오게 되었는지를 말하게 했다.

영국인 더글러스는 은행원으로 6년 동안 번 돈을 가지고 아프리카 일주를 하고 있는데 최종 목표는 마다가스카르섬에서 장기 체류를 하는 것이었다. 서울에서 온 미스터 송은 회사를 그만두고 쉬면서 재충전의 기회를 찾던 중에 아프리카 여행비가 싸다는 광고를 보고 참가했다고 말했다. 영국 아가씨 사만타는 고교 졸업 후 바로 아프리카로 왔는데 여행 중에 만난 마크와 다음 주에 결혼하겠다고 선언했다. 같이 지내보니 철없는 아가씨였다.

다음 주라면 우리가 오카방고 델타 습지 탐사를 할 시점이었다. 시선을 받은 마크는 상기된 얼굴로 약간 민망해했고 사람들은 재미있어하면서도 반신반의하는 분위기였다. 이 18세의 아가씨는 식사 준비를 할 때도 돕기는커녕 제일 먼저 줄을 서서 식사를 가져다 먹곤 해서 '영국 공주'라는 별명을 얻고 있었다. 누군가가 내가 주례를 봐야 할 것이라고 해서 한바탕 크게 웃었다.

독일인 마르쿠스는 독서를 하던 중에 독일이 한때 지배했던 나미비아에 관하여 알게 되었고 이번 여정에 그 책을 쓴 저자가 살았던 솔리

테어 마을을 방문하고 싶어서 왔다고 밝혔다. 이번 여행은 55세 이상은 의사의 건강검진 결과를 제출하여 허가를 받아야 하는 쉽지 않은 여행임을 모두가 잘 알고 있는 까닭에 언어마저 능통하지 않은 57세의 광주 출신 아줌마의 얘기에는 모두가 손뼉을 쳐주었다. 네덜란드에서 온 30대 초반의 마리안느는 남편이 자살한 슬픔을 이기기 위해서 험난한 아프리카 여행을 택했다고 말해서 모두를 숙연하게 했다.

서로의 사연을 털어놓으니 서먹서먹한 분위기는 가시고 피부, 언어, 국적과 나이를 넘어서 우리는 어떤 일체감을 느끼게 되었다.

노래 순서가 되어서 한 곡씩 돌아가면서 부르게 되었다. 노래라면 한국인을 따라올 민족이 없다. 내가 다녀 본 80여 개국의 국민 중 아일랜드인만이 술 마시기와 노래 부르기에서 한국인과 맞수가 될 것 같았다. 이 밤도 예외는 아니어서 한국인들은 지명을 받으면 무제한으로 노래가 나오는 반면에 남 앞에서 노래하는 이런 파티에 익숙하지 않은 서양인들은 소리를 내리깔고 겨우 책임량을 다했다.

노르웨이인 여의사 아니타는 순서가 되자 한참 뜸을 들이더니 결국 유치원 노래까지 동원했고, 서양인들은 합세하여 "Twinkle twinkle little star…"를 부르기 시작했다. 한국인들도 따라서 "반짝반짝 작은 별…"을 한국어로 동시에 큰 소리로 합창했다. 밤하늘에는 주먹만 한 별들이 가득 박혀 반짝이고 있었고 강 저쪽으로 서너 개의 별똥별이 강물 위로 떨어져 내렸다.

순서가 거의 끝나고 마지막이 되자 모두 내게 한 곡 뽑으라며 손뼉을 쳐댔다. 나는 오랜 아프리카 캠프 생활에서 시간이 많고 외로울 때 불어야겠다고 생각해서 준비해 간 하모니카를 꺼냈다. 서양인들을 위해서는 〈아 목동아〉, 우리나라 사람들을 위해서는 우리 민요 〈양산도〉를 연주했는데 생각지도 않던 악기 소리에 모두 열광하며 춤을 추기 시작했다.

그 순간 우리에겐 인종도, 나이도 없었다. 기억해야 할 고향도, 내일의 무더위도, 사막도, 빅토리아 폭포도 없었다. 모닥불이 점점 더 밝게 불타고 하늘의 별들이 더욱 영롱해질 때 사람들은 한두 명씩 비틀거리며 텐트로 들어갔다.

하이에나가 물고 간 신발

운전사 샤리프(Sharif)는 하이에나에게 복수하겠다는 일념으로 차를 몰고 있다. 지난번에 이곳에서 캠핑할 때 텐트 안에 벗어놓은 가죽 신발을 하이에나가 물고 갔기 때문이었다. 하이에나는 신발을 좋아하는데 가죽 신발을 특히 좋아한다고 한다. 이곳에서 나이키 가죽 신발은 제법 비싸다는 것을 강조한다.

사람 좋아 보이는 이 트럭 운전사에게 여기저기서 질문이 들어온다.

"어느 부인과 주로 잠을 자느냐?"

"이틀씩 번갈아 가며 잠을 잔다."

"부인들은 서로 이해를 하느냐?"

"잘 이해한다."

"질투하지 않느냐?"

"모슬렘은 질투하지 않는 것이 계율이다."

"운전해서 두 명의 아내를 부양할 수 있느냐?"

"충분하다. 지금 부인을 한 명 더 들일 생각을 하고 있다."

"성적인 에너지가 충분하냐?"

"물론이다. 나는 에너지가 센 편이고 아직 50도 되지 않았으니 아무 문제가 없다."

오렌지강(Orange River)에서 카누를 탔다. 23명 중 10명은 이런저런 이유로 캠프에 머물렀다. 서구인들은 카누를 이미 타 본 사람들이 많았고 또 그늘에서 독서도 하면서 쉬고자 하는 사람이 많아 주로 한국인들이 중심이 되었다. 우리는 장비와 마실 물을 준비했다. 카누를 트럭에 싣고 짙은 흑갈색의 강변에 난 도로를 따라서 상류로 올라갔다. 포장이 되지 않은 도로에서는 검은 흙먼지가 우리가 달리는 차의 뒤로 따라왔다. 50km쯤 상류로 왔을 때 우리는 내려서 차 위에 싣고 온 카누를 힘을 모아 함께 내렸다.

카누를 내린 뒤 끌고 내려가 오렌지강 강물에 띄웠다. 2인용 카누였다. 그런데 카누를 내리다 보니 카누가 12개밖에 되지 않는다. 한 대가 모자란다. 이미 50km나 달려 왔는데 누군가 한 사람은 카누를 탈수가 없다. 가이드 요한이 돌아가서 한 대를 더 가져오겠다며 차를 타고 가버렸다. 풀썩풀썩 먼지를 일으키며 돌아가는 요한을 보니 애처로운 생각이 들었다. 가이드로서 최선을 다하는 모습이 보기는 좋았지만….

수영복으로 갈아입고 선탠 크림을 잔뜩 바르고 그 위에 덧옷을 걸쳤다. 선탠 크림만으론 이곳의 햇빛을 가리기엔 역부족이라는 생각이 들었다. 한 번 태우면 껍질이 벗겨지고 만다. 먼저 카누 연습을 위해 몇 바퀴를 돌았다. 노를 높이 들면 위험 신호, 한 손으로 특정한 방향을 가리키면 그곳으로 간다. 어느 쪽을 가리키며 노를 돌리면 악어와 같은 야생 동물이 그곳에 있다는 신호등이다.

오렌지강은 남아프리카의 가장 중요한 강이다. 남아공의 레소토의 말류티(Maluti Mts)산맥에서 발원하여 북서 아프리카로 뱀처럼 사행천이 되어 흘러간다. 대서양으로 흘러가면서 칼라하리 사막과 나미브 사막의 남쪽을 거쳐 나미비아와 국경을 이루며 대서양으로 흘러 들어간다. 비가 많이 오지 않는 해에는 대서양까지 거의 미치지 못한다. 이 물은 광범위하게 농업용 관개용수로 이용된다. 현재 남아공 정부가 추진하고 있는 오렌지강 개발 계획은 가리엡강과 반더크루프(Vanderk-loof) 댐을 포함하고 있는데 관개용수, 수력발전 및 음공용수로 공급되고 있다. 터널을 통하여 피시강과 선데이강에 물을 공급하고 있다.

강물 위로 카누를 저어가니 기분이 유쾌했다. 강의 양안에는 키 높이 자란 파피루스와 물풀이 드리워져 있다. 우리가 움직이면 강변을 따라 드리워진 풀 너머로는 검은 산맥이 계속 우리를 따라오고 있다. 산은 철분이 많은 암석으로 덮여있고 그 철분이 햇빛과 때때로 내리는 비로 인하여 산화하여 산은 검붉은 빛이었는데 차라리 검은 산이라고 하는 게 알맞을 것 같다.

이렇게 즐겁게 시작했지만, 한 시간도 채 안 되어 팔이 아프기 시작한다. 따라서 땀도 주룩주룩 흘러내린다. 강물의 흐름이라도 좀 빠르면 따라서 흘러내려 가면서 스릴이라도 느낄 터인데 이곳 강물은 사행천이 되어 흐르는 것 같지 않게 서서히, 너무나 서서히 흘러간다. 그러니 우리의 힘에 의존하는 수밖에 없다. 한국의 한 아줌마는 나중에 정말 힘들었다고 고백했다.

26세의 카누 가이드인 스티브는 흑인인데 나이보다는 훨씬 젊어서 소년처럼 보인다. 카누팀을 이끌고 상류로 데려가서 캠프까지 타고 내려가는 1항차에 10유로를 받는다. 8년째 캠핑장과 계약하여 일해 오고 있다. 관광객이 많이 오는 여름이면 하루에 2항차까지 한 적이 있지만 이렇게 겨울철이 되면 손님이 많지 않아 며칠에 한 번 정도씩 한다고 한다. 며칠에 10,000원을 버는 셈이다. 동갑내기 애인인 페기스(Peggys)는 다른 마을에서 간호사로 일하고 있는데 200만 원이 모이면 집을 마련하여 결혼할 것이라고 한다.

낚싯대도 없이 맨손으로 낚싯줄을 잡고 낚시를 하는 사람에게 노를 저어 다가갔다. 회색의 오렌지강 강물은 서서히 흘러가고 강변 풀숲의 한적한 곳에서 검은 피부의 처녀와 총각이 데이트 낚시를 하는 장면은 흑백 영화의 한 장면이다.

플라밍고(홍학) 군락지인 스와콥문트로 가는 길에 중심도시인 왈비스만(Walvis Bay)에 들렀다. 먼저 플라밍고를 관찰할 수 있는 해안에 지미를 세우고 모두가 내렸다. 차 문을 열자마자 플라밍고의 합창이 들려오고 찬 바람이 몰아치는 바다 위로 수천, 수만 마리로 보이는 플라밍고가 무리를 지어 날기도 하고 얕은 물에서 먹이를 구하기도 하며 군무(群舞)를 펼쳤다. 입과 다리가 붉은 홍학은 노을이 지는 하늘과 푸른 바다와 함께 황홀한 순간을 만들어 주었다. 곧 해가 진다.

대서양에서 바다낚시를 해 보고 싶었다. 낚시 의향을 밝히자 송 씨, 부산의 김 선생, 서울의 임 사장과 나까지 해서 모두 네 명이 갔다. 독일인 부부가 함께 탔고 선장과 조수까지 해서 모두 8명이 함께 출발했다. 1인당 140US달러. 한국과 비교해 볼 때 훨씬 싸다는 느낌이다.

이곳 대서양에서는 해골 해안의 파도가 높아 나는 약간의 멀미를 했다. 그러나 낚시를 그만둘 만큼은 아니어서 계속 낚시를 했다. 한 시간을 달려 해안에서 멀어졌다가 다시 해안 쪽으로 다가가는데 또 다른 배 한 척이 계속 우리를 따라다닌다. 우리 배의 선두(작은 배의 선장을 일컬음)는 이곳의 지리와 어종이 어느 시간대에 어디에 있는지를 꿰뚫고 있는 것 같았다.

한 곳에서 30분 동안 낚시해도 아무 소식이 없다. 선두는 다시 배를 돌린다. 이번에는 낚시를 넣자마자 바다 메기가 물려온다. 크기는 40

㎝ 정도다. 계속 낚이기 시작한다. 독일인 부부도, 임 사장도, 김 선생도 나도 모두가 손맛을 단단히 보고 희색이 만연해 있다.

임 사장에게 큰 녀석이 물렸다. 우리 8명이 탄 배를 제법 끌고 다닌다. 모두 임 사장 쪽으로 모여들어서 함께 힘을 보탰다. 겨우 끌어올려 보니 상어다. 1m는 넘을 것 같다. 대서양에서 큰 상어를 올린 임 사장은 희색이 만연했다. 우리는 모두 임 사장을 축하해 주었지만, 속으로는 부러워하며 부지런히 낚싯대를 던졌다.

메기는 너무 잘 올라와서 모두 흥미를 잃었다. 우리는 선장을 설득하여 해골 해안 가까이로 옮겨갔다. 낚싯대를 넣자마자 이번에는 농어가 올라오기 시작한다. 60㎝ 정도의 같은 크기의 농어가 계속 올라온다. 시간은 아직 많이 남았지만, 배 안에 있는 쿨러에는 낚은 고기가 가득 찼고 내가 뱃멀미가 점점 심해져서 돌아가기로 했다.

112마력짜리 쌍 엔진으로 바람을 가르고 물보라를 일으키며 달리니 다른 사람들은 스피드 보트를 즐기고 있지만 나는 점점 하늘이 노래져 뱃전 아래로 내려 반쯤 누워서 견디어 냈다. 대서양의 뱃멀미는 정말 고통이었다.

밴이 우리 호스텔로 왔다. 내가 주선해 놓은 달동네 관광용이다. 모두 준비를 해서 나갔지만 나는 멀미의 후유증으로 점심을 걸렀는데도 속이 계속 울렁거린다. 이곳의 대부분 주민의 삶을 볼 수 있는 달동네 (Township) 관광은 내가 주선해서 차량과 가이드까지 수배해 두었는데 멀미의 후유증이 쉽게 가라앉지 않아서 다른 사람들은 모두 관광을 떠나는데 나는 침대로 기어들어 갈 수밖에 없었다. 어느 곳을 가거나 그곳 보통 사람들의 생활 모습을 보는 것이 진정한 관광이라는 생각이었는데 못내 아쉬웠지만 침대로 들어가서 저녁 무렵까지 잠을 잤다.

깨워서 일어나 보니 낚시점에서 4시까지 낚은 고기를 보내 준다더니 내 생각과는 달리 포를 떠서 보내왔다. 요리하기는 좋지만, 낚시를 가지 않은 다른 사람들에게 1m가 넘는 그 상어와 다른 우리가 낚은 고기를 그대로 자랑을 하려 했는데 그 점은 못내 아쉬웠다. 특히 임 사장은 부인에게 자랑하려고 몇 번이나 강조했는데….

점심을 거른 채 계속 잠을 자고 일어나서 따뜻한 아프리카의 야생차를 마시고 나니 몸이 한결 부드럽다.

다른 사람들이 시내를 관광할 동안 나는 더글라스와 함께 피시방을 찾았다. PC가 4대라 손님들은 줄을 서서 기다리고 있다. 내 차례가 되어 자리에 앉아 시계의 스위치를 눌렀다. 지금부터 나의 사용 시간이 기록되기 시작한다. 전화 접속 방식이라 접속하는 소리가 '삐삐-' 하고 들리기 시작한다. 10여 분만에 간신히 접속에 성공했다. 핫메일 (hotmail)에 간신히 연결됐다. 그동안의 여행 경과를 간단히 영문으로 써서 보냈다. 가족사진 12장이 도착해 있었는데 1장, 그나마도 2/3만 다운받는 도중에 컴퓨터가 다운됐다(나중에 안 일이지만, 메시지를 3번 보냈는데 한 번도 받지를 못해 걱정했다고 했다). 아프리카의 인터넷은 아직은 믿을 만한 것이 되지 못한다.

다시 접속하여 여행 동호회 서바스(Servas) 소식을 열어보니 서바스의 젊은이 교환 체류 프로그램(Youth Exchange) 학생으로 주선한 은미가 스위스에 잘 도착했다는 메시지가 와 있었다. 각국으로 보낸 메시지에 답이 많이 와 있었지만, 인터넷 속도가 느려서 도저히 열어 볼 수가 없다. 내일은 9시에 기상하여 부시 캠프(Bush Camp)로 이동한다. 그곳에는 샤워도, 전기도 없다고 한다.

치타 농장 주인인 넬스(Nels)는 강인하게 생겼다. 치타를 잡아서 이렇게 치타 농장(Otjitotongwe Cheetah Guest Farm)의 대형 서식처를 만들어 주는 사람이니 보통은 넘는 사람이다.

야생 치타들은 가축을 공격하므로 방어 수단으로 한두 마리씩 죽이기 시작했다. 이와 같은 일이 전 대륙에서 동시다발적으로 일어났으므로 치타는 거의 멸종 상태에 있다. 넬스는 우연한 기회에 치타가 멸종 위기에 있다는 사실을 알고 치타를 포획하여 한 마리를 기르기 시작하였다. 이 소문이 사방에 퍼지면서 포획된 치타를 맡겨 왔고 그 수가 증가하게 되자 이곳에 아예 정착하여 나미비아뿐만 아니라 남아공까지 치타를 잡은 사람이 연락하여 이곳으로 가져오게 되었다. 그 수가 현재는 26마리나 되었다. 치타는 하루에 한 번씩 먹이를 주는데 관광객들이 이곳의 캠프에 유숙하면서 남는 돈과 매점 운영 그리고 자발적인 성금을 모아 토끼 등의 먹이를 사서 준다. 사파리 트럭을 타고 나가 먹이를 줄 때면 치타들이 멀리서 서성이면서 차를 따라온다. 그러다 차를 멈추고 먹이를 던져주면 서로 달려들어 채간다. 먹이를 채갈 때면 격렬하게 서로가 싸운다. 군거하지만 양보하지는 않는 사바나를 뛰어다녀야 할 치타들이 사람과 함께 살기 시작한 것은 10여 년. 야생의 치타들이 넬 씨의 농장을 공격해서 한 달 사이에 염소와 양 38마리를 해치운 적이 있었다. 결국, 덫을 놓아 잡은 암컷 치타가 새끼 5마리를 낳았고, 그중 3마리가 살아남아서 넬 씨 가족의 애완동물이 됐다. "농장의 가축들을 먹어 치우는 치타들을 향해 농부들이 총부리를 들이대고 있습니다. 인간에 의해 멸종의 위기에 처한 거죠. 치타들이 안전하게 살아갈 수 있도록 치타 공원을 열었고, 이후 다른 농부들이 사로잡은 치타를 이곳에 데려오고 있습니다." 치타 공원의 농장에는 새끼 때부터 애완동물처럼 커 온 3마리와 야성이 살아있는 포획된 치타 26마리가 살아가고 있다. 넬 씨는 관광객들에게 받은 입장료로 이들에게 매일 먹이를 주고 있다. 물론 야성이 살아있는 치타들은 펜스가 쳐진 넓은 농장 안에서 따로 생활한다.

해가 저물 무렵에 2대의 트럭에 나눠 타고 펜스 안쪽으로 들어서자 치타들이 트럭의 속도에 맞춰서 사뿐사뿐 뒤따른다. 저녁 식사 시간을 기다린 녀석들이다. 농장을 채운 기다란 풀이 세찬 바람에 몸을 눕혔다 일어서곤 한다. 농장 한가운데에 트럭이 시동을 끄고 멈추자 10마리 이상 되는 치타들이 트럭을 둘러섰다. 치타들을 향해 먹이를 던지자 날카로운 야성의 이빨을 드러낸 치타들 간의 다툼이 벌어진다. 이내 당나귀 고기를 차지한 녀석은 풀 속으로 달려가 몸을 숨긴다. 그렇게 한 마리씩 고기를 한입 가득 물고는 사라져간다. 풀 속 어딘가에서 입가에 붉은 피를 묻혀 가며 맛있는 저녁을 즐기고 있으리라.

나미비아 북부의 에토샤 국립공원은 아프리카 동물들의 전시장이다. 흰빛으로 반짝이는 커다란 물웅덩이를 둘러싸고 있는 약 2만 3,000㎢의 동물 보호 구역에는 아프리카에 서식하는 대부분 포유류와 파충류, 새들이 살아가고 있다. 메르세데스-벤츠 트럭이 에토샤 국립공원의 도로를 천천히 지나가자 커다란 나무가 둘러선 나무들 사이로 동물들이 하나씩 고개를 내민다. 스프링복, 스틴복, 겜스복, 쿠두 등 영양 종류가 무리를 지어 풀을 뜯다가 이방인들에게 가끔 눈길을 돌린다. 줄무늬 얼룩말과 까만색 갈기가 인상적인 윌드비스트(누)는 풀 뜯기에 정신이 없다. 멀리서 자칼 한 마리가 조그만 스프링복을 발견하고는 주위를 돌며 공격 자세를 취하기도 한다. 더 가까이에서 동물들을 보고 싶었지만, 트럭에서 내리는 것은 금지되어 있었다. 얼마

전 케냐의 나이로비에서 관광객이 사자에게 공격을 당한 뒤로 이런 조치가 취해졌다고 한다. 서쪽으로 나아가자 기린들이 도로를 막아선다.

기린 가족이 도로를 횡단한다. 고개를 앞뒤로 흔들며 느릿하게 길을 건너던 기린과 눈이 마주쳤다. 그리고는 도로를 점거한 채 꼼짝하지 않는다. 한참 동안 비켜서지 않던 기린은 트럭이 더 가까이 가서야 길을 건넌다. 곳곳에 시속 10~20㎞의 차량 표지판이 내걸린 이유를 알 수 있었다. 예측을 불허하는 동물들의 출현으로 이후에도 차는 몇 번을 그들이 지나갈 때까지 멈춰서야 했다. 광활한 평원으로 나아가자 에토샤의 흰빛 물웅덩이를 배경으로 기린과 타조들이 나타났다. 광활한 평원에서 노니는 모습이 한가롭기만 하다. 동물원의 좁은 우리에 갇힌 녀석들이 더 측은하게 느껴졌다.

새벽 일찍 산책하러 나갔다. 아프리카에서 제일 크다는 이 물웅덩이에서 엊저녁에는 동물을 한 마리도 관찰하지 못했다. 마침 비가 온 뒤라 어디에나 물이 있기 때문이었다. 어쩌면 아침형 동물이 올지도 모른다. 그러나 하얀 백로 한 마리, 기러기 두 마리가 전부였다. 그래도 고요한 아침이 좋았다. 서양인들은 대부분 저녁형 인간들이라 이렇게 이른 아침에 한 명도 보일 리가 없다. 아침의 향기를 맡으며 주위를 산책하고 있을 때 집단베짜기새(Social weaver bird) 둥지에서 요란한 소리가 났다. 다가가 자세히 관찰해보니 한 마리의 다리에 실이 50㎝쯤 길이로 묶여 있어 날아가지를 못하고 대롱대롱 매달려 있다가 힘들면 집 속으로 날아들어 갔다가 다시 떨어져서 매달리는 행동을 반복하고 있었다. 그 새가 떨어져 있으면 많은 새가 주위를 날며 도와주려 애쓰고 있었다.

나는 이 새를 구해 주고 싶었다. 그러나 새집이 너무 높이 있어서 나의 재주로는 어떻게 할 방법이 없었다. 캠프로 돌아와 식사 준비를 하는 숀에게 사실을 말했다. 숀은 동물들이 군거 생활을 하다가 그중 하나가 병들면 합세해서 죽이고 버리는 것이 동물의 습성이며 그렇게 해야만 동물이 가진 질병에 감염되지 않아 종족을 보존할 수 있다고 했다. 그들은 도와주고 있는 것이 아니라 공격하고 있는 것이라고 했다. 나는 이 새들은 한 둥지 안에서 군거 생활을 하는데 이런 일이 있을 수 없다는 생각이 들었다. 숀을 설득해서 같이 가 보았다. 과연 도와주고 있는 것으로 판단됐고 마침 캠핑장에 와있던 구난차에 구난 장비를 요청하여 실을 끊어 주었다. 점심시간에 모두가 모였을 때 이 이야기를 하니 모두 손뼉을 쳤다.

밤이 되면 먹이를 찾는 하이에나가 캠프장 가까이 온다. 지난번에 이곳 캠프장에서 잠시 텐트 바깥에 벗어놓은 신발 중 한 짝을 하이에나가 물어가 버렸다. 물고가면서 하이에나 특유의 몸짓으로 뒤를 돌아보면서 히죽 웃었다고 한다. 신발은 가죽이어서 마치 사람들이 껌을 씹듯 하이에나가 질겅질겅 씹으며 가지고 논다고 한다. 요한은 입버릇처럼 말했다.

"이번에는 그놈으로부터 꼭 신발을 돌려받아야지. 그 신발이 얼마나 비싼 건데…"

잠베지강 강변의 히포(Hippo Lodge) 방갈로는 리빙스턴 박사의 사진에서 보았던 그때 그 모습 그대로였다. 침대 위에는 모기장이 드리워져 있고 천장에는 대형 선풍기가 서서히 돌아가고 있었다. 방갈로의 방문을 열면 그 안에 또 하나의 모기장 문이 있어 이중으로 모기가 들어오지 않도록 방충에 대한 배려가 세심해 보였다. 창문에도 모기장 창이 설치되어 있는데 침대 위에 또 모기장을 칠 필요까지 있나 하는 의구심을 가졌던 것은 사실이었다. 그런데 잠에서 깨어나 모기장을 들고나오려니 주먹만 한 검은 벌레가 도망을 치는 것이 아닌가.

나는 이번 캠핑 여행을 하는 동안 엊저녁에 처음으로 방갈로에서 잠을 잤다. 비가 억수같이 쏟아지던 솔리테어에서도 다른 사람들은 방갈로에서 잤지만, 나는 캠핑을 고수하며 방갈로에 들지 않았던 것이다. 밤 온도가 영하로 떨어지던 나미비아 사막에서도 그랬다. 같이 캠핑 여행을 하던 동료들에게서 벗어나서 잠시 이곳에서만은 혼자만의 시간을 갖고 싶었던 것도 어쩌면 잠베지강과 리빙스턴의 연상이 가져다주는 것이 내게는 특별했기 때문이었다. 이곳에서만은 호젓한 나만의 시간을 갖고 싶었던 것이 그 연유였다. 거의 신앙심에 가까운 흠모의 정이 있음을 이곳에서 나는 무의식중에 나온 나의 행동으로 확인했던 것이다.

할아버지와 손자,
그 이듬해에 또다시 뉴욕으로

   미국 뉴욕으로 가서 한 달을 살아 보겠다고 밝히자 주위에서 말렸다. 나 혼자 가는 게 아니라 중학생 손자 둘을 데리고 가겠다고 했더니 그동안 관망하던 아들 내외까지도 극구 반대했다. 그러나 나는 이 모든 것을 극복하고 중학생 손자 둘을 데리고 미국으로 날아갔고 뉴욕의 한 달 살이는 일흔다섯 내 노년의 환상적인 영화였다. 나에게 붙어 다니는 부속품들, 나이, 친구, 주위의 낯익은 사물들 심지어는 나의 이름까지도 까맣게 잊은 채로 뉴욕 생활을 즐겼다. 한여름을 이렇게 재미있게 보내고 다음 해 여름이 오자 그 여름을 잊지 못해서 또다시 뉴욕으로 출발했다.

   일흔이 넘어서자 열정이 식어 가는 것 같았다. 나이 들면 친구가 제일 좋다고들 하지만, 함께 밥을 먹으며 놀아 봐도 예전 같은 재미가 없었다. TV 시청과 다대포 해변 산책이 나의 주 일과가 되었다. 허리 통증이 찾아왔다. 이 척추관협착증은 건강한 내가 지팡이에 의존해서 100m를 걸어가는 데도 한 시간이 넘게 걸리게 했다. 누워있는 시간이 많아졌고 리모컨을 만지작거리는 것이 소일거리였다. 생각하기는 싫지만, 일흔을 훨씬 넘긴 나는 생로병사의 과정에서 이제 지병을 앓는 약한 노인으로서 저 앞에 죽음을 앞두고 있었다.

문득 반감이 생겼다. 이렇게 보편적인 삶의 과정을 숙명으로만 받아들여야 하나? 그건 아니지. 무엇이라도 해야 해. 저만치에서 날 기다리는 죽음이 현실이 될 때까지는 사라진 열정을 다시 불러서 무엇이라도 해 봐야 해.

'내가 여행을 많이 했으니 손자들과 외국 여행을 해 볼까? 그렇다. 중학생 손자들에게 미국 구경을 시켜 주자. 그렇다면 뉴욕으로 가자. 여름방학 한 달을 손자 둘과 뉴욕에서 살아 보자. 여행 파트너로는 손자가 최고니까.'

목표를 세우니 하루가 짧아졌다. 미국을 가려면 비행기를 타고 한자리에 앉아서 15시간을 날아가야 한다. 뉴욕에서는 매일 시내 구경을 가고 걸어 다녀야 한다. 그러니 아픈 곳이 없어야 하고 체력도 받쳐 줘야 한다.

허리 통증은 어떻게 극복할까? 의사들은 이구동성으로 척추관협착증은 수술이 최선이라고 권했지만, 나는 거부했다. 아내가 인간의 지혜가 아무리 뛰어나도 창조주에 비할 바가 아니니 칼을 대지 않고 방법을 찾아보자고 권한 것도 힘이 되었다. 척추가 바르면 척추 관련 통증이 사라질 것이라는 생각에 착안하여 요가를 곁들인 'DNA 정렬 방바닥 체조'를 고안하여 매일 2회 실시했다. 6개월이 지나자 통증은 말끔히 사라졌다. '도시철도 골목 트래킹'을 기획하여 부산 전역의 지하철역 주위를 도보 여행하여 체력을 길렀다. 미국 여행에 자신감이 생겼다.

미국 입국에는 ESTA(미국 전자 여행 허가 비자)가 필수이므로 미국 대사관의 홈피에서 우리 3명의 ESTA 그룹 비자를 신청했고, 여름 성수기에는 뉴욕행 항공편이 수요가 폭증하고 비싸지므로 일찌감치 3월에 항공권을 예매해 두었다. 보호자를 동반하지 않은 미성년자의 입국은 엄격한 관리 대상이므로 나와 미성년자 손주의 관계를 증명할 수 있는 가족 관계 서류를 구청에서 발급받아 손수 번역하여 리스트를 만들었다.

그러나 뜻하지 아니한 문제가 불거졌다. 아들이 손자 둘을 할아버지에게 딸려서 미국에 보낼 수 없다고 반대한 것이다. 다른 곳도 아닌 그 복잡한 뉴욕에 한 달 넘게 보내는 게 맘에 내키지 않는다는 것이었다. 대신 단기간의 패키지여행을 권했다. 나는 패키지여행은 하지 않는다고 말했다. 아비가 아들을 안 보내겠다는데 그 아비의 아비가 준비한 미국 여행이 수포가 될 지경이었다. 난감하고 당혹스러웠다.

고맙게도 구원투수가 나타났다. 지금까지 나의 여행 준비과정을 옆에서 지켜본 아내가 아들 내외를 설득하기 시작한 것이다. 척추 통증을 극복하고 체력을 기르기까지의 과정과 이미 발급받은 미국 비자, 이미 사둔 항공권, 각종 서류까지 들먹였다. 이런 줄다리기가 계속되었다. 6월이 넘어서자 아들이 승복했다. 드디어 미국으로 출발하게 된 것이다.

우리 비행기인 아시아나 OZ8532는 창문 너머 멀리 소실점으로 수렴되는 활주로 유도등을 따라 뉴욕의 JFK 국제 공항에 안착했다. 출입국 심사대 앞에 줄을 서서 보니 부산의 집에서 7월 25일 수요일에 출발했는데 하룻밤을 자고 미국에 도착했는데도 7월 25일 수요일 정오를 가리킨다. 내 인생에 하루가 더 주어졌다. 입국 심사관에게 미성년 손자 둘을 동반하게 된 이유를 설명하니 "웰컴 투 아메리카."라고 말했다. 우리가 줄곧 염려해 왔던 것과는 달리 애들의 얼굴을 쳐다보며 환영하고 오히려 격려해 준다. 아, 내가 손자들과 미국에 도착했구나. 기분이 새롭다. 미국에서는 어떤 일들이 일어날까?

오늘은 시내버스를 타고 맨해튼 시내 저 아래쪽으로 구경하러 간다. 숙소에서 차이나타운까지는 버스로 15분의 거리이다. 뉴욕의 상징 브루클린 브리지를 건너보고 뉴욕 시청, 9·11 테러의 현장인 세계무역회관의 그라운드 제로, 월 스트리트, 볼링 그린 황소상, 트리니티 교회, 배터리 파크, 인디언 박물관, 페리를 타고 건너면 가 볼 수 있는 자유의 여신상, 엘리스 아일랜드를 스쳐서 스태튼 아일랜드로 간다. 시간도 많은데 여행을 떠날 때면 왜 이렇게 언제나 맘이 조급해질까? 오늘볼 수 있는 것만 느긋하게 보자. 한 달은 넉넉한 시간이니까.

맨해튼에서는 버스 타기가 힘들다. 오로지 쿼터(25센트 동전)나 메트로 카드만 받는다. 지폐나 다른 카드는 받지 않는다. 우리처럼 메트로 카드를 준비하지 못한 사람은 시내버스를 한 번 타는 데 11개의 동전을 준비해야 한다. 가까운 편의점으로 들어가 쿼터 동전 100개들이 한 묶음을 산 후 버스에 올라 운전사가 지켜보는 가운데 한 사람당 11개씩 모두 33개를 슬롯에 집어넣었다.

맨해튼에서 브루클린 다리를 건너니 덤보이다. 공장 지역이었던 이곳이 호텔과 바, 예술 갤러리, 초콜릿 가게, 유명 레스토랑으로 바뀌어 '뉴욕 속의 새 뉴욕'으로 불리는 곳이다. 덤보에서 바라보는 이스트강을 건너 맨해튼의 마천루가 이루는 스카이라인은 어디서 봐도 장관이다. 영화 〈원스 어폰 어 타임〉의 배경이 되기도 했고 MBC의 예능 프로그램인 〈무한도전〉 팀 또한 이곳에서 뉴욕 편의 포스트 촬영을 하기도 했다.

레스토랑 오스프리(Ospre)로 들어갔다. 현지인들에게도 꽤 유명한 레스토랑이다. 큰 손자는 치킨 샐러드와 샌드위치를, 나는 시저 샐러드를, 작은 손자는 햄버거를 먹었다.

"할아버지. 미국 본토 레스토랑에서 먹는 음식이 맛은 있네요. 근데 한 끼에 30불은 좀 비싼 것 같아요."

"그뿐 아니지. 거기다 세금과 팁, 약 30%를 더 보태서 내야 해. 우리나라에서는 음식값만 내면 되지만. 그게 아까우면 뉴욕 생활을 못해. 우리 매일 저녁에 다른 나라의 음식을 먹으면서 '세계의 음식' 여행도 해 보자. 뉴욕은 세계 음식의 천국이야. 오늘 저녁에는 가까운 오데사(Odessa) 레스토랑으로 가서 그리스인의 인기 음식인 수블라키부터 먹어보자. 다음날은 헝가리의 굴라쉬도 먹어보고."

세금 9%에 20%의 팁을 더 얹어서 냈다. 30불 식사비에 약 30%를 더 보내면 39불이 된다. 한국에서라면 안 줘도 될 돈인 27불을 더 냈다. 뉴욕 생활에서 '팁'은 머리를 아프게 한다. 음식값에다 뉴욕주와 뉴욕시의 세금과 팁을 더해서 줘야 한다. 한 해의 여름은 금방 지나가고 우리는 귀국행 비행기를 탔다.

"할아버지. 미국 동부는 잘 봤지만, 서부까지 봐야 미국을 봤다고 할 것 같아요."

귀국하며 작은 손자가 말했다. 가을, 겨울을 보내고 봄이 오자 작은 손자가 한 말인 미 서부를 봐야 한다는 말이 귓전에서 맴돈다. '그렇다. 애들에게 미국 서부를 보여 주자. 또다시 미국으로 가자. 이번에는 서부를 보고 동부로 넘어가자.'

또다시 뉴욕 여행 준비를 시작했다. LA행 항공권을 샀고 예약하고 표를 사고 돈을 내는 등 모든 여행 준비를 집에서 인터넷을 통해서 해결했다. 숙소 예약, LA 명소 방문, 가이드와 전용차, 조슈아 트리 국립 공원, 유니버설 스튜디오 표를 샀다. 지난여름에 뉴욕에서 하고 싶었던 이벤트 중에서 하지 못했던 브로드웨이 뮤지컬 관람을 위해 〈라이언 킹〉을 예매했고 양키 스타디움의 야구, 필라델피아와 워싱턴의 호텔, 교통편, 관광의 예약까지 모두 집에서 마칠 수가 있었다. 인터넷 문화가 가져다준 큰 선물이다.

부산에서 출발하여 나리타를 거쳐 13시간을 비행하여 LA 국제 공항에 안착했다. 숙소에서는 시차를 극복할 겸 푹 쉬었다. 애들은 가는 곳마다 와이파이 연결부터 확인한 후 휴대전화를 손에서 떼지 않는다. 미국에 왔으니 고국의 친구들에게 전해줄 사진과 얘기가 많을 것이다. 큰 손자는 페이스북 친구(팔로우)들이 1,000명이 넘는다고 하니 손에서 휴대전화를 놓기가 쉽지 않겠다. 애들이 휴대전화에 중독될까 봐 염려도 된다.

오늘은 캘리포니아의 광활한 대자연을 보는 날이다. 가이드 박 씨의 캐딜락 에스컬레이드를 타고 4시간을 달려 미국 서부 3대 국립공원 중 하나로 꼽히며 '캘리포니아의 보석'이라 불리는 조슈아 트리 국립공원으로 갔다. 사막의 오아시스 캠프장에서 아메리칸 바비큐와 코리아 바비큐의 하모니를 사막에서 맛보았다. 조슈아 트리는 이곳에서만 자라는 식물로 선인장 나무라고 해도 되겠다. 광대한 풍력 발전 단지를 지나 조슈아 트리를 배경으로 한적한 시골길에서 마치 영화배우가 된 것같이 여러 가지 모습으로 사진을 찍었다. 조슈아 트리 국립공원에서만 볼 수 있는 핑크빛 석양을 보며 가슴이 설레었고 미국 최고의 별 관측 명소에서 별들의 향연을 즐겼다.

오늘은 로스앤젤레스의 명소를 찾아다니며 보는 날이다. 운전사 겸 가이드에게는 도시의 숨겨진 이야기를 찾아다니자고 했다. 매년 120편의 영화가 촬영된다는 DTLA(DownTown Los Angeles)에는 차이나타운, 리틀 도쿄, 예술 지역이 있고 물론 코리아타운도 버젓이 자리 잡고 있다. 특히 손자들은 할리우드 투어를 좋아했다. 베벌리힐스의 상징인 사인을 직접 보며 좋아했고 로데오 거리는 매년 2천만 명 이상이 방문한다고 했더니 놀라워하며 다른 관광객 속에 섞여서 천천히 걸어 다녔다. 록의 거리에는 지미 헨드릭스, 제프 백, 스티브 바이 등의 기타도 전시되어 있었고 할리우드 최고의 명소인 TCL 차이니즈 극장은 오늘도 예외 없이 관광객으로 붐볐다. 극장 앞 콘크리트 블록에서는 그곳에 있는 유명 스타들의 손과 발 프린팅을 찾느라 관광객끼리 서로 부딪치기 일쑤다. 매년 아카데미 시상식이 열리는 돌비 극장에서 레드 카펫이 깔리는 계단을 천천히 걸어 올라갔다.

동양인 최초로 별이 된 도산 안창호 선생의 아들 안 필립(必立)의 별에는 특별한 의미가 있다. 나는 한때 도산 선생의 흥사단에서 활약한 적이 있어서 도산 선생을 흠모해 왔다. 나의 아들이 둘째를 낳고 할아버지인 내게 이름을 지어 달라고 부탁했을 때 나는 서슴지 않고 '필립(必立)'을 권하여 둘째 손자의 이름이 되었다. 그 손자 필립이 중학생이 되어 이곳 안 필립 스타의 동판 앞에서 기념 촬영을 하고 있다.

미국에서 제일 부러운 것 중의 하나는 폴 게티 센터이다. 생전에 자린고비로 소문난 세계 최고의 부자인 폴 게티는 여자와 미술품 수집에는 돈을 무한정으로 썼는데 그 덕분에 그리스와 로마뿐만 아니라 세계 미술의 진수가 여기에 모일 수 있었다. 유언에 따라 주차비, 관람료 등은 일절 받질 않는다.

그리피스 공원의 천문대에도 갔다. 영화 〈라라랜드〉를 몇 번이나 봐서 이미 낯익은 곳이었지만 천문대에서 내려다보는 LA는 '찬란한 빛'의 도시였다.

유니버설 스튜디오에서는 낯익은 영화 세트도 많았다. 〈킹콩〉, 〈죠스〉, 〈워터월드〉, 〈백 투 더 퓨쳐〉, 〈미이라〉, 〈터미네이터 2〉 등 생생한 장면이 떠올라 실감이 났고 중학생들은 『해리 포터』 궁전과 모험 열차를 특히 좋아했다. 나는 모험 열차를 탄 후에야 실수했음을 깨달았다. 열차는 『해리 포터』의 줄거리를 따라가는 청룡열차였다. 그 속도와 휘돌아가는 열차가 무서워 보호용 레일을 꽉 쥔 손에 땀이 났고 눈을 감고 빨리 끝나기만 바랐다. 열차에서 내린 애들의 얼굴은 상기되어 있었다. 〈쥐라기 공원〉의 공룡들, 〈슈렉〉 4D 영상의 야생 모험 체험, 그리고 미국 애니메이션의 상징인 〈심프슨 가족〉 등에 푹 빠졌다.

우버 택시를 불러 로스앤젤레스 공항(LAX)로 향했다. 밤 비행기로 뉴욕으로 날아간다. 지난여름에 뉴욕에서 손자들과 한 달을 살아본 것은 꿈을 꾼 것만 같았다. 이번 여름은 또 어떤 뉴욕이 될까. 뉴욕행 비행기에 오르는 손자들의 얼굴이 상기되어 발그스레했다.

저자 김종수와
일러스트 앤서니(Anthony)

저자 | 김종수

저자 김종수

　일본 오사카에서 태어났다. 어머니 품속에서 귀국하여 경남 거창에서 성장하였으며 부산교육대학교를 졸업하고 잠시 초등학교에서 어린이들을 가르쳤다. 동아대학교에서 영어영문학을 전공하고 중등학교 영어 교사로 근무하며 동 대학교 교육대학원과 국제로터리 장학생으로로 코네티컷 주립대 대학원(미국)에서 영어 교육학을 공부했다. 국제 여행자 동호회를 통하여 세계인들과 교유하며 100여 개국을 여행했다. 외국으로 찾아가서 그들의 집에서 먹고 자면서 삶을 공유했고 31 개국, 60여 명이 넘는 외국인들이 부산 다대포의 집으로 찾아와 한국의 홈스테이를 즐기고 갔다. 여행자 동호회 중 '서바스(Servas)'에 입은 혜택이 크다. 한국 서바스 회장과 국제 서바스 평화이사, 국제 서바스 UN 대표(뉴욕)를 역임했다. 홈스테이 여행 관련 이야기를 『조선일보』, 『중앙일보』, 『부산일보』, 〈KBS〉, 〈MBC〉, 〈시사투데이〉 등에서 다루었고 『국제신문』에는 고정 칼럼을 썼다. 『부산일보』 '인간'란에 '여행의 달인'으로 소개되었다. 국제PEN, 부산PEN, 한국문인협회, 부산문인협회 등에서 문학 활동을 하며 해외여행 사진전도 열었으며, 부산시 사하구 공직자윤리위원회 위원장 등으로 지역사회 일에도 참여했다. 1988 서울 올림픽, 고성 월드 잼버리, 2002 월드컵에서는 통역을 했다. 녹조근정훈장을 서훈했고 『부부교사의 이스라엘 공짜여행』(한솜)을 출간했다.

- E-mail: servas@korea.com

일러스트 Anthony Perri(Canada)

앤서니 페리는 캐나다 온타리오 출신 화가이다. 브록대학교(Brock University)에서 시각예술, 언어학과 문학을 전공하고 우등으로 졸업했다(2009). 이 두 가지 전공을 스토리텔링, 비디오 아트와 그래픽 디자인에 접목, 승화시켜 캐나다의 아티스트 레지던시에 선발되었다. 부산에서 교사로 근무했다. 여행과 음식을 좋아한다. 한국에서 교사로 근무하며 한국 문화에 매료되어 자신의 작품을 '온돌(heatedfloors.tumblr.com)'이라는 사이트에 올리고 있다. 지금은 캐나다의 나이아가라 폭포(Niagara Falls)시에 거주하며 만화, 비디오, 대화형 예술 작품(Interactive art), 인터넷 온라인, 프린팅, 앱스토어(App Store)에서 창조적 작업 활동을 하고 있으며 온타리오의 키치너(Kitchener) 사에 소속되어 사용자 인터페이스 디자이너, 다중매체 전문가로 활동 중이다. 앞으로의 꿈은 누구나 한번 빠지면 헤어 나오기 어려운 그래픽 소설을 출판하는 것이다. 아내 로지(Rosie)와 아들이 있다.

관련 사이트

- heatedfloors.tumblr.com
- http://anthandro.tumblr.com
- http://www.anthonyperri.ca

김종수의 여행기념품 삽화 모음

– 일러스트: 앤서니 페리[Anthony Perri(Canada)]

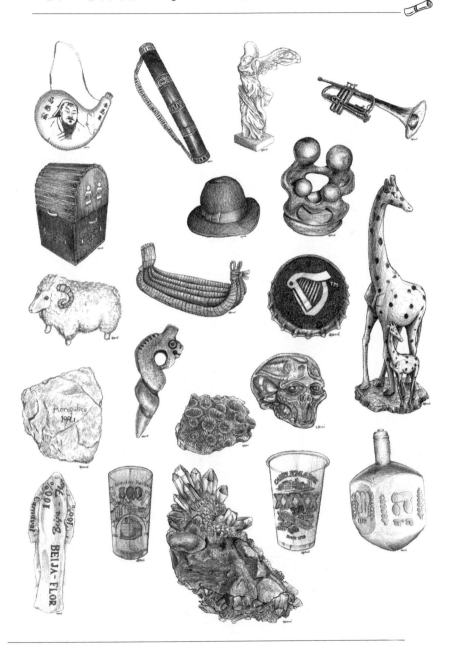